安徽省高等学校“十三五”省级规划教材
工程应用型院校计算机系列教材

高等学校规划教材·计算机专业系列

Flash二维动画设计教程

（第2版）

主　编　张　昊　张　林　吴玉红
副主编　杨　静　闻　佳　刘东亮　范　骏
张　源　张婷婷
编　委（按姓氏笔画排序）
田　鉴　刘东亮　刘溢华　许　杨
李　欣　李　娟　杨　超　杨　静
吴卫兵　吴玉红　邱剑锋　邹汪平
汪澍东　宋明珠　张　引　张　林
张　昊　张婷婷　张　源　陆玉立
陆汝梅　陈建兵　陈树贤　范　骏
周守东　周　敏　胡嫣然　闻　佳
姚南针　奚小溪　高天星　黄　炎

北京师范大学出版集团
BEIJING NORMAL UNIVERSITY PUBLISHING GROUP
安徽大学出版社

内容简介

本书全面介绍 Flash CC 的基本操作和动画制作技巧，由于 Flash CC 版本不支持 ActionScript 3.0 编程，因此凡是涉及 ActionScript 3.0 编程方面的知识，本书继续沿用 Flash CS6 的版本。通过本书的学习，读者不仅可以使用 Flash CC 的各项功能制作动画，而且可以在 Flash 作品中加入强大的程序控制功能。

全书共 11 章，采用案例与知识点相互嵌入的方法，生动形象地将知识点展示给读者。本书主要包括 Flash CC 基础知识、图形的绘制、对象的基本操作与文本编辑、库与元件、基础动画制作、特殊动画制作、ActionScript 3.0 编程、音频及视频的导入与编辑、组件及其应用、输出与发布动画等内容。

本书内容丰富、结构清晰、深入浅出、图文并茂，具有很强的实用性，且每一个章节都通过循序渐进的实例引导学生学习各项基础知识，大大降低了学习难度。

本书既适合普通高等学校和高职高专院校学生作为教材选用，也适合对 Flash 动画制作有兴趣的读者学习和参考使用。

图书在版编目(CIP)数据

Flash 二维动画设计教程/张昊，张林，吴玉红主编. —2 版. —合肥：安徽大学出版社，2018.8(2022.1 重印)

高等学校规划教材

ISBN 978-7-5664-1662-9

Ⅰ. ①F… Ⅱ. ①张… ②张… ③吴… Ⅲ. ①动画制作软件—高等学校—教材 Ⅳ. ①TP391.41

中国版本图书馆 CIP 数据核字(2018)第 160127 号

Flash 二维动画设计教程(第 2 版)

FLASH ERWEI DONGHUA SHEJI JIAOCHENG

张 昊 张 林 吴玉红 主编

出版发行：北京师范大学出版集团
安徽大学出版社
(安徽省合肥市肥西路 3 号 邮编 230039)
www.bnupg.com.cn
www.ahupress.com.cn

印　刷：安徽省人民印刷有限公司
经　销：全国新华书店
开　本：184mm×260mm
印　张：18.25
字　数：338 千字
版　次：2018 年 8 月第 2 版
印　次：2022 年 1 月第 2 次印刷
定　价：58.00 元
ISBN 978-7-5664-1662-9

策划编辑：刘中飞 宋 夏　　装帧设计：李 军
责任编辑：张明举 宋 夏　　美术编辑：李 军
责任印制：赵明炎

前言 Preface

Flash是Adobe公司开发的网页动画制作软件，功能强大、易学易用，深受网页制作爱好者和动画设计人员的喜爱，目前已经成为这一领域最流行的软件之一。在高速发展的网络时代，Flash二维动画制作早已应用在社会的各个领域。随着Flash的风靡，各类高等院校都开设了Flash二维动画设计的专业课程。为帮助高校教师较系统、全面地讲授这门课程，使学生能熟练地使用Flash制作软件来进行动画设计，几位长期在高校从事Flash教学的教师，结合近年来Flash的发展趋势，对第1版教材进行了修订改版。

本书主要将Flash CC作为学习的主版本，同时对原先的Flash CS6中涉及编程语言的内容进行阐述；在体系结构方面，沿用第1版，按照“课堂案例—软件功能解析—课堂练习—课后习题”这一思路进行编排，力求通过课堂案例演练，使学生快速熟悉软件功能和动画设计思路，并通过软件功能解析使学生深入学习软件功能和制作特色，拓展学生的实际应用能力；在内容编写方面，力求细致全面、重点突出；在文字叙述方面，尽量言简意赅、通俗易懂；在案例选取方面，强调案例的针对性与实用性。

本书共11章，从Flash基础动画的制作到Flash交互式动画的制作，内容详实、深入浅出、通俗易懂。每个任务中都加入了大量的实例，以便读者能够更好地掌握基础理论知识，并在每个任务后添加了技能测试的环节，以帮助读者巩固所学知识。

本书不仅可作为高等教育、各职业学校和培训班的教材，而且也适合各类网页设计人员、计算机爱好者和动画制作爱好者自学使用。

本书由铜陵学院张昊、安徽三联学院张林、安徽建筑大学吴玉红担任主编，由安徽工业职业技术学院杨静、安徽大学江淮学院闻佳、安徽工业职业技术学院刘东亮、安徽建筑大学范骏、安徽医学高等专科学校张源、安徽机电职业技术学院张婷婷担任副主编，参与编写的还有中国科学技术大学姚南针，安徽大学邱剑锋，铜陵学院高天星、胡嫣然、李欣、刘溢华、宋明珠、吴卫兵、杨超、周敏，合肥师范学院张引，池州学院陈建兵、许杨，安徽大学江淮学院黄炎，淮南联合大学李娟、汪澍东，池州职业技术学院邹汪平，安徽工业职业技术学院陈树贤、陆汝梅、陆玉立、田鉴，安徽工业经济职业技术学院周守东、奚小溪等。

本书第 1、4 章由张林编写，第 2、7、10、11 章由张昊编写，第 3 章由许杨编写，第 5 章由杨静编写，第 6 章由刘东亮编写，第 8 章由闻佳编写，第 9 章由范骏编写，张昊、张林负责全书的统稿和定稿工作，吴玉红对全书编写进行了顾问指导。田鉴、刘溢华、李欣、李娟、杨超、吴卫兵、邱剑锋、邹汪平、汪澍东、宋明珠、张引、张婷婷、张源、陆玉立、陆汝梅、陈建兵、陈树贤、周守东、周敏、胡嫣然、姚南针、奚小溪、高天星、黄炎等在本书的编写过程中提供了大量的案例和素材，在此一并表示感谢。

最后，虽然作者在编写本书的过程中投入了大量的时间和精力，但难免有疏漏之处，诚请各位读者批评指正。

编　者

2018 年 5 月

Flash CC 基础知识

【学习目的】

本章通过对 Flash CC 的界面及基本操作做简单的介绍，使读者对其有一个整体的认识。

【学习重点】

- 了解 Flash CC 的基本知识。
- 熟悉 Flash CC 的源文件和影片格式。
- 熟悉 Flash CC 的工作界面。
- 熟悉 Flash CC 的基本操作。

1.1 Flash CC 及其安装

Flash 是美国 Macromedia 公司出品的用于矢量图形编辑和动画制作的专业软件，后来被 Adobe 公司收购。利用该软件制作的动画文件尺寸要比位图动画文件（如 GIF 动画）的尺寸小得多，用户不但可以在动画中加入声音、视频和位图图像，而且可以制作交互式的影片或者具有完备功能的网站。

Flash 被广泛用于多媒体领域。在 Authorware 及 Director 中，都可以导入 Flash 动画。Flash 之所以在因特网上能够风靡一时，主要由于它具有以下特点：

① Flash 采用矢量绘图技术。

② Flash 最终压缩生成. swf动画文件。

③ Flash 采用流式播放技术。

④ Flash 通过脚本语言可以实现交互性动画，随后通过 Dreamweaver 可直接嵌入网页的任一位置。这样用户使用起来就非常方便。

⑤ Flash 借助于网络传播，所需的费用比较低廉，投入的成本比较低。

1.1.1 Flash CC 简介

Flash 的前身为 FutureSplash Animator，由美国的乔纳森・盖伊在 1996 年正式发行，此后很快获得广大用户的认可，并逐渐发展二维动画设计的主流软件。

经过不断发展,Flash 从最原先的 Flash 1.0 逐步升级到现在最新的 Flash CS6,而 Flash CC 是目前使用最为广泛的动画编辑软件,故本书对 Flash CC 的内容进行重点讲解。

在 Flash CC 中可以制作出扩展名为.swf的动画文件。在这种动画中,可以加入声音和交互的效果来增加表现力。Flash CC 的创作是在 Flash CC 文档(即保存时文件扩展名为.fla的文件)中进行的,在完成 Flash 内容后,就可以发布它,同时会创建出一个扩展名为.swf的文件。在 Flash Player(Flash 安装时自带的播放器)中可以运行.swf 文件。图 1-1 和图 1-2 所示分别为 Flash CC 的源文件及其影片实例。

图 1-1 .fla 文件

图 1-2 .swf 文件

1.1.2 Flash CC 的安装

Flash CC 的安装与其他软件的安装类似。插入安装光盘后双击执行 setup.exe 文件,加载安装程序后按照安装提示逐步完成整个安装过程。

安装成功之后,双击桌面的 Flash CC 图标,进入初始用户界面,如图 1-3 所示。单击 ActionScript 3.0选择创建一个新的 Flash 文档。

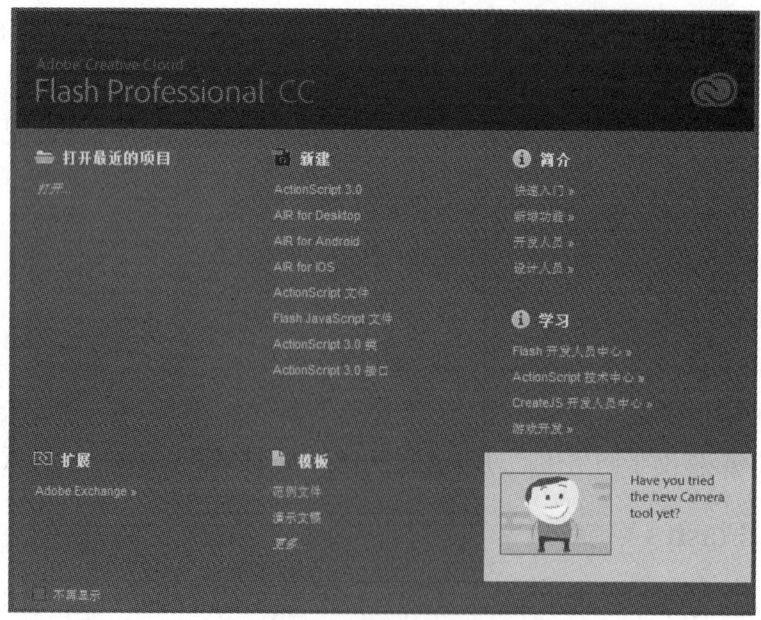

图 1-3 初始用户界面

1.2　Flash CC 的操作界面

在创建新文档之后，进入到 Flash CC 开始页中，弹出 Flash CC 的工作界面，如图 1-4 所示。

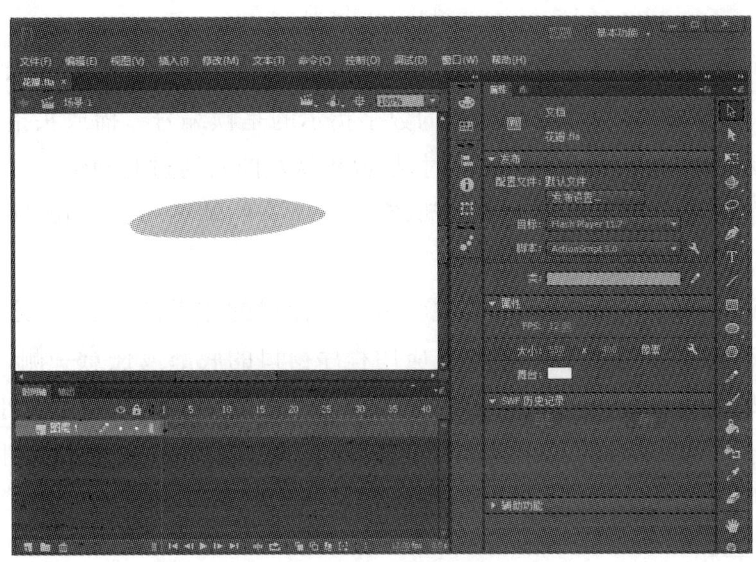

图 1-4　Flash CC 工作界面

1. 标题栏

标题栏显示了 Flash 的版本以及当前用户正在制作的文档的标题和名称。

2. 菜单栏

Flash CC 的功能都可以通过在菜单栏中选择相应的菜单项来实现。其菜单栏如图 1-5 所示。

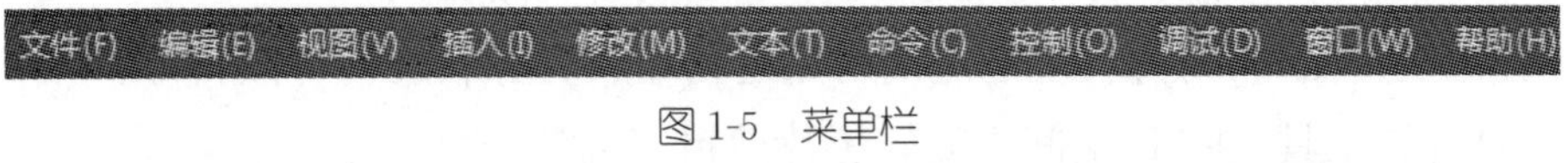

图 1-5　菜单栏

3. 场景栏

场景栏显示当前正在编辑的场景名，在这里可以快速地切换场景编辑窗口和元件编辑窗口，并且可以对舞台进行大小缩放，如图 1-6 所示。

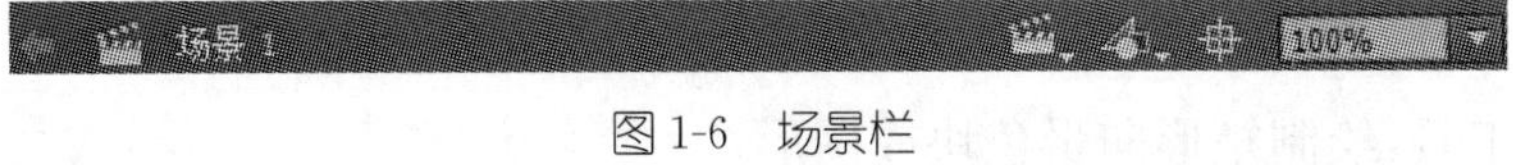

图 1-6　场景栏

4. 时间轴

时间轴的主要组件是图层、帧和播放头，如图 1-7 所示。它主要用于组织和控制文档内容在一定时间内播放的图层数和帧数。与胶片一样，Flash 文档也将时长分为帧。图层就像堆叠在一起的多张幻灯胶片一样，在舞台上一层层地向上叠加,每个图层都包含一个显示在舞台中的不同图像。

图 1-7　时间轴

文档中的图层列在时间轴左侧的列中。每个图层中包含的帧显示在该图层名右侧的一行中。时间轴标题部分的数字指示的是帧编号。播放头指示当前在舞台中显示的帧。播放 Flash 文档时,播放头从左向右通过时间轴。

时间轴状态显示在时间轴的底部,它指示所选的帧编号、当前帧频以及到当前帧为止的运行时间。

在默认情况下,时间轴显示在主应用程序窗口的左下部,在舞台之下。其位置可以变动,可以将时间轴停放在主应用程序窗口的底部或任意一侧,或在单独的窗口中显示时间轴,也可以隐藏时间轴。可以通过调整时间轴的大小,更改可以显示的图层数和帧数。如果有许多图层,无法在时间轴中全部显示出来,则可以通过使用时间轴右侧的滚动条来查看其他的图层。

5. **工具箱**

工具箱包括了 Flash CC 中所有绘图工具和选择工具,以帮助生成和编辑图像,如图 1-8 所示。根据绘图功能的不同,工具箱分成 4 个部分,分别为工具区、查看区、颜色区和选项区。工具区有 17 个工具,查看区有 2 个工具,颜色区有 4 个工具。

(1) 工具区。

选择工具:选择和移动舞台上的对象,可以改变对象的大小和形状等。

部分选取工具:用来抓取、选择、移动和改变形状路径。

任意变形工具:对舞台上选定的对象进行缩放、扭曲、旋转与倾斜等。

3D 旋转工具:在 3D 空间中旋转影片剪辑实例。

套索工具:在舞台上选取不规则的区域或多个对象。

钢笔工具:绘制直线和光滑的曲线,调整直线长度、角度及曲线的曲率。

文本工具:创建、编辑字符对象和文本窗体。

线条工具:绘制直线段。

矩形工具:绘制矩形向量色块或图形。

椭圆工具:绘制各类圆形。

多角星形工具:绘制各种多边形图形。

铅笔工具:绘制任意形状的矢量图形。

刷子工具:绘制任意形状的矢量色块或图形。

颜料桶工具:改变色块颜色。

墨水瓶工具:用来对封闭的区域填充颜色。

滴管工具:将舞台图形的属性赋予当前绘图图形。

橡皮擦工具:擦除舞台上的图形。

(2) 查看区。

手形工具:移动舞台画面以便更好地观察。

缩放工具:改变舞台画面的显示比例。

(3) 颜色区。

笔触颜色按钮:选择图形边框和线条的颜色。

填充颜色按钮:选择图形要填充区域的颜色。

黑白按钮:系统默认笔触颜色为黑色,填充颜色为白色。

交换颜色按钮:可将笔触颜色和填充颜色进行交换。

(4) 选项区。

不同的工具有不同的选项,可通过“选项”区为当前选择的工具进行属性选择。

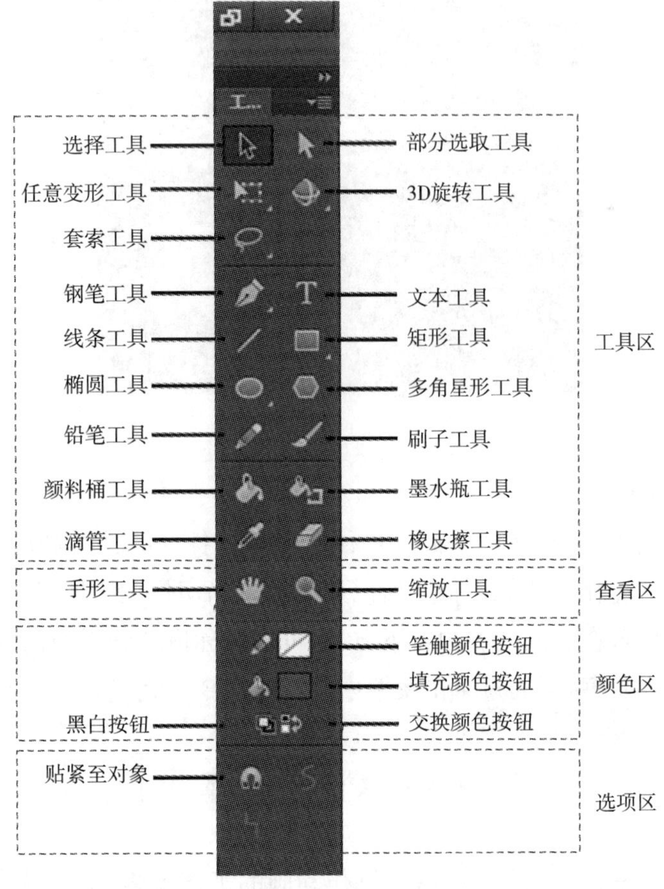

图 1-8　工具箱

工具箱的默认位置是在工作界面的右边,但用户可以按照自己的喜好来放置。方法是:点住工具栏上没有按钮的空白处,拖拽工具箱至目标位置;或者在空白处用鼠标双击,工具箱就会弹出成为“工具”浮动面板,再次双击可以恢复。菜单栏中“窗口”下拉菜单中的“工具”命令可以控制工具箱的显示或隐藏。

6. 舞台

舞台是用户在创建 Flash 文档时放置图形内容的矩形区域,这些图形内容包括矢量插图、文本框、按钮、导入的位图图形或视频剪辑等。用户可以在工作时放大或缩小舞台的显示,更改舞台的视图,舞台的最小缩小比率为 8%,最大放大比率为 2000%。舞台的默认颜色为白色,因此动画的背景色也为白色。如果要改变舞台的背景色,可以执行菜单栏中“修改”下拉菜单中的“文档”命令或通过快捷键“Ctrl+J”,在弹出的“文档设置”对话框中,设置各项属性,如图 1-9 所示。

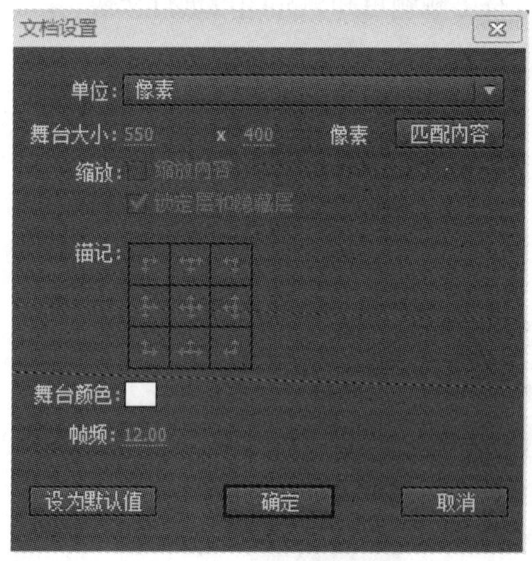

图 1-9 “文档设置”对话框

7. 功能面板

功能面板又被称为“活动面板”,各种面板有着各自的独特功能,可帮助用户完成各种不同的操作。功能面板之所以又被称为“活动面板”是因为它们都是“活动”的,其默认位置在界面的右边或下方,也可用鼠标拖动到界面的任意位置。功能面板的显示和隐藏,可通过单击菜单中的相应命令来完成。

1.3 Flash CC 的基本操作

对于初学者来说,掌握 Flash CC 制作动画的工作流程,应当从掌握 Flash 影片文档的基本操作方法入手。

1. 影片的建立

执行“文件”下拉菜单中“新建”命令，可以建立影片，如图 1-10 所示。

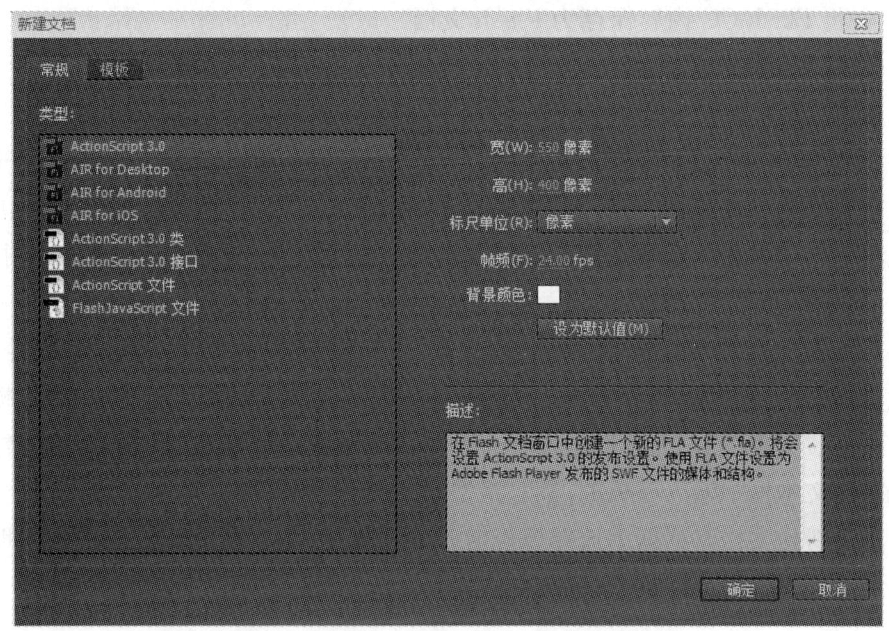

图 1-10　“新建文档”对话框

2. 文档属性的建立

执行“修改”下拉菜单中的“文档”命令，弹出“文档设置”对话框，如图 1-9 所示。

“文档设置”对话框中参数的含义如下：

标题：设置 Flash CC 文档的标题。

描述：创建影片进行简单的描述。

舞台大小：舞台的尺寸最小可设定成宽 1 px(像素)、高 1 px，最大可设定成宽 2880 px、高 2880 px。系统默认的尺寸单位是 px，可以自行输入 cm(厘米)、mm(毫米)或 in(英寸)等单位的数值，也可以在“标尺单位”下拉列表框中选择。

匹配打印机：匹配打印机，让底稿的大小与打印机的打印范围相同。

匹配内容：匹配内容，将底稿缩放成和画面上的对象大小一样。

舞台颜色：可以选择动画的背景颜色。

帧频：设置动画的播放速度。单位为 fps(帧/秒)，默认值为 24 fps。

标尺单位：用来设置标尺的单位，包括像素、英寸、英寸(十进制)、点、厘米、毫米。默认设置为像素。

3. 影片的保存

保存动画文件的方法随保存文件的目的不同而不同，主要有以下几种：

① 使用当前名称和位置保存 Flash 文档。

② 使用不同的名称或位置保存文档。

③ 恢复到上次保存的文档版本。

④ 将 Flash CC 内容保存为 Flash 文档。

⑤ 将文档保存为模板,以便将该文档用作新 Flash 文档的起点。

执行“文件”下拉菜单中的“保存”命令或按快捷键“Ctrl+S”,可以保存 Flash 文件。在使用“保存”命令保存文档时,Flash 会执行一次快速保存,将新信息追加到现有文件中。在使用“保存为”命令保存时,Flash 会将新信息安排到文件中,并在磁盘上创建另外一个新文件。如果要保存并压缩文件,可以执行“文件”下拉菜单中的“保存并压缩”命令。

若要将文档另存为模板,则执行“文件”下拉菜单中的“另存为模板”命令,此时就会弹出“另存为模板”对话框,如图 1-11 所示。在“名称”文本框中输入模板的名称;从“类别”下拉列表框中选择一种类别或输入一个名称,以便创建新类别;在“描述”文本框中输入模板的说明(最多 255 个字符)。

当在新建文档对话框中选择模板时,上述“描述”文本框中输入的模板说明便会显示出来,单击“保存”按钮完成创建。

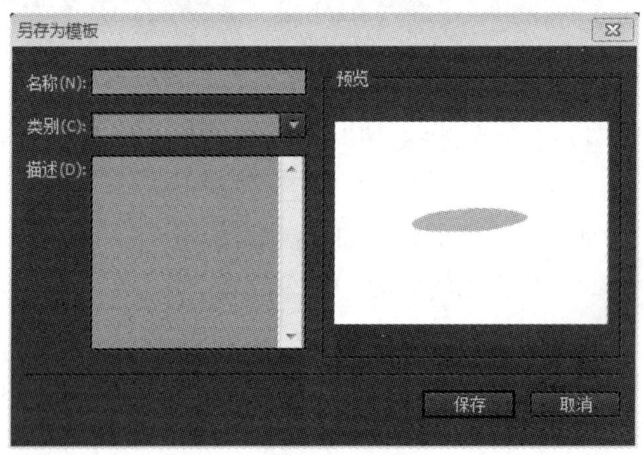

图 1-11 “另存为模板”对话框

4. 影片的测试和导出

对一个完成的影片文件,执行“控制”下拉菜单中“测试影片”命令或按快捷键“Ctrl+Enter”,即可对影片进行测试预览;也可以执行“文件”下拉菜单“发布预览”中的“Flash”命令,这将自动生成同名的 *. swf 文件并在 Flash 播放器中播放。

若影片测试成功并且制作完成,则可对其进行导出。其程序是:执行“文件”下拉菜单“导出”中的“导出影片”命令,就会弹出“导出影片”对话框,然后,指定导出影片的文件夹,输入导出影片的文件名,再单击“保存”按钮,导出影片即可。导出的影片文件类型是播放文件,其扩展名为. swf。

5. 影片的关闭

影片的关闭可以执行“文件”下拉菜单中的“关闭”命令（如图 1-12）或单击 Flash 舞台窗口上方的“关闭”按钮（如图 1-13）。若在此之前没有保存动画文件，则会弹出一个保存提示对话框，单击“是”按钮，即可保存文档并关闭 Flash 文档窗口，但整个 Flash CC 界面窗口并不关闭。

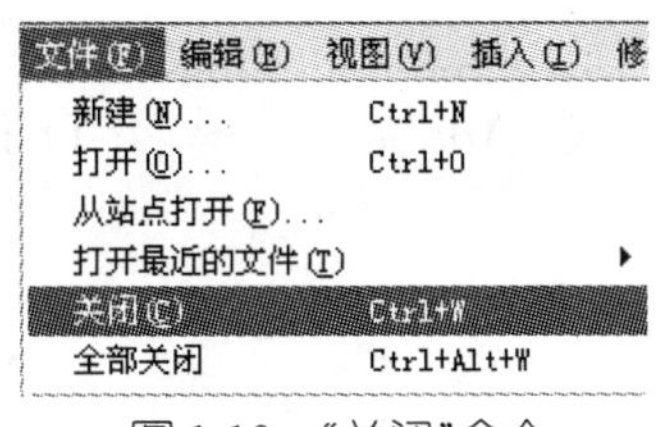

图 1-12　“关闭”命令

图 1-13　“关闭”按钮

6. 退出 Flash CC

退出 Flash CC，可以执行“文件”下拉菜单中的“退出”命令（如图 1-14）或单击 Flash CC 窗口右上角的“关闭”按钮（如图 1-15）。若在此之前没有保存动画文件，则会弹出一个保存提示对话框，单击“是”按钮，即可保存文档并关闭 Flash 文档窗口，当关闭所有的 Flash 文档窗口后，即退出 Flash CC。

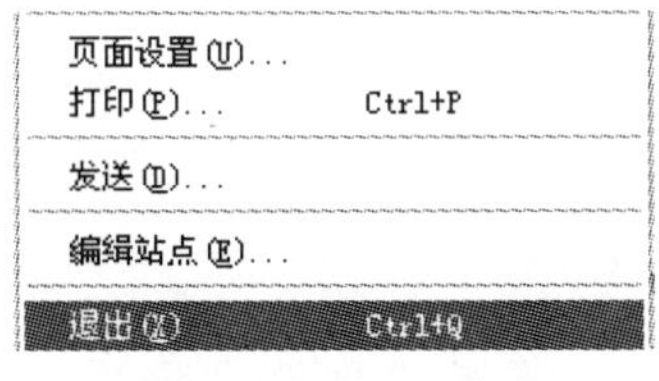

图 1-14　“退出”命令

图 1-15　“关闭”按钮

本章小结

本章主要介绍了 Flash CC 的基础知识，包括 Flash CC 的发展史、软件的安装与启动、新版本的工作环境以及一些基本操作方法等内容。各种工具及面板的熟练运用是学习 Flash 的关键。读者在学完本章后，一定要通过不断地练习来掌握各种工具和面板的使用方法，以期制作出生动的动画效果。

课后练习

一、填空题

1. 时间轴的主要组件有____________、____________和____________。

2. 改变舞台的背景色，可以使用的快捷键是____________。

3. 动画的播放速度默认值是____________。

二、选择题

1. 本书主要介绍(　　)版本的 Flash。

A. CS3　　B. MX　　C. CC　　D. CS5

2. Flash 是由(　　)公司出品的。

A. Microsoft　　B. Macromedia　　C. Adobe　　D. H3C

三、简答题

Flash 工作界面包括哪几个部分?

图形的绘制

【学习目的】

本章主要讲述 Flash 的图形绘制、文本编辑功能，以及图层和面板的使用等知识。通过本章内容的学习，应掌握 Flash 中各种图形绘制的基本方法。

【学习重点】

- 熟悉 Flash 的绘图环境。
- 熟练使用工具箱的工具进行绘图。
- 学会使用图层和面板。

图形和文字是 Flash 动画的基础。在制作动画之前，应准备各种各样的素材，这些素材可以从网上下载，也可以在 Flash 中手动绘制，还可以使用其他矢量图形软件制作。Flash CC 提供了一些简单的绘图工具，利用这些绘图工具可以绘制出很多精美的矢量图形，所以掌握绘图工具的使用方法对于制作好的 Flash 作品是至关重要的，能为以后的动画制作打下基础。

2.1 绘图基础

位图图像和矢量图形是计算机显示图片的两种主要方式。在绘图之前，应当先理解位图图像和矢量图形的基本概念及它们之间的区别。只有理解了它们之间的区别，才能有效地处理不同的图片。

2.1.1 位图图像

位图图像，又称为“栅格图像”，是由一些排列在一起的栅格组成的。每一个栅格代表一个像素点，而每一个像素点只能显示一种颜色。位图图像具有以下特点：

图 2-1 位图图像

① 位图图像的分辨率越高，显示越清晰，文件所占的空间也就越大。

② 位图放大到一定倍数后，会产生锯齿，如图 2-1

所示。因为位图是由最小的色彩单位——像素点组成的,所以位图的清晰度与像素点的多少有关。

③ 位图图像在色彩、色调方面的表现效果比矢量图更加优越,尤其在表现图像的阴影和色彩的细微变化方面效果更佳。

2.1.2 矢量图形

矢量图形,也称为“面向对象的图形”或“绘图图形”。矢量图形是使用直线和曲线来描述图形,这些图形的元素是一些点、线、矩形、多边形、圆和弧线等,它们都是通过数学公式计算获得的。例如,一朵花的矢量图形实际上是由线段形成外框轮廓,由外框的颜色以及外框所封闭的颜色来决定花所显示出的颜色。矢量图形具有以下特点:

① 由于矢量图形可通过公式计算获得,所以矢量图形文件体积一般较小,其清晰度与分辨率的大小无关。

② 对矢量图形进行缩放时,图形仍保持原有的清晰度和光滑度,不会发生任何偏差,如图 2-2 所示。

③ 若要画出自然度高的图像,例如图形、文字、一些标志、版式设计等,则需要很多技巧。

图 2-2 矢量图形

Flash 动画是矢量图形的一种典型应用,Adobe 公司的 FreeHand、Illustrator 及 Corel 公司的 CorelDRAW 是众多矢量图形设计软件中的佼佼者。

2.2 用工具箱中的工具绘图

2.2.1 工具箱中的工具介绍

Flash CC 的“工具箱”功能非常强大,从功能结构看,它分为工具区、查看区、颜色区和选项区 4 个区域,如图 1-8 所示。

工具区内主要是各种绘图和编辑工具。查看区内是拖动和缩放的辅助查看工具。颜色区内是颜色选择与切换的几个辅助工具。选项区的选项是不固定的,它会根据当前所选工具的不同而出现相应的选项。下面对工具进行详细阐述。

1. 用“线条工具” 绘图

“线条工具”用于绘制矢量线段,它既可以绘制规则图形,也可以绘制不规则图形。

先单击“工具”面板中“线条工具”，然后再设置线条的属性，如图 2-3 所示。

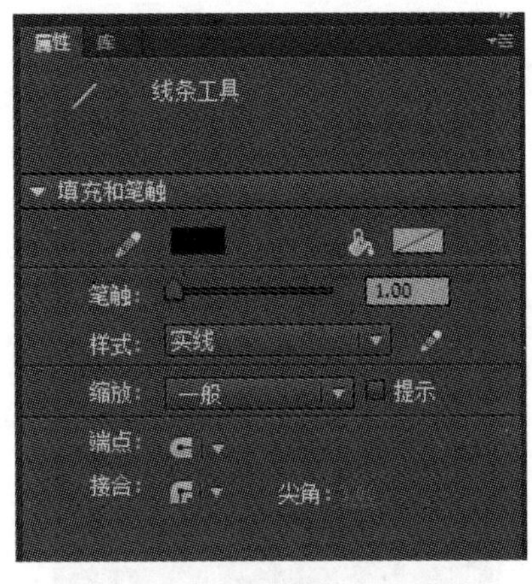

图 2-3　“线条工具”面板

移动鼠标到舞台上，接着按住鼠标左键并拖动，最后松开鼠标，线条即绘制完成。如果要画笔直的横线、竖线或 45°角的斜线段，可按住 Shift 键拖动鼠标。

用“选择工具”可以选择、移动或改变对象的形状。

移动鼠标到直线的端点处，指针右下角变成直角状时，拖动鼠标就可以改变线条的方向和长短，如图 2-4(a)所示。

移动鼠标指针到线条上，指针右下角变成弧线状时，拖动鼠标，可以将直线变成曲线，如图 2-4(b)所示。

(a) 绘制直线　　(b) 绘制弧线

图 2-4　绘制线条

2. 用“椭圆工具”绘图

利用“椭圆工具”可以绘制实心或空心的椭圆、正圆。

选取“工具箱”中的“椭圆工具”按钮，在舞台中单击并拖动鼠标即可绘制椭圆。按下 Shift 键的同时拖动鼠标进行绘制，可绘制出正圆图形，如图 2-5 所示。

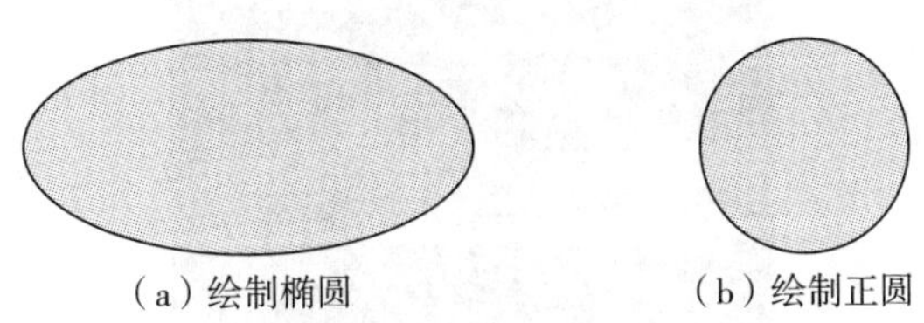

(a) 绘制椭圆　　(b) 绘制正圆

图 2-5　椭圆绘制工具

可以根据需要设定填充的颜色及外框笔触的颜色、粗细和样式,如图 2-6 所示。

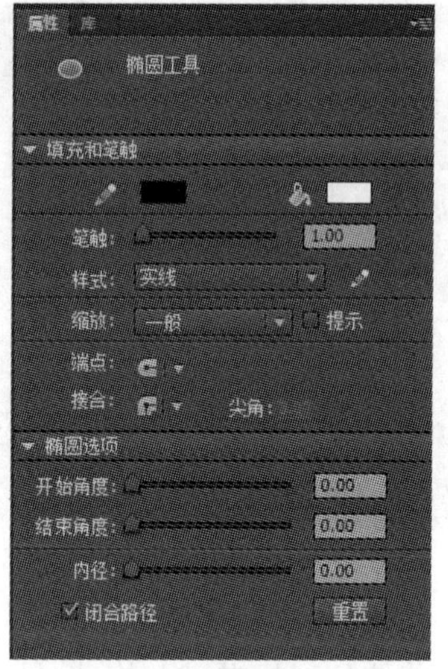

图 2-6 “椭圆工具”面板

选择椭圆的实心部分,按 Delete 键删除,可以得到空心椭圆。

3. 用“矩形工具” 绘图

利用矩形工具可以绘制长方形、正方形和圆角矩形。

选取“工具箱”中的“矩形工具” 后,在舞台中单击并拖动鼠标即可进行绘制。按下 Shift 键的同时,拖动鼠标即可绘制出正方形,如图 2-7 所示。

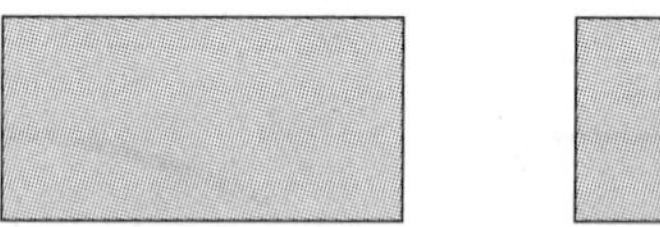

图 2-7 矩形绘制工具

可以根据需要设定填充的颜色及外框笔触的颜色、粗细和样式,如图 2-8 所示。

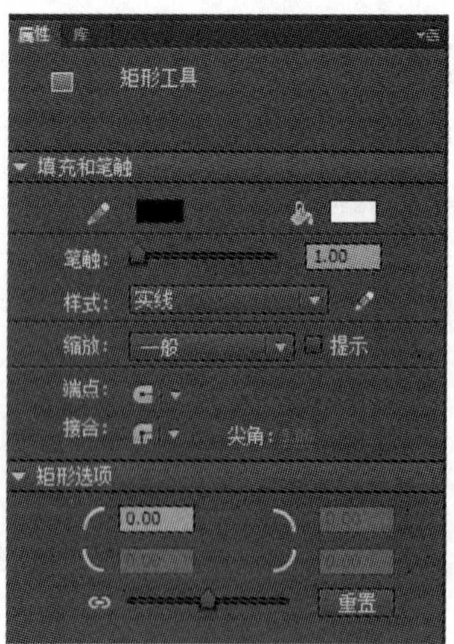

图 2-8 “矩形工具”面板

4. 用 “多角星形工具” 绘图

选取“工具箱”中的“多角星形工具” 后，在舞台中单击并拖动鼠标即可进行绘制。

可以用“多角星形工具”来绘制多边形和星形，如图 2-9 所示。

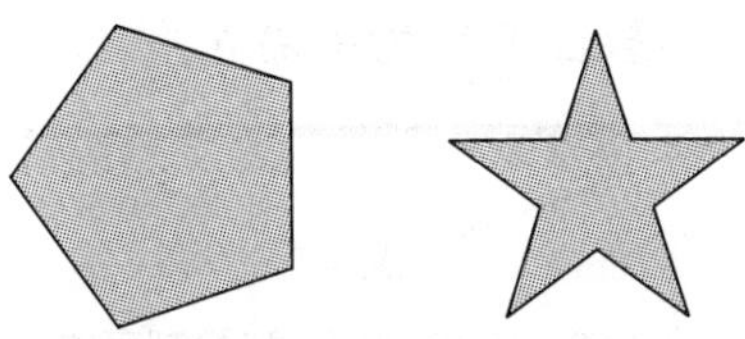

图 2-9　多角星型绘制工具

可以通过改变选项来调整样式、边数及星形顶点大小，如图 2-10 所示。

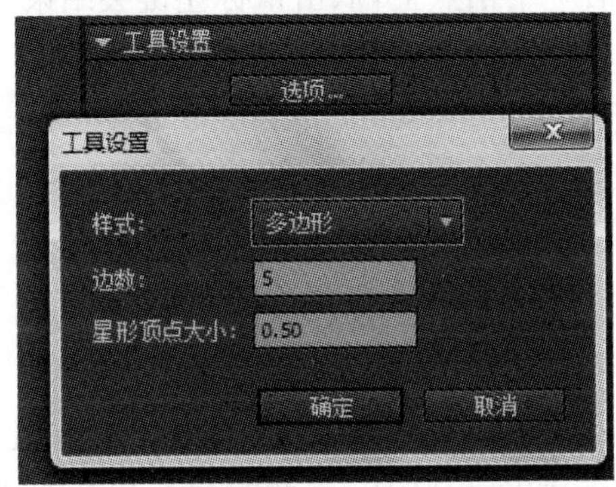

图 2-10　“多角星型工具”面板

2.2.2　绘制不规则图形

利用铅笔、钢笔和刷子等工具可以绘制不规则图形。

1. 用 “铅笔工具” 绘图

使用“铅笔工具” 和使用真正的铅笔绘图的效果非常相似，主要用来勾勒轮廓，“铅笔工具”的颜色、粗细、样式定义和“线条工具”一样。它的附属选项里有 3 种模式，分别为“伸直”模式、“平滑”模式和“墨水”模式，如图 2-11 所示。3 种模式所画的线条效果不同，可以根据需要进行选择。

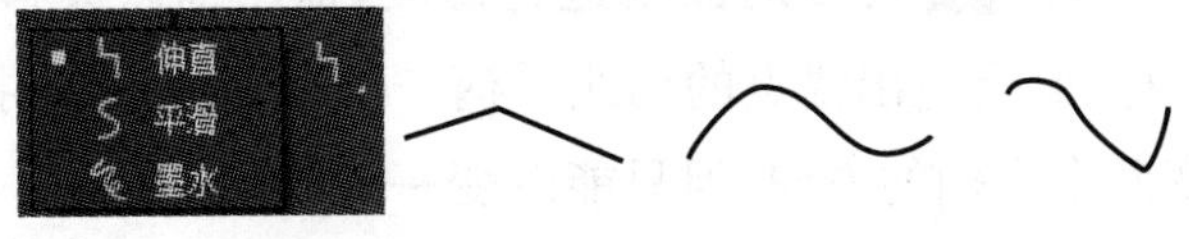

图 2-11　铅笔工具

2. 用 “钢笔工具” 绘图

“钢笔工具”是非常重要也是非常有用的一个工具。使用“钢笔工具”可以绘制多节点曲线，并能通过增加和删除曲线上的节点调节曲线的形状。

单击“钢笔工具”,可以根据需要设置笔触颜色、笔触样式等属性。

在工作区中按下鼠标左键,即可产生一个锚点(绿色圆圈),确定起点放开鼠标,然后将鼠标移至工作区其他位置上,单击即可产生第二个锚点,在两个锚点之间会连接成一条直线,连续单击产生若干个锚点及连续的直线,如图 2-12 所示。

注意:用钢笔每次点击之后留下的就是锚点。

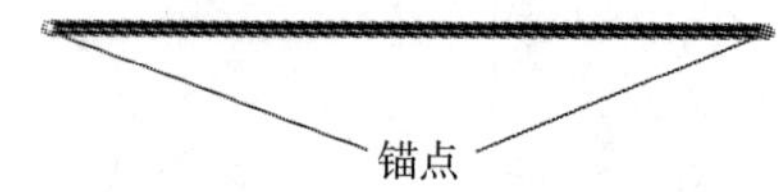

图 2-12　用“钢笔工具”绘制直线

在绘制最后一个锚点时,将鼠标移至第一个锚点的位置上单击左键会成为一个封闭区域,或者在最后一个锚点上,双击鼠标左键会结束绘画,如图 2-13 所示。

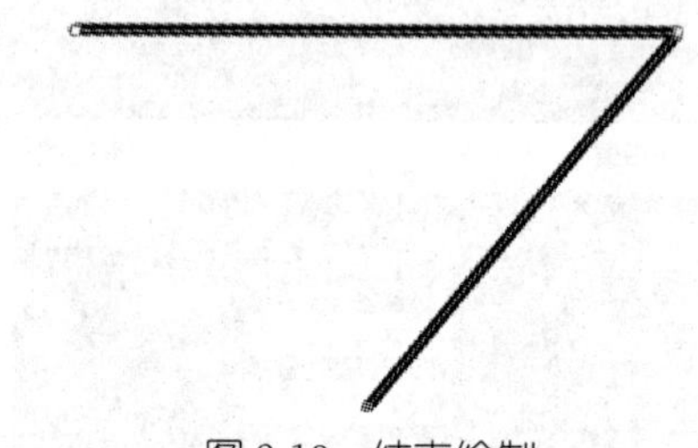

图 2-13　结束绘制

若要绘制曲线,只需在产生第二个锚点后按住鼠标左键不放进行拖动即会出现两个方向的切线手柄。如图 2-14 所示,此时鼠标指针变成三角形,在手柄上做旋转拖拽操作即可形成曲线,在 3 个以上锚点的曲线中再次点击中间锚点会使之成为折线,再次点击会删除锚点,如图 2-15 所示。

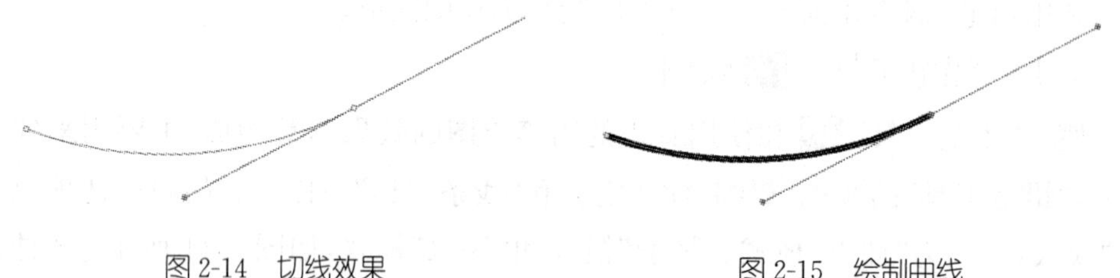

图 2-14　切线效果　　　　图 2-15　绘制曲线

用“部分选取工具” 可以对曲线进行修改,拖动锚点会移动锚点的位置。先按住 Alt 键,再拖动,会拖出锚点的切线手柄。松开鼠标,再次拖动单个切线手柄,可以同时改变两个手柄的方向,但只能改变一个手柄的长短。再按住 Alt 键,只能改变一个切线手柄的方向。

3. 用 “刷子工具” 绘图

“刷子工具”可以绘制出用毛笔作画的效果,也常被用于给对象着色。刷子工具绘制出的是填充区域,它不具有边线。而具有封闭线条的区域则可以使用“颜料桶工具”着色。

单击“刷子工具”后，工具箱下边就会显示出它的相关选项，可以设置的内容有刷子模式、刷子大小、刷子形状和锁定填充，其中刷子模式 有 5 个子选项，如图 2-16 所示。

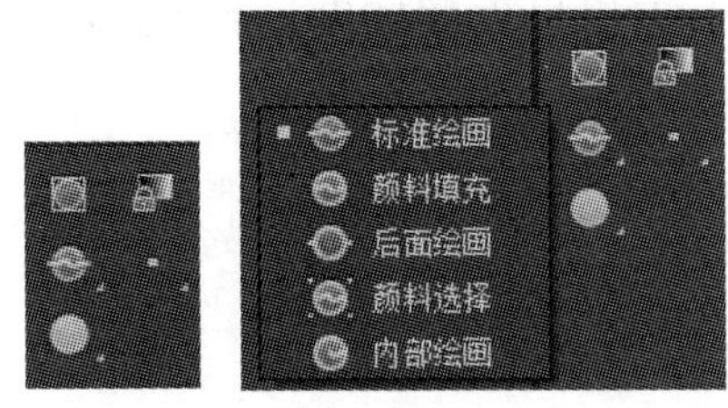

图 2-16　刷子工具

锁定填充只对渐变填充或位图填充起作用。当使用“滴管工具”从场景中获得填充物或渐变色时，笔刷的锁定功能会自动启用。选定锁定功能时，工作区是一个完整的渐变。未选定锁定功能时，使用“刷子工具”绘制的图形的填充效果和选择的渐变填充样式相对应。

4. 用 “橡皮擦工具” 绘图

“橡皮擦工具”允许擦除形状中不必要的部分，用户还可以对“橡皮擦工具”进行自定义，使之只擦除线条，或只擦除颜色、单个的色块等。

“选项”中的擦除模式有 5 种，如图 2-17 所示。

图 2-17　橡皮擦工具

① 标准擦除。可擦除相同层上的线条和填充区域，文字不受影响。

② 擦除填色。只擦除填充区域，不影响线段和文字。

③ 擦除线条。只擦除线条，填充区域和文字不受影响。

④ 擦除所选填充。只擦除当前选定的区域，线条和文字无论选中与否，均不受影响。

备注：以这种模式使用橡皮擦工具之前，请选择要擦除的填充区域。

⑤ 内部擦除。只擦除被擦除工具最先选中的填充区域，线条和文字均不受影响。

“水龙头工具” 用于擦除选择区域或封闭区域内的整块填充色。

“橡皮擦工具”既可以是方形的，也可是圆形的，并且各有 5 种大小。

双击擦除工具可以清除舞台上的所有内容。

2.3　设置绘图环境

像电影一样，Flash 动画按时间离散成帧图。场景是用来进行创作或者从外部导入图形之后的编辑区,如矢量图形的制作、编辑以及动画的制作和展示都在场景中进行。场景主要由舞台(白色区域)和舞台外部一大片灰色区域(一般称其为"工作区")组成。另外,在场景中除了可以编辑作品中的图形对象外,还可以设置一些用于帮助图形绘制、编辑操作的辅助构件,如标尺、网格线等,也可以改变当前作品在场景中的显示比例。

2.3.1 场景

1. 设置场景大小和颜色

选择菜单中的"修改"→"文档"命令或者按"Ctrl＋J"组合键,即可打开"文档设置"对话框,如图 2-18所示。

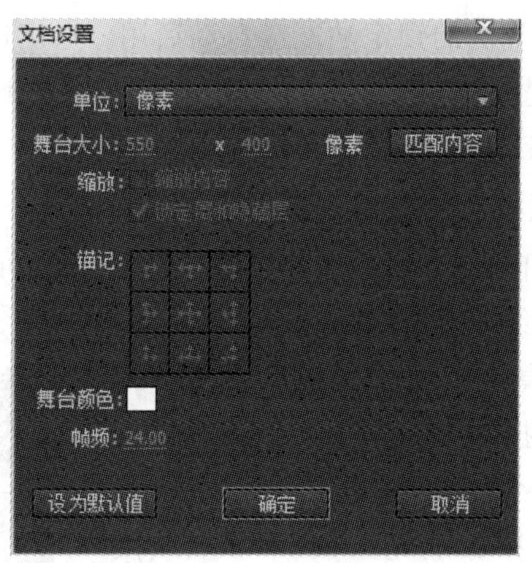

图 2-18 "文档设置"对话框

2. 场景的主要操作

① 打开"场景"面板。选择菜单"窗口"→"场景",如图 2-19 所示。

② 插入一个场景。选择菜单"插入"→"场景"或者按"Shift＋F2"组合键等多种方法可以插入一个场景。

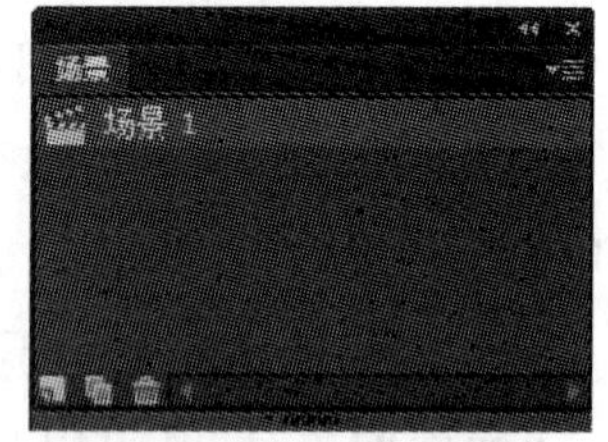

图 2-19 "场景"面板

③ 场景重命名。在"场景"面板中双击要更改名字的场景名,即可重命名。

④ 更改电影中场景的顺序。播放动画时,Flash 将按照场景的排列顺序来播放,最上面的场景最先播放。如果要调整场景的播放顺序,只需在场景面板中选中场景后上下拖动即可。

⑤ 删除场景。首先打开要删除的场景,然后在"场景"面板中选取该场景,单击 按钮即可。

2.3.2　设置网格、标尺与辅助线

Flash 可以显示标尺和辅助线，以帮助精确地绘制和安排对象。在文档中可以放置辅助线，使对象贴紧辅助线；也可以打开网格，使对象贴紧网格。

1. 网格

网格的主要功能有显示网格、编辑网格、对齐网格。

执行"视图"→"网格"→"显示网格"命令，可以显示或隐藏"网格线"。

执行"视图"→"网格"→"编辑网格"命令，可以打开"网格"对话框，在对话框中可以根据需要设置网格的参数，如图 2-20 所示。

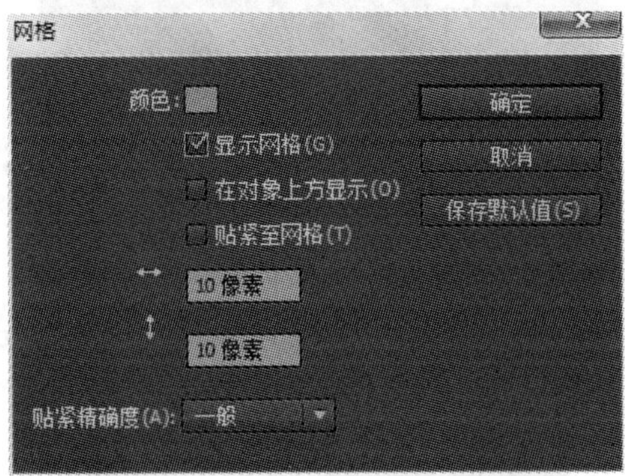

图 2-20　"网格"对话框

利用"网格"的特性制作规范图形，如图 2-21 所示，不仅可以提高绘制的精度，还可以提高绘制效率。

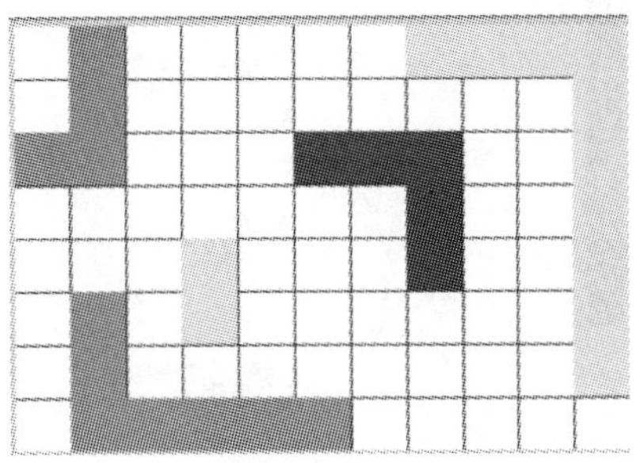

图 2-21　"网格"效果

2. 标尺

执行"视图"→"标尺"命令，可以显示或隐藏标尺，如图 2-22 所示。

图 2-22　标尺

标尺的默认单位(像素)可以更改为其他单位。执行“修改”→“文档”命令,打开“文档设置”对话框,在“单位”下拉菜单中可选择合适的单位,如图 2-23 所示。

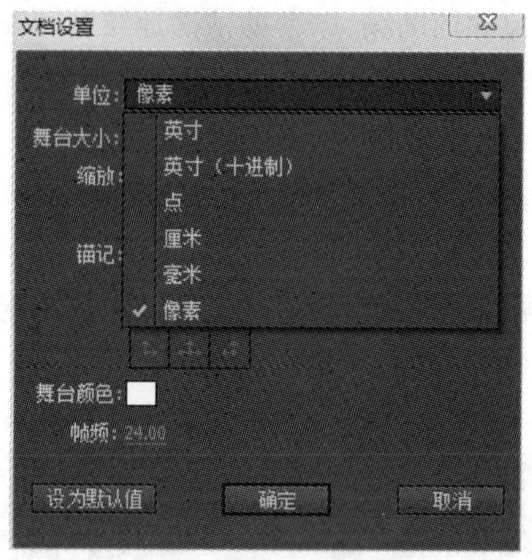

图 2-23　标尺“单位”设置

3. 辅助线

① 绘制辅助线。从水平标尺或者垂直标尺处按下鼠标左键拖动到工作区,即可看到绿色的辅助线,如图 2-24 所示,用“选择工具”拖动辅助线可以调整其位置。

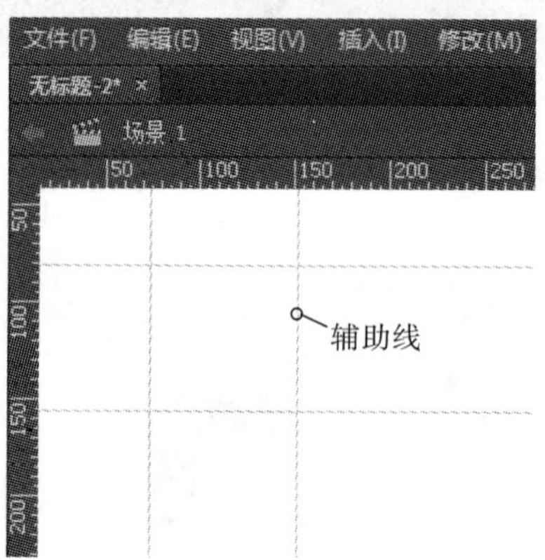

图 2-24　绘制辅助线

② 编辑辅助线。选择菜单“视图”→“辅助线”→“编辑辅助线”,在弹出的对话框可以设置辅助线的颜色和精确度,以及确定是否显示、对齐或锁定。

③ 锁定辅助线。选择菜单“视图”→“辅助线”→“锁定辅助线”,可以将辅助线锁定,此时无法使用鼠标调整其位置。

④ 删除辅助线。在未锁定辅助线的情况下,将辅助线拖动到“水平标尺”或“垂直标尺”处即可删除,或者选择菜单“视图”→“辅助线”→“显示辅助线”取消显示。

2.3.3　调节场景的显示比例

在舞台右上角的"显示比例"中，可以根据需要设置显示比例，改变舞台显示比例的大小，如图 2-25 所示。

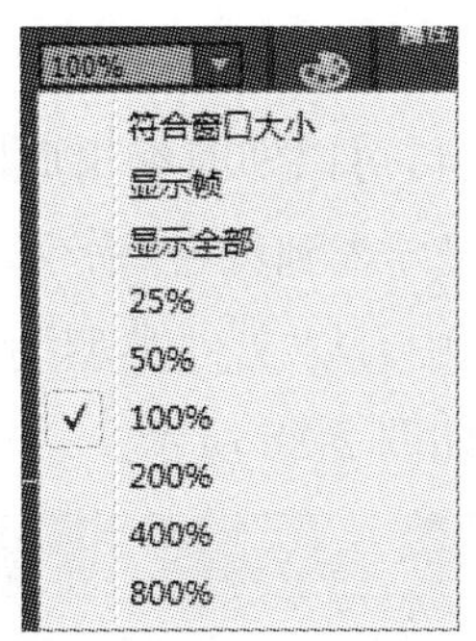

图 2-25　显示比例

在"工具箱"中选择"缩放工具" ，在舞台上单击 可放大或缩小舞台的显示比例，按住 Alt 键也可以互相切换。

另外，组合键"Ctrl+'+'"可以放大舞台，"Ctrl+'-'"可以缩小舞台。

2.4　位图的应用

2.4.1　导入位图

在 Flash 中，除了可以使用各种绘图工具绘制图形外，还可以将外部各种类型的图形图像导入。矢量图或位图既可以被导入到当前 Flash 的舞台中以便编辑，也可以被导入到当前文档的库中以备日后使用。

1. 导入图像的文件类型

以下格式的矢量图或位图文件可以导入到 Flash CC 中。

- Adobe Illustrator(版本 10 或更低版本)，扩展名为. eps、. ai、. pdf。
- AutoCAD DXF，扩展名为. dxf。
- 位图，扩展名为. bmp。
- 增强型 Windows 图元文件，扩展名为. emf。
- FreeHand，扩展名为. fh7、. fh8、. fh9、. fh10、. fh11。
- FutureSplash Player，扩展名为. spl。
- GIF 和 GIF 动画，扩展名为. gif。

- JPEG,扩展名为. jpg、. jpeg。
- PNG,扩展名为. png。
- Flash Player 6/7,扩展名为. swf。
- Windows 图元文件,扩展名为. wmf。

2. 导入到舞台

通过将图形图像导入到舞台,可以即时编辑此图形图像,操作步骤如下:

① 选择“文件”→“导入”→“导入到舞台”命令,或者使用快捷键“Ctrl+R”。

② 在弹出的“导入”对话框中,从“文件类型”弹出菜单中选择要打开的文件的格式,单击“打开”按钮即可,如图 2-26 所示。

图 2-26 “导入”对话框

若导入的是图像序列中的某一个文件,并且该序列中的其他文件都位于相同的文件夹中,则 Flash 会自动将其识别为图像序列,并提示是否导入序列中的所有图像。单击“是”按钮,将导入图像序列中的所有文件;单击“否”按钮,则只导入当前指定的文件。

3. 导入到库

将图形图像导入到 Flash 文档库的操作步骤如下:

① 选择“文件”→“导入”→“导入到库”命令。

② 在弹出的“导入到库”对话框中,从“文件类型”弹出菜单中选择要打开的文件格式,单击“打开”按钮即可,如图 2-27 所示。

图 2-27　“导入到库”对话框

选择“窗口”菜单的“库”命令即可显示当前文档的“库”面板，选择项目列表中的库项目即可浏览导入的图形图像。

2.4.2　编辑位图

将位图导入到 Flash 时，既可以修改该位图，也可以以各种方式在 Flash 文档中使用。例如，位图可以分离为可编辑的对象，以便使用选择工具、套索工具等来选择或修改位图的区域；或者将位图转换为矢量图，从而使位图能够在 Flash 中像处理其他矢量图一样被编辑修改。

1. 分离位图

分离（也称为“打散”）位图是将图像中的像素分散到离散的区域中，生成多个独立的填充区域或线条，从而能使用 Flash 中的绘图工具或填充工具对其进行编辑操作。使用“套索”工具中的魔棒选择模式，可以选择已经分离的位图区域。用“滴管”工具选择该位图后，可以“颜料桶”工具或其他绘图工具将该位图作为颜色或图案对其他对象进行填充。

分离位图，首先应该选择当前场景中的位图，然后选择“修改”菜单的“分离”命令或者按快捷键“Ctrl＋B”。如图 2-28 所示，左图为分离之前的效果，右图为分离之后的效果。

图 2-28　分离位图效果

2. 将位图转换为矢量图

在 Flash 中可以将导入的位图转换为矢量图，以便进行编辑处理，并在一定程度上减小 Flash 文件的大小。将位图转换为矢量图后，矢量图不再链接到“库”面板中的位图元件。

注意：如果导入的位图包含复杂的形状和许多颜色，那么转换后的矢量图形会比原来的位图文件大。

将位图转换为矢量图的操作步骤如下：

① 选择当前场景中的位图。

② 选择“修改”→“位图”→“转换位图为矢量图”命令，打开“转换位图为矢量图”对话框，如图 2-29 所示。

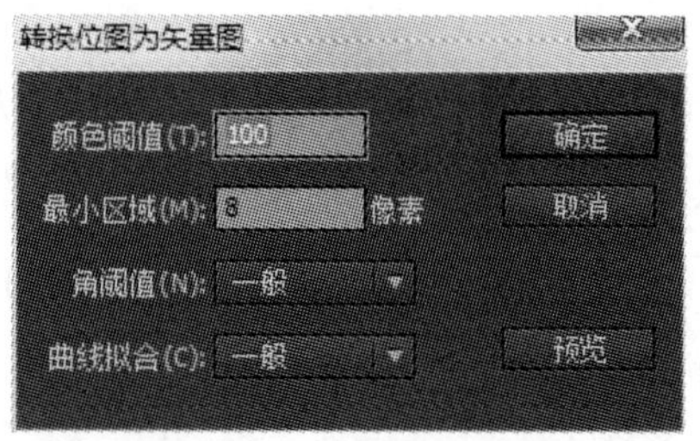

图 2-29　“转换位图为矢量图”对话框

③ 在“颜色阈值”框中，输入一个介于 1 到 500 之间的值，用于设置位图中每个像素的颜色与其他像素的颜色在多大程度上的不同可以被当作是不同的颜色。数值越大，创建的矢量图就越小，但与源图像差别越大；数值越小，颜色转换越多，与源图像差别越小。

④ 在“最小区域”中，输入一个介于 1 到 1000 之间的值，用于设置在指定像素颜色时要考虑的周围像素的数量。值越小，转换后的图像就越精确，并与源图像越接近。

⑤ 对于“角阈值”，可以从下拉列表中选择一个选项，以确定是保留锐边还是进行平滑处理。转角越少，转换后的图像与源图像的差异就越大。

⑥ 对于“曲线拟合”，可以从下拉列表中选择一个选项，用于确定绘制轮廓的

平滑程度。轮廓越平滑，转换后的图像与源图像的差异就越大。

⑦ 设置所需选项，单击“确定”按钮，弹出转换进度对话框，如图 2-30 所示，图形文件越复杂，耗费的时间也越多。

图 2-30　转换进度对话框

⑧ 如图 2-31 所示，左图为位图原始文件，右图为转换成的矢量图。

图 2-31　位图转换效果

3. 设置位图属性

通过设置位图属性，可以了解位图信息、预览效果、更新图像以及测试图像文件被压缩后的效果等。

设置位图属性的操作步骤如下：

① 在“库”面板中选择一个位图，单击鼠标右键，在快捷菜单中选择“属性”命令，打开如图 2-32 所示的“位图属性”对话框。

图 2-32　“位图属性”对话框

② 在最上面文本框中可以修改位图名称。

③ 选择“允许平滑”,以利用消除锯齿功能平滑位图的边缘。

④ 对于“压缩”选项,可以选择“照片(JPEG)”或“无损(PNG/GIF)”。

⑤ 单击“测试”按钮,可以在“位图属性”对话框底部查看文件压缩的结果。

⑥ 单击“更新”按钮,可以更新导入的图像文件。

⑦ 单击“确定”按钮,完成位图属性设置。

2.5 图层和面板的使用

2.5.1 图层

图层可以理解为一张张透明的幻灯片,在每个层里面制作动画效果,相互叠加以后,形成一部完整的动画。图层本身是透明的,但是图层里面的元件是不透明的,当舞台中有很多对象,又需要将其按一定的上下层顺序放置时,即可将它们放置在不同的层中,并且在应用的时候注意图层的上下顺序。

1. 新建图层

新建文件只有一个图层,如图 2-33 所示,而完成复杂的动画不会只有一个图层,如果需要插入图层,就点击图层下面的“插入图层”按钮,即可添加一个图层,如图 2-34 所示。当然改变图层顺序的方法很简单,只要在调整顺序的图层名称上按住鼠标左键不放,拖动到目标位置后释放鼠标即可。

图 2-33 新建文件

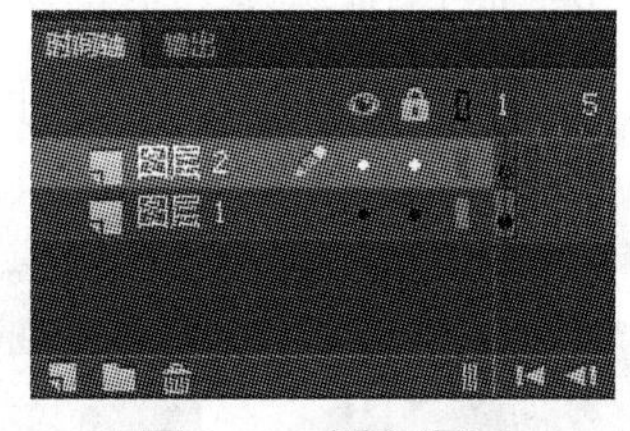

图 2-34 插入图层

2. 添加运动引导层

一个最基本的“引导层动画”由 2 个图层组成:上面一层是“引导层”,图标为 ;下面一层是“被引导层”,图标 同普通图层一样。在普通图层上单击右键,在弹出菜单中选择“添加传统运动引导层”,该层的上面就会添加一个引导层 ,同时该普通图层缩进成为“被引导层”,如图 2-35 所示。

图 2-35 添加“引导层”

“引导层”是用来指示元件运行路径的,所以“引导层”中的内容可以是用钢笔、铅笔、线条、椭圆工具、矩形工具等绘制出的线段。

“被引导层”中的对象是跟着引导线走的，可以选用影片剪辑、图形元件、按钮、文字等作为被引导的对象，但不能选用形状。引导线是一种运动轨迹，“被引导层”中最常用的动画形式是动作补间动画。当播放动画时，一个或数个元件将沿着运动路径移动。

3. 图层重命名

系统默认给图层命名为图层 1、图层 2、图层 3 等，为了能说明每个图层的内容，经常要给图层进行重命名。图层重命名只需双击图层名，当图层名处于编辑状态时直接输入新名称即可，如图 2-36 所示。

4. 删除图层

当有的图层不需要的时候，需要将其删除。选中要删除的图层，单击垃圾筒 ，就可以将所选的图层删除。

5. 插入图层文件夹

图层文件夹用于将时间轴上的图层分类整理、存放，以节省时间轴中图层所占用的空间，如图 2-37 所示。

图 2-36　图层重命名

图 2-37　插入图层文件夹

6. 图层状态

① 图层的锁定与解锁。每一个图层都是独立的，可以在每一个图层上绘制图形。当一个图层绘制好且不希望这一个图层再被操作时，就可以选择锁定图标对图层进行锁定，如图 2-38 所示。

② 图层的隐藏与显示。在制作动画的过程中，很多时候暂时不需要显示某一图层，这时可以将其隐藏(不同于删除)，等需要显示的时候再取消隐藏，如图 2-39 所示。

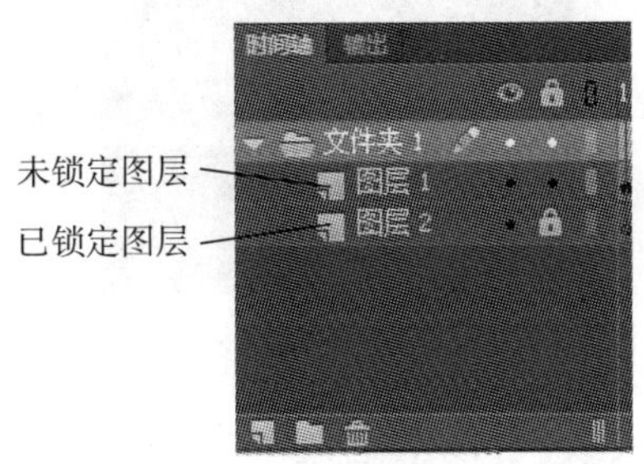

图 2-38　图层的锁定

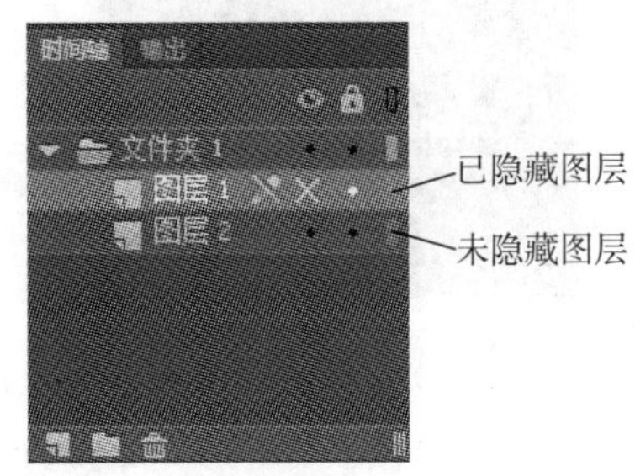

图 2-39　图层的隐藏

2.5.2 面板

1. 面板的基本操作

① 打开面板。通过选择“窗口”菜单中的相应命令可以打开指定面板。

② 关闭面板。在已经打开的面板标题栏上右击，然后在快捷菜单中选择“关闭面板组”命令即可关闭面板。

③ 重组面板。在已经打开的面板标题栏上右击，然后在快捷菜单中选择“将面板组合至某个面板中”即可重组面板。

④ 重命名面板组。在面板组标题栏上右击，然后在快捷菜单中选择“重命名面板组”命令，打开“重命名面板组”对话框。在定义完“名称”后，单击“确定”按钮即可重命名面板组。如果不指定面板组名称，各个面板会依次排列在同一标题栏上。

⑤ 折叠或展开面板。单击标题栏或者标题栏上的折叠按钮可以将面板折叠为其标题栏，再次单击即可展开。

⑥ 移动面板。通过拖动标题栏可以移动面板位置或者将固定面板移动为浮动面板。

⑦ 恢复默认布局。通过选择“窗口”菜单中的“工作区布局/默认”命令恢复默认布局。

2. 常用面板

① “信息”面板。“信息”面板可以查看对象的大小、位置、颜色和鼠标指针等信息，如图2-40所示。

② “对齐”面板。“对齐”面板分为 5 个区域，可以重新调整选定对象的对齐分布和方式，如图 2-41 所示。

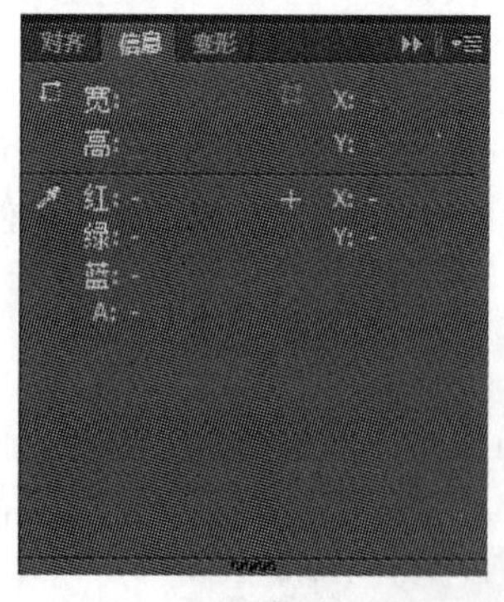

图 2-40 “信息”面板

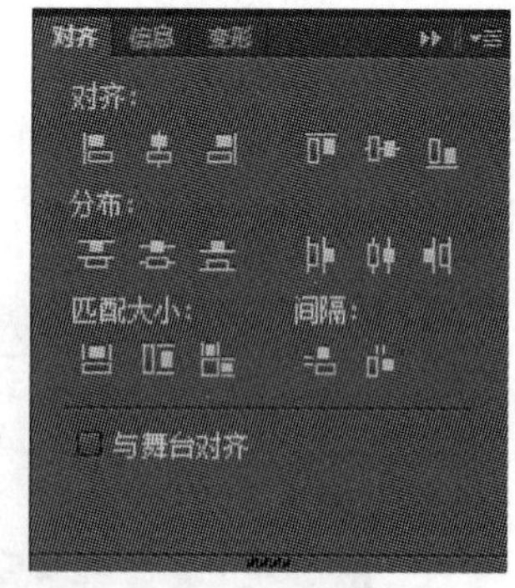

图 2-41 “对齐”面板

③ “变形”面板。“变形”面板分为 3 个区域，可以对选定对象执行缩放、旋转、倾斜和创建副本等操作，如图 2-42 所示。

④“样本”面板。“样本”面板提供了最为常用的“颜色”，能“添加颜色”和“保存颜色”。用鼠标单击可选择需要的颜色，如图 2-43 所示。

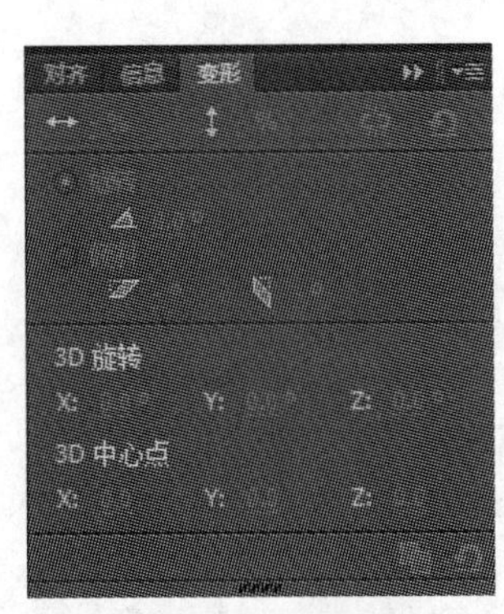

图 2-42　“变形”面板

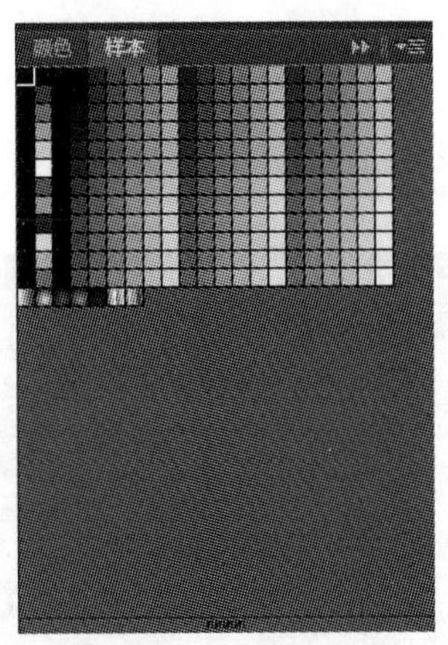

图 2-43　“样本”面板

⑤“颜色”面板。“颜色”面板可以创建、编辑“笔触颜色”和“填充颜色”，如图 2-44 所示。

⑥“场景”面板。一个动画可以有多个场景。“场景”面板中可显示当前动画的场景数量和播放的先后顺序，如图 2-45 所示。

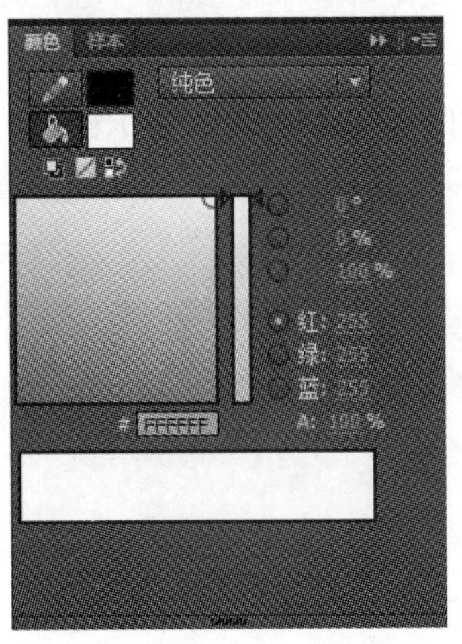

图 2-44　“颜色”面板

图 2-45　“场景”面板

⑦“属性”面板。“属性”面板可用于设置舞台或时间轴上当前选定对象的常用属性，加快 Flash 文档的创建过程。当选定对象不同时，“属性”面板中会出现不同的设置参数(在前面介绍工具时也有所涉及)，如图 2-46 所示。

⑧“滤镜”面板。Flash CC 的滤镜在属性面板，只不过 Flash CC 的滤镜不是那种直接通过小加号选择的，而变成了类似图层的标记，在滤镜窗口的左下角，通过新建滤镜的小按钮，可以找到熟悉的模糊、发光之类的滤镜。如图 2-47 所示，提供了 7 种滤镜效果，可以对文字、影片剪辑和按钮进行美化和修饰。这项特性

对 Flash 动画制作产生了巨大的影响。将滤镜与补间动画结合起来,可以制作出各种丰富的动画效果。

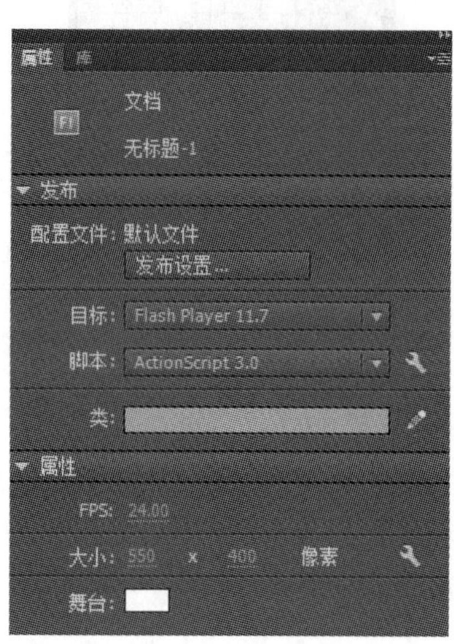

图 2-46 “属性”面板

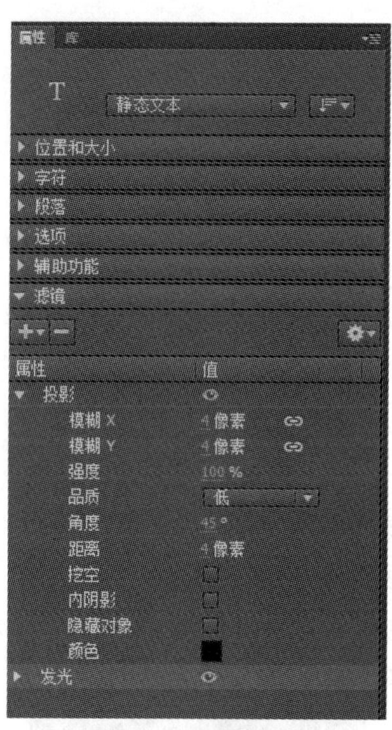

图 2-47 “滤镜”面板

⑨ “动作”面板。“动作”面板是动作脚本的编辑器,主要由“动作工具箱”“脚本导航器”和“脚本”窗格组成,如图 2-48 所示,可以创建和编辑对象或帧的 ActionScript 代码。

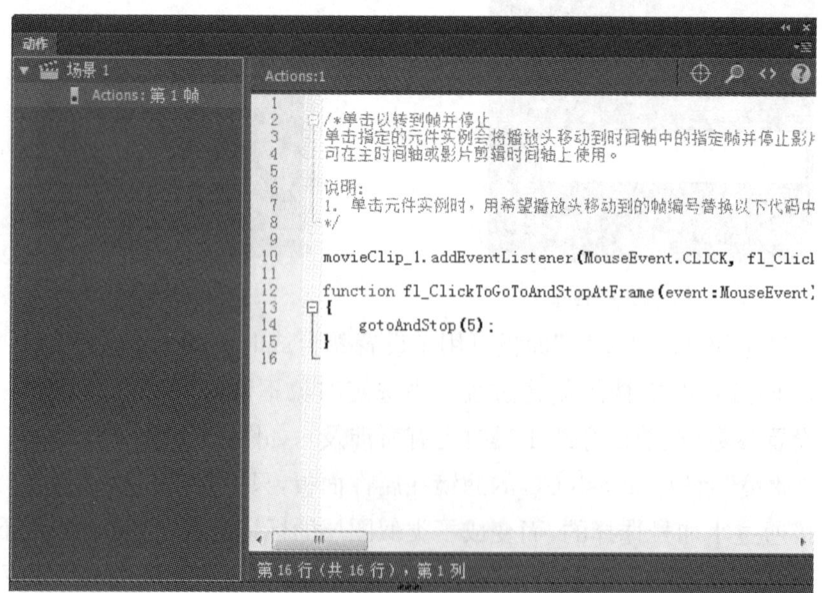

图 2-48 “动作”面板

⑩ “库”面板。“库”面板可用于存储和组织在 Flash 中所创建的图标(由图片、按钮、影片剪辑构成)以及导入的声音文件,如图 2-49 所示。

图 2-49　“库”面板

上机训练

1. 绘制树叶

目标:熟练使用“选择工具”“线条工具”等绘图。

制作效果:如图 2-50 所示。

图 2-50　制作效果

具体操作步骤如下：

① 新建一个 Flash 文件，背景色为白色，大小为 550×400 像素。

② 绘制树叶图形：首先用“线条工具”画一条直线，笔触颜色设置为＃688D2E，笔触设置为 0.5，然后用“选择工具”将它拉成曲线。再用“线条工具”绘制两条直线，用“选择工具”将这条直线也拉成曲线，一片树叶的基本形状已经出来了，如图 2-51 所示。

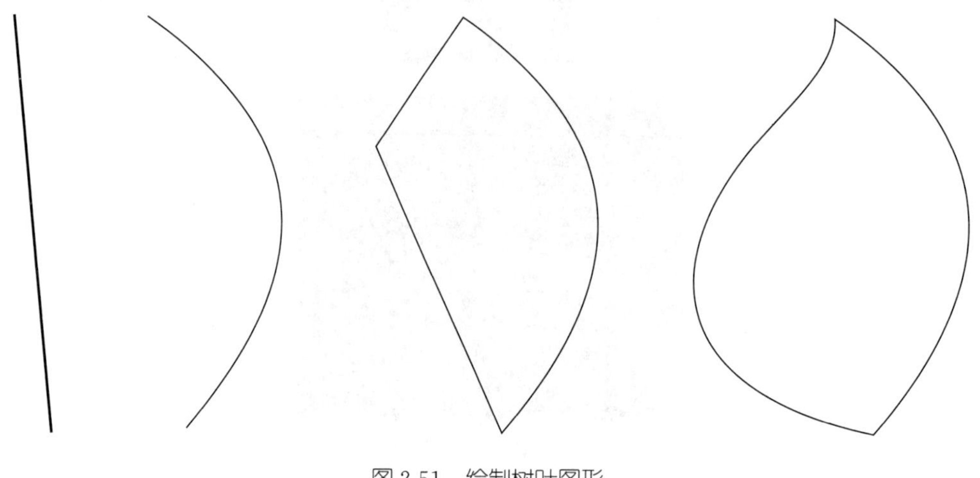

图 2-51　绘制树叶图形

③ 绘制叶片内部结构，在叶片内绘制曲线直线，然后将其拉成曲线，如图 2-52 所示。

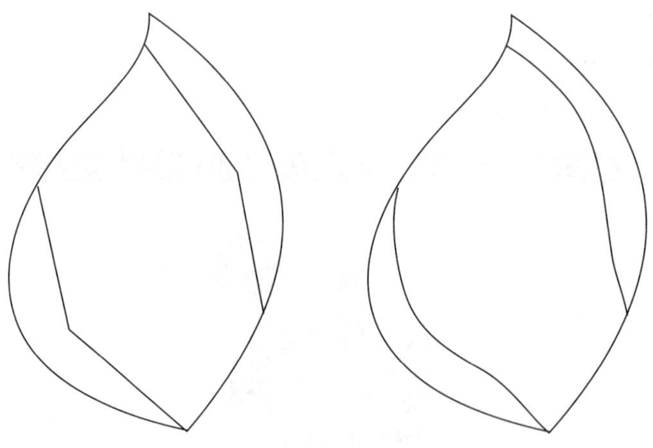

图 2-52　绘制叶片内部结构

④ 如果在画树叶的时候出现错误，比如说，画出的叶脉不是你所希望的样子，你可以执行“编辑”→“撤销”命令，撤销前面一步的操作，也可以选择更简单的方法：用“选择工具”单击你想要删除的直线，当这条直线变成网点状时，说明它已经被选取，可以对它进行各种修改。

⑤ 填充树叶颜色。由浅到深设置填充色为＃4AC66F、＃35A857、＃319B50，

对叶片进行填充。填充后删除叶片的内部结构线，如图 2-53 所示。

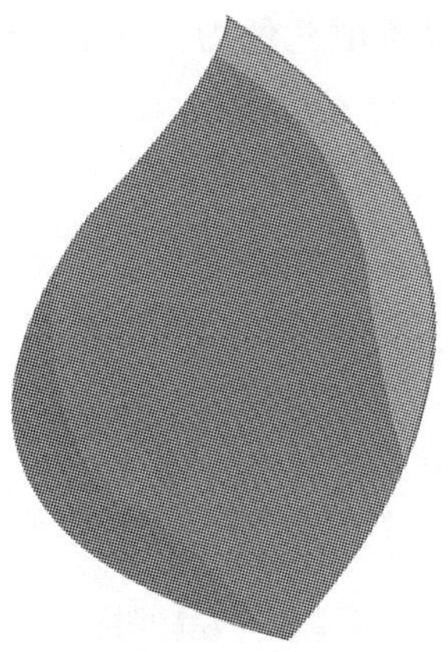

图 2-53　填充颜色

注意：颜料桶工具只能在一个封闭的空间里填色。如果在填色过程中出现错误，就需要检查线条是不是全部封闭的。在确保所有的线条都封闭后，再次进行填充即可。

⑥ 绘制叶柄。创建新的图层，在新图层上使用“线条工具”画一个三角形，使用“选择工具”调整形状，设置填充色为＃70D22D，并填充，如图 2-54 所示。

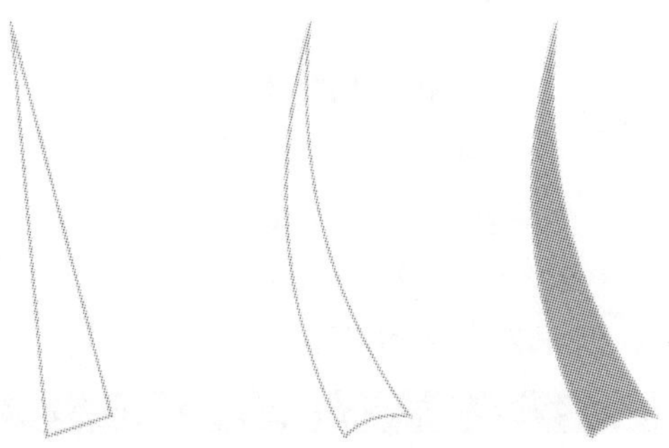

图 2-54　绘制叶柄

⑦ 将绘制好的叶柄和叶片组合起来，如图 2-55 所示。

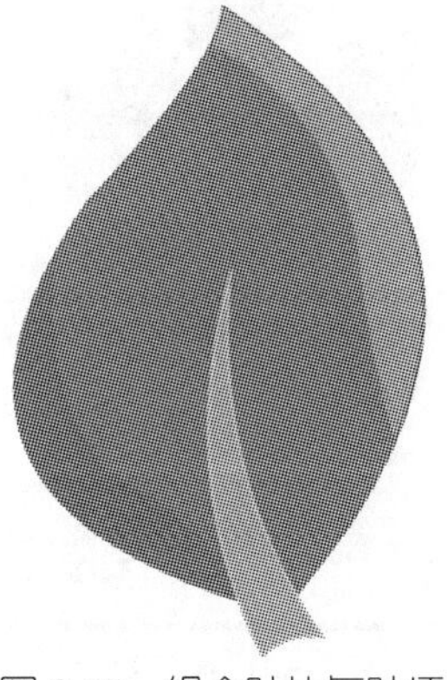

图 2-55　组合叶片与叶柄

⑧ 绘制树枝。创建新图层,并在新图层上使用"线条工具"画一个四边形,再使用"选择工具"调整形状。设置填充色为＃7C7C3F,并填充,如图 2-56 所示。

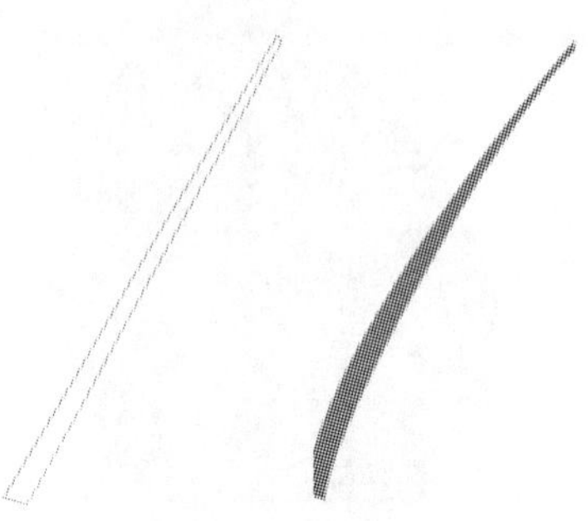

图 2-56　绘制树枝

⑨ 叶片图形绘制完成后,可以多复制几片,通过"任意变形工具"和"选择工具"调整叶片的大小和角度,然后将树枝和叶片组合在一起,如图 2-57 所示。

图 2-57　复制叶片并与树枝组合

⑩ 保存并测试动画,效果如图 2-58 所示。

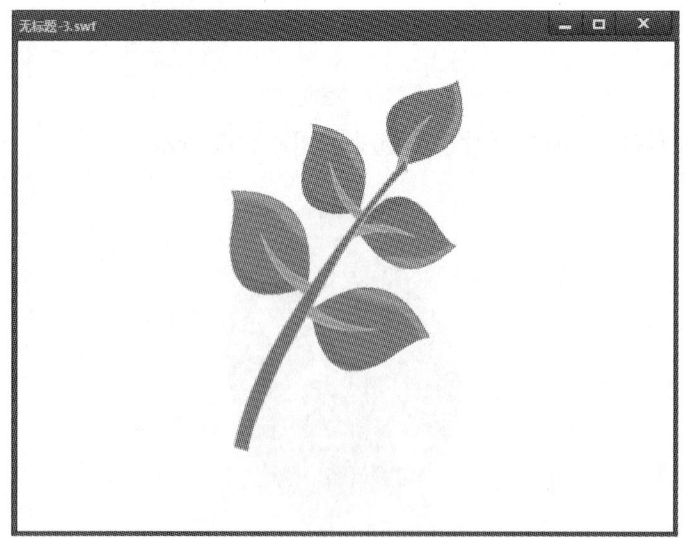

图 2-58　最终效果

2. 绘制玻璃碗

目标:熟练使用“选择工具”“矩形工具”“椭圆工具”“多角星形”工具绘图。

制作效果:如图 2-59 所示。

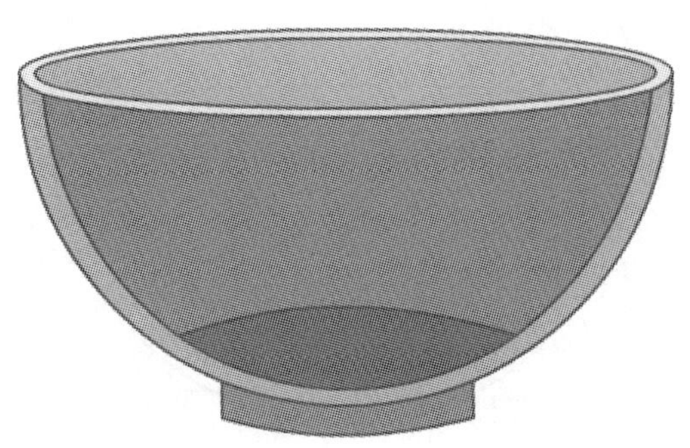

图 2-59　制作效果

具体操作步骤如下:

① 新建一个 Flash 文件,执行保存命令,名称命名为“玻璃碗”。

② 绘制正圆。选择“椭圆工具”,将笔触颜色设置为＃0066FF,填充颜色设置为无。打开属性面板,将笔触高度设为 1,按住 Shift 键同时在舞台上拖动鼠标左键,绘制一个直径为 220 的正圆,如图 2-60 所示。

图 2-60　绘制正圆

③ 用“选择工具”选中圆形,按“Ctrl＋C”组合键,复制正圆,然后按“Ctrl＋Shift＋V”组合键进行原地粘贴。使用“任意变形工具”,调整正圆为椭圆,如图 2-61所示。

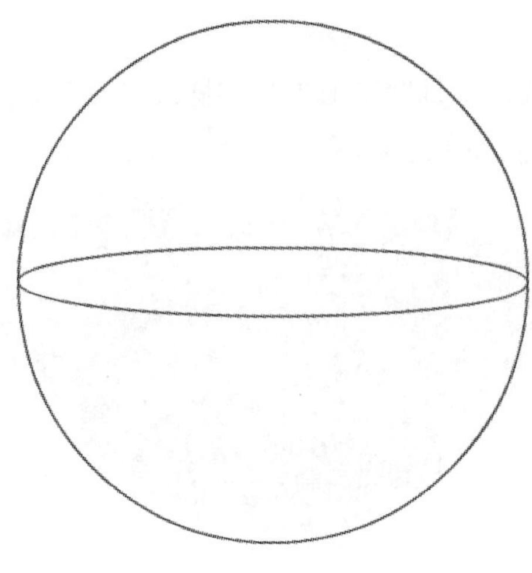

图 2-61　绘制椭圆

④ 用鼠标选中多余的正圆部分，按 Delete 键删除，产生玻璃碗的基本形状，如图 2-62 所示。

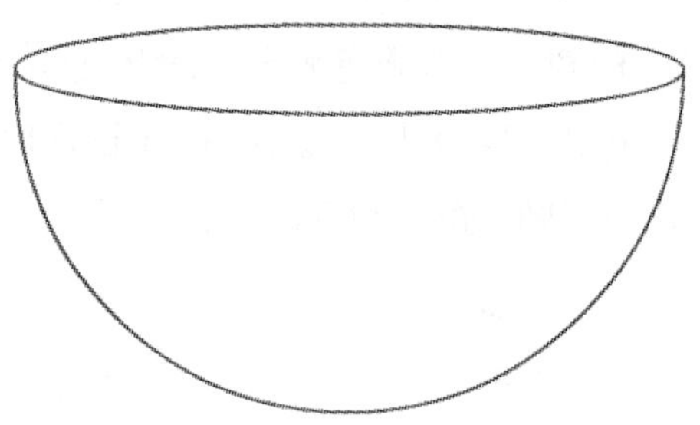

图 2-62　绘制玻璃碗基本形状

⑤ 用“选择工具”选中椭圆，按“Ctrl＋C”组合键，复制椭圆，然后按“Ctrl＋Shift＋V”组合键进行原地粘贴，打开变形面板，将椭圆的宽调整为 90％，高调整为 80％，如图 2-63 所示。

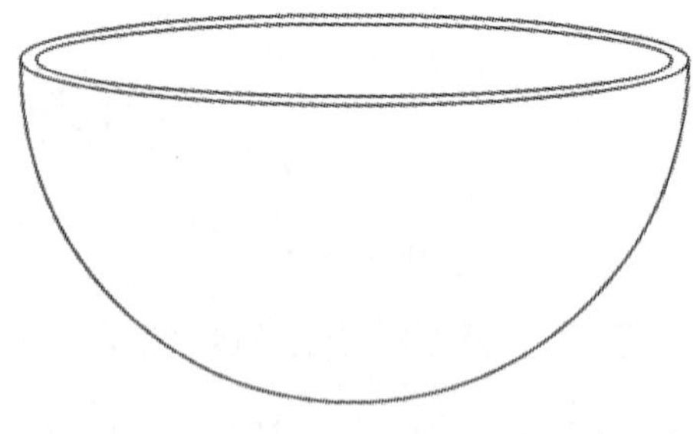

图 2-63　绘制碗沿

⑥ 用“选择工具”选中碗身部分，按住“Ctrl＋C”组合进行复制，然后按住“Ctrl＋Shift＋V”组合键进行原地粘贴。打开“变形”面板，将宽和高调整为 90％，

然后删除多余部分并调整碗壁的厚度，如图 2-64 所示。

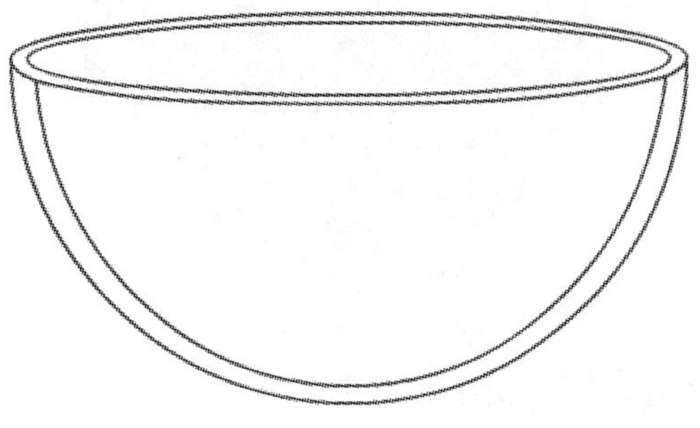

图 2-64　绘制碗壁

⑦ 绘制碗底。选择"矩形工具"，绘制矩形，宽为 85、高为 12。删除上方的横线，将矩形和碗体对齐，并使用"选择工具"调整碗底的弧度，如图 2-65 所示。

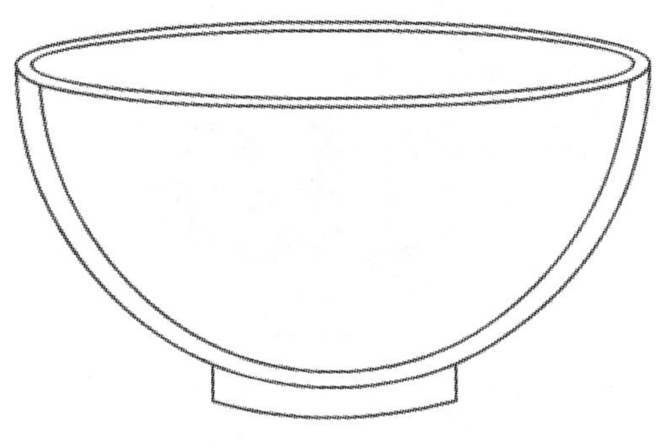

图 2-65　绘制碗底

⑧ 选择"线条工具"，绘制直线，并调整为曲线，表现碗的内部结构，如图 2-66 所示。

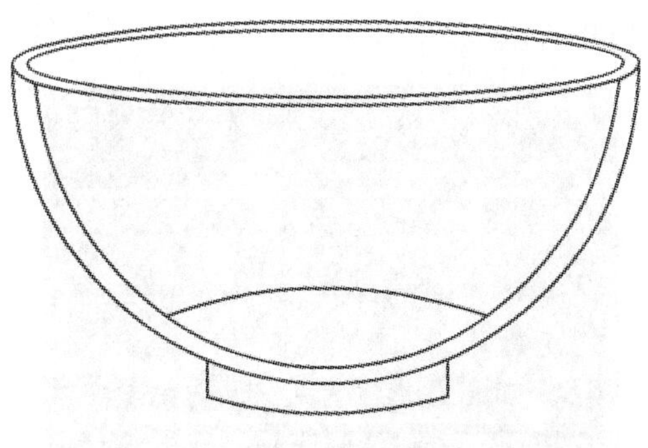

图 2-66　绘制碗的内部结构

⑨ 分别设置填充颜色，＃BFFFFF 填充碗沿，＃00FFFF 填充碗口和碗壁，＃00CCCC 填充碗的主体和碗底，＃00A6A6 填充碗底结构，如图 2-67 所示。

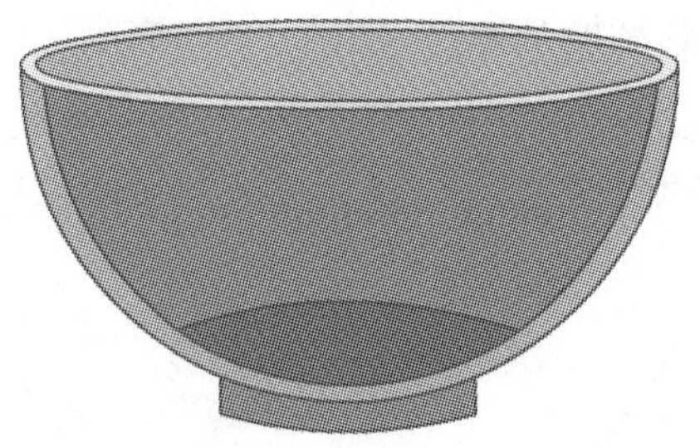

图 2-67　填充颜色

⑩ 保存并测试动画,效果如图 2-68 所示。

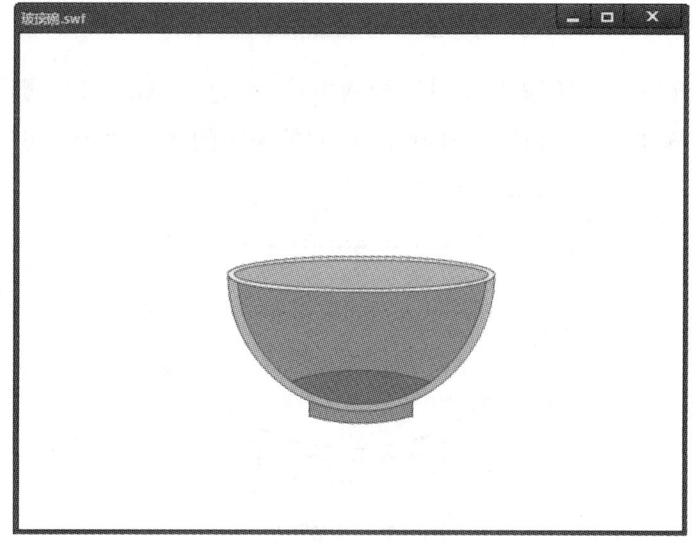

图 2-68　最终效果

3. 绘制星星和月亮

目标:熟练使用“选择工具”“线条工具”“椭圆工具”“多角星形工具”绘图。

制作效果:如图 2-69 所示。

图 2-69　制作效果

具体操作步骤如下：

① 新建一个 Flash 文件，背景色为黑色，大小为 400×400 像素。

② 绘制月亮。选择“椭圆工具”，将笔触颜色设置为黄色，填充颜色设置为无。打开“属性”面板，将笔触高度设为 4，按住 Shift 键的同时在舞台上拖动鼠标左键，绘制一个正圆，作为月亮的基本形状，如图 2-70 所示。

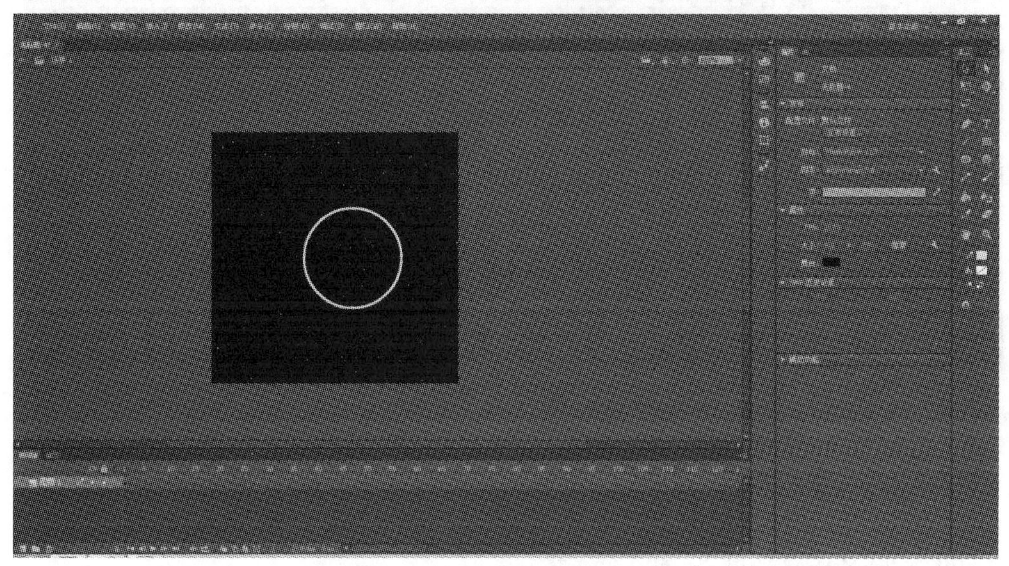

图 2-70　绘制月亮 1

③ 用“选择工具”选中圆形，按住 Alt 和 Shift 键的同时用鼠标左键拖拽圆形，这样就复制了一个新的圆形，如图 2-71 所示。

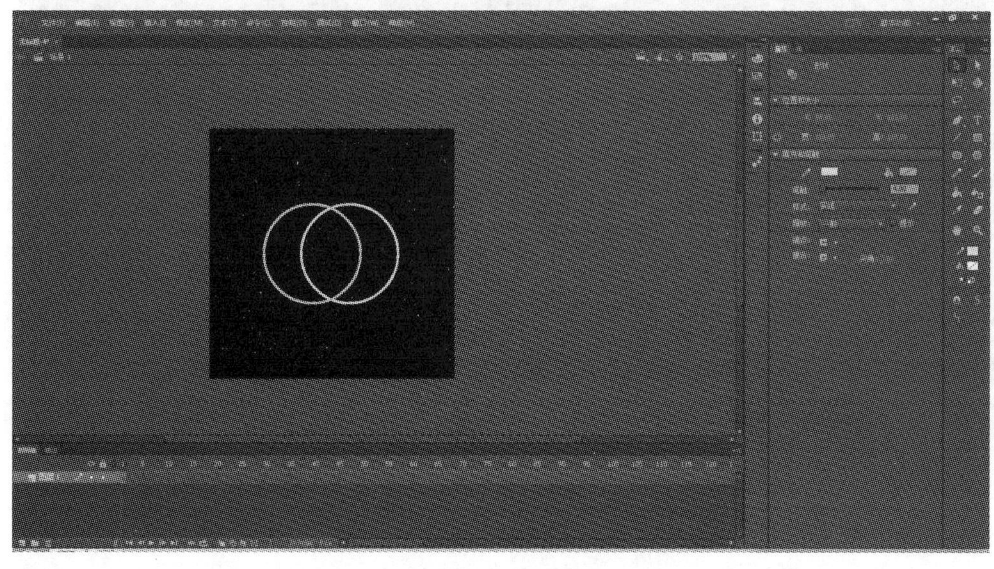

图 2-71　绘制月亮 2

④ 依次选中多余的部分,按 Delete 键删除,产生月亮的形状,如图2-72所示。

图 2-72　绘制月亮 3

⑤ 用“选择工具”,将鼠标移动到月亮的左侧圆弧附近,当鼠标光标的右下方出现一条弧线时,按下鼠标并拖拽,即可对线条进行变形。通过多次拖拽,使其呈现出月亮脸的边缘效果,如图 2-73 所示。

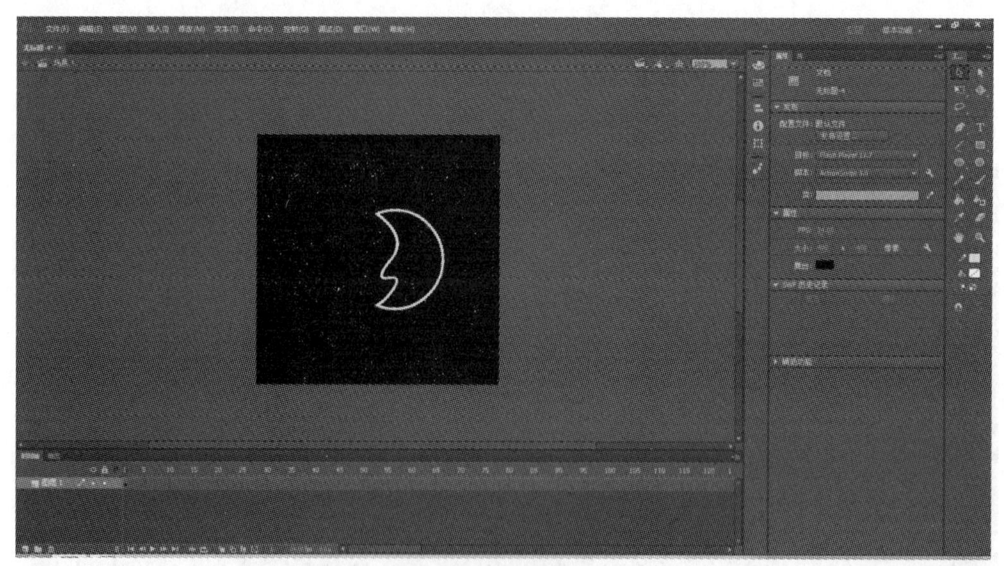

图 2-73　绘制月亮 4

⑥ 用“线条工具”绘制直线，然后调整出月亮的眼睛和嘴唇效果，这样一个月亮就绘制完成了，如图 2-74 所示。

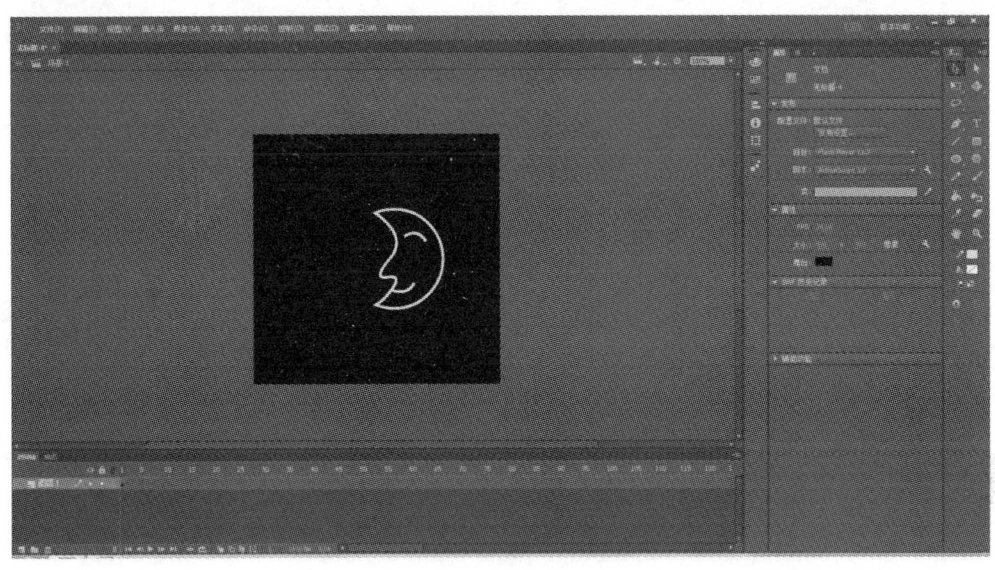

图 2-74　绘制月亮 5

⑦ 绘制星星。选择“多角星形工具”，打开“属性”面板，将笔触高度设置为 1，然后单击“选项”，在弹出的“工具设置”对话框中，将“样式”选项设置为“星形”，然后“确定”，如图 2-75 所示。

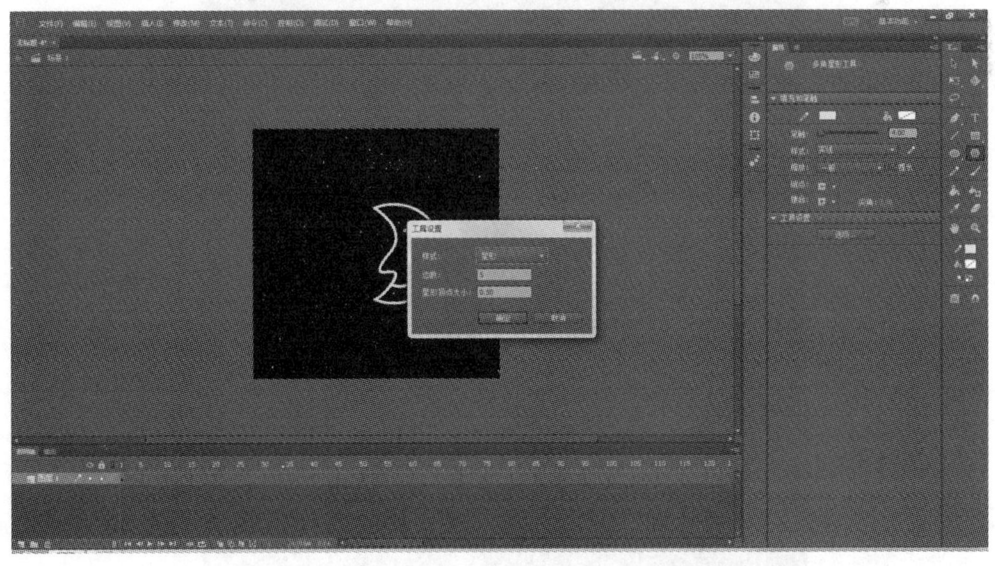

图 2-75　绘制星星 1

⑧ 在舞台上按住 Alt 和 Shift 键拖拽鼠标复制星星,可以按照自己喜好决定星星的大小和数量,如图 2-76 所示。

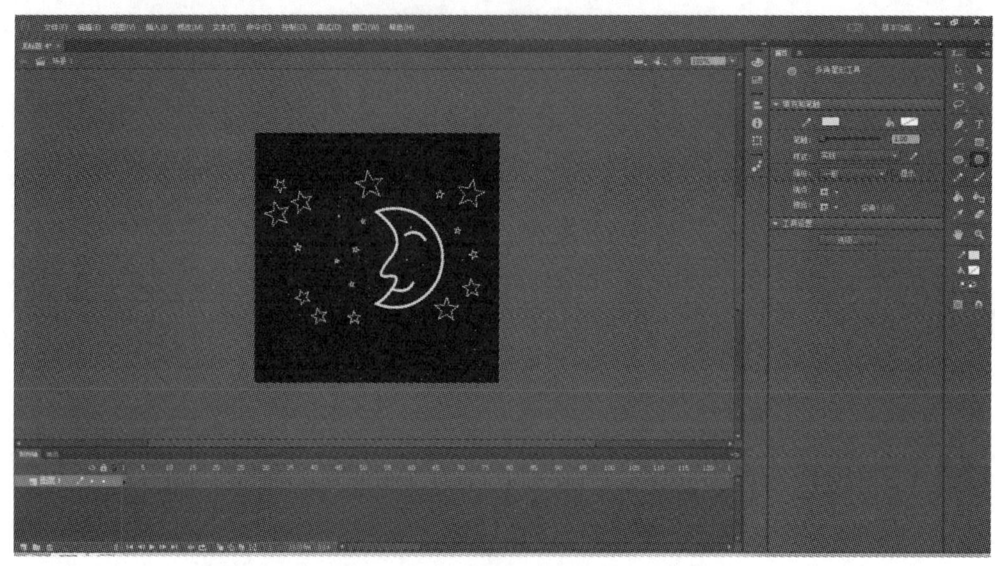

图 2-76　绘制星星 2

⑨ 保存并测试动画,效果如图 2-77 所示。

图 2-77　最终效果

本章小结

本章主要介绍了用工具箱的工具进行绘图的方法。通过本章的学习，读者应该熟悉工具、场景、图层、面板等内容，掌握基本工具的使用方法及其在绘图中的运用技巧。

课后练习

一、填空题

1. 舞台的最小缩小比率为____________，最大放大比率为 2000%。

2. 图形绘制有规则图形绘制和____________两大类。

3. ________工具用于绘制矢量线段，因此它既可以绘制规则图形，也可以绘制不规则图形。

4. 使用____________工具可以绘制多节点曲线，还可以通过增加和删除曲线上的节点调节曲线的形状。

二、选择题

1. 设置工作区主要是对动画的（　　）进行设置。

A. 背景颜色　　B. 帧频　　C. 进程速度　　D. 尺寸

2. 为了准确定位对象，可以（　　）。

A. 在工作区的上面和左侧加入标尺　　B. 在工作区的四周加入标尺

C. 在工作区内显示网格　　D. 在工作区内显示辅助线

3. 内部填充有（　　）方式。

A. 纯色　　B. 线性　　C. 放射状　　D. 位图

三、简答题

简述铅笔工具的模式。

对象的基本操作与文本编辑

【学习目的】

通过本章的学习,掌握对象的选取、变形、对齐、叠放、组合及分离等常用的编辑方法以及文本编辑。

【学习重点】

- 掌握对象的基本操作。
- 学会对象对齐的各种方法。
- 学会对象的组合、分离及排列。
- 学会文本编辑。

在 Flash 中,对象指的是所有可以被选取和操作的物体。每个对象都具有一定的属性和可以对它进行编辑的操作。通常用“工具箱”中的工具创建的对象都比较简单,如果用户要创建形状复杂的对象,往往需要对其进行一些修改和调整。

3.1 操作对象

在 Flash 中,对舞台中的对象进行编辑前,必须先选择对象。Flash 提供了多种选择对象的方法,包括“选择工具”“部分选择工具”“套索工具”等。

1. 选择工具

“选择工具”是所有工具中最常用的,可以选择对象,也可以改变图形对象笔触、填充的位置和形状。按下 V 键可调用“选择工具”。其主要功能为:选择对象、移动对象、编辑对象。

选择工具主要作用是选择对象,也可调整对象,其操作非常简单。只要使用“选择工具”在需要选择的对象上单击即可。如图 3-1 所示,当选中时,被选取的对象会被蒙上一层灰色的网格。但元件对象被选取后会被一个蓝色的矩形轮廓包围,如图 3-2 所示。

（a）属性为“形状”的未选中状态　　（b）属性为“形状”的选中状态

图 3-1　选择对象

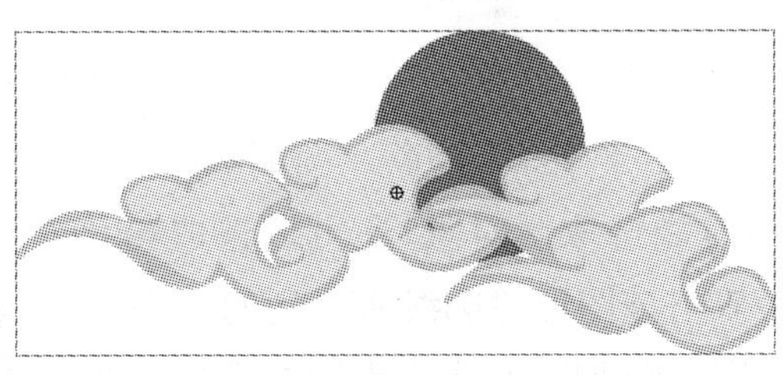

图 3-2　“元件”对象的选中状态

使用“选择工具”还可以选择对象的轮廓，通常情况下，会出现四种指针变化状态，对应的作用及操作后的效果各有不同，如图 3-3 所示。当鼠标指针的形状变成一段圆弧时，单击此选择对象的轮廓之后，在轮廓上将出现浅灰色的小网格，这是对象轮廓被选中的状态。双击对象内部时，将同时选择对象填充部分及对象轮廓。当两个对象相互重叠时，双击鼠标可以选择处于重叠状态的图形对象。例如，在舞台上将椭圆重叠在矩形上时，单击矩形的轮廓时，只有一条边线被选中。双击矩形的轮廓时，与单击边线相连的所有轮廓线都将处于选中状态，如图 3-4 所示。

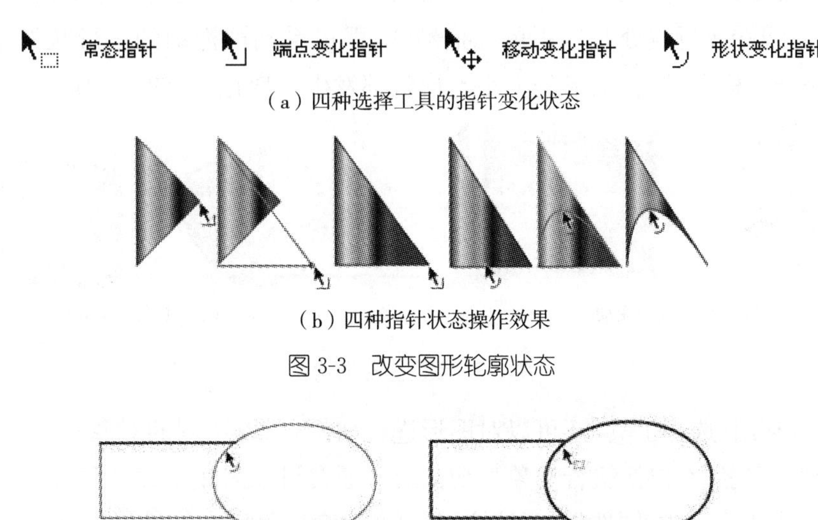

（a）四种选择工具的指针变化状态

（b）四种指针状态操作效果

图 3-3　改变图形轮廓状态

图 3-4　选择处于重叠状态的图形对象

对多个对象进行选取时,可以按住 Shift 键单击所要选取的各个对象,即“点选”。若对对象进行部分选取时,也可拖拽鼠标对要进行选取的部分进行部分选择,即“框选”。如图 3-5 所示为“点选”状态与“框选”状态的对比。

(a)“点选”状态　　(b)“框选”状态

图 3-5　“点选”状态与“框选”状态对比

双击一个对象,不但能选取该对象,还可以选取与该对象相连的其他部分。如图 3-6 所示,左图为双击该图形轮廓线所得到的结果,只有轮廓线被选中;右图为双击图形填充区所得到的结果,整个图形都被选中。

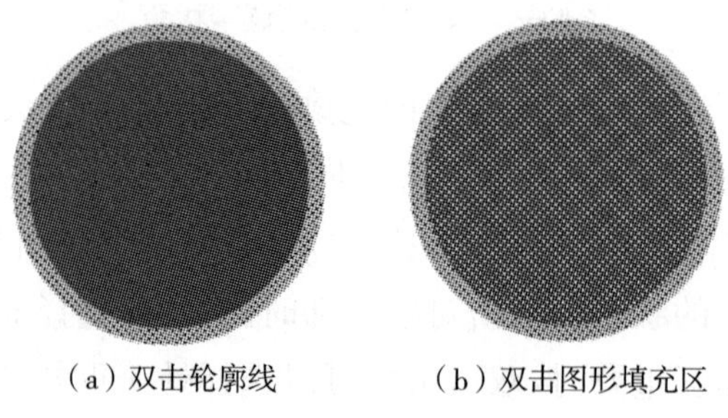

(a)双击轮廓线　　(b)双击图形填充区

图 3-6　“双击”操作

使用“选择工具”还可以改变图形形状,例如,将鼠标指针移到线、轮廓线或填充色块的边缘处,会发现鼠标指针右下角出现一个小弧线(指向线边处时)或小直角线(指向线端或折点处时),用鼠标拖动线,即可看到被拖动的线形状发生了变化。当松开鼠标左键后,图形的大小与形状都发生了变化,如图 3-7 所示。

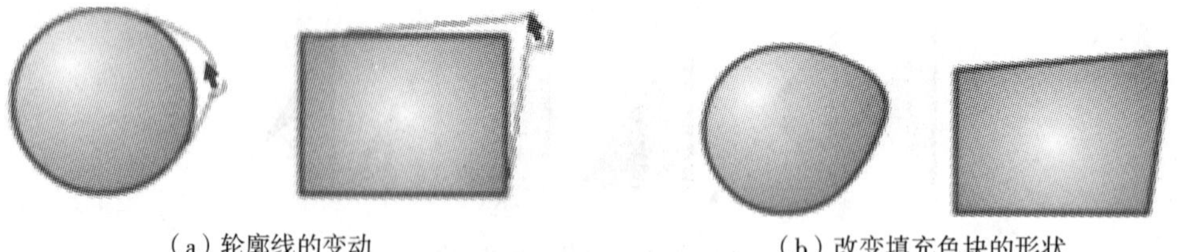

(a)轮廓线的变动　　(b)改变填充色块的形状

图 3-7　改变图形形状

此外,利用“选择工具”还可以对图形进行切割,可以切割的对象有矢量图、打散的位图和文字,不包括组合对象。切割对象通常可以采用下述 3 种方法:

① 单击工具箱中的“选择工具”按钮,再在舞台工作区内拖动鼠标,如图 3-8(a)所示,选中图形的一部分。用鼠标拖动图形中选中的部分,即可将选中的部分分离。

② 在要切割的图形对象上边绘制一条细线，利用“形状”属性产生节点。然后使用“选择工具”选中被细线分割的一部分图形，再用鼠标双击选中需要被挪开的部分图形，拖动移开，最后将细线删除，如图 3-8(b)所示。

③ 在要切割的图形对象上边绘制一个图形(例如，在圆形图形之上绘制一个矩形)，再使用“选择工具”选中新绘制的图形，并将它移出，如图 3-8(c)所示。

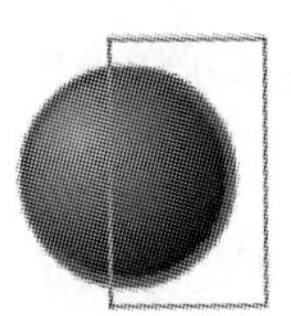
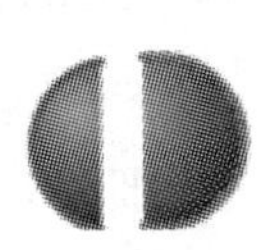

(a)“框选”实现切割

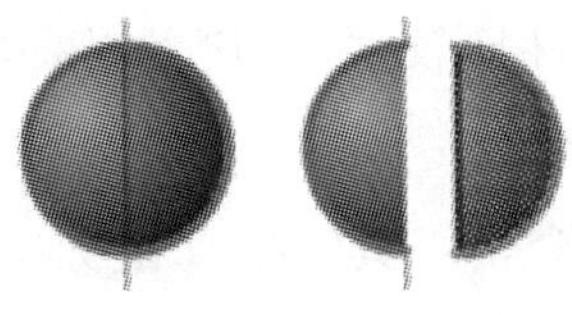

(b)利用“节点”实现切割

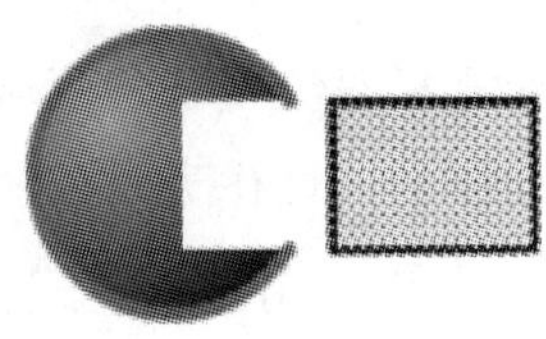

(c)“绘制图形”实现切割

图 3-8　切割对象

2. 部分选取工具

“部分选取工具”也称“贝兹工具”，可通过 A 键调用，可以直接对图形对象上的锚点进行调节及移动，其功能与“转换锚点工具”一样，可调整线段或图形的形状。

(1)改变线条或形状轮廓线的形状。

“部分选取工具”可以改变矢量图形的形状。单击工具箱中的“部分选取工具”按钮，再单击线条或轮廓线并将其选中，线条上边会出现一些绿色亮点，这些绿色亮点是矢量线的节点。用鼠标拖动节点会改变线和轮廓线的形状，操作类似于钢笔工具，可以通过查看锚点，来确定创建的图形的节点数量是否适中。

(2)改变图形的形状。

单击工具箱中的“部分选取工具”按钮，再用鼠标拖动出一个矩形框，将矢量图形全部围起来，松开鼠标左键后，会显示出矢量曲线的节点(切点)和节点的切线。再用鼠标拖动节点或调整控制柄即可改变图形的形状。另外，按住 Alt 键的同时用鼠标拖动调整控制柄，就可以单独调整控制柄的一端。

例如，在绘制完一个椭圆后，单击工具箱中的“部分选取工具”，再单击椭圆的轮廓线，这时圆的轮廓上出现 8 个控制点，如图 3-9 所示，单击这些控制点，即关键点，在关键点周围会出现方向点和方向线，拖动方向点或方向线可以对椭圆进行变形。

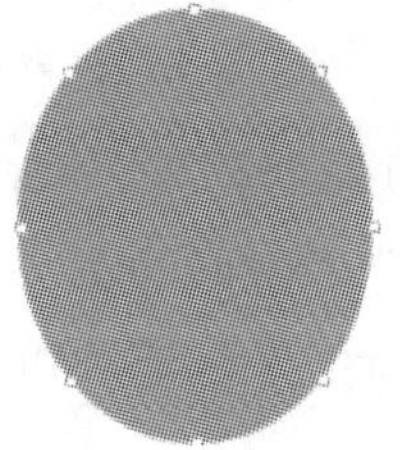
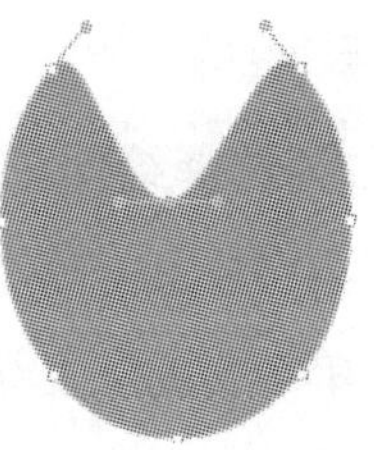

图 3-9　改变椭圆形状

3. 套索工具

“套索工具”可通过 L 键调用,包括“多边形模式”“魔术棒”“魔术棒设置”,用于选择不规则的对象或区域,选中后可以把选择的部分作为独立对象进行编辑,可以任意分割图形中的某一部分。Flash 中的“套索工具”包含自由选择模式、魔术棒选择模式和多边形选择模式。默认的情况下处于自由选择模式,此时可以任意选择对象或部分区域,随意性比较大,用户可以将鼠标在舞台上的移动轨迹所包围的区域作为对象的选择区域。

① 自由选择模式:选择“套索工具”,拖动鼠标会出现一条细线,细线会围成区域,这样由该区域包围的图形都将处于选中状态。

② 魔术棒选择模式:选择绘图工具栏的“套索工具”按钮之后,在选项栏里单击“魔术棒”按钮,将切换到套索工具的魔术棒选择模式,它可以选择位图中颜色相同或相似的区域。

导入一张位图到舞台,选择位图,按“Ctrl+B”,把位图打散,转为矢量图形。在“套索工具”的工具选项区中找到“魔术棒”按钮,然后再单击其右边的“魔术棒设置”按钮,弹出如图 3-10 所示的对话框,在“阈值”参数中输入 50,将魔术棒的容差范围定义为 50,单击“确定”按钮,在图像的天空处连续单击,可把天空区域选中,如图 3-11 所示。选中后,按 Delete 键清除所选区域,如图 3-12 所示。

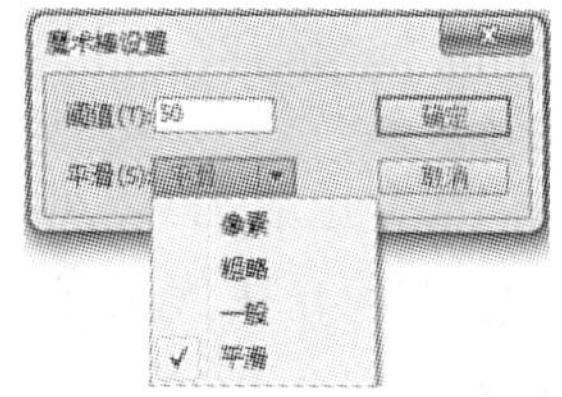

图 3-10 “魔术棒设置”对话框

图 3-11 选择天空区域

图 3-12 清除天空区域

③ 多边形选择模式:选择绘图工具栏的“套索工具”按钮之后,单击选项区的“多边形套索”按钮,在舞台上单击鼠标,确定多边形的第一个顶点。用户无需在舞台上拖动鼠标,多次单击鼠标,随着鼠标的每次单击都可以在相邻的两个顶点之间出现一条连线。当终点回到起始点后,双击鼠标左键,会自动形成一个闭合的区域。即使终点与起点没有重合,在任意一个位置,只要双击就可以形成封闭

的选区。位于选区内的对象将处于选中状态，如图 3-13 所示。

图 3-13　多边形选择模式

4. 其他选择方法

如果要选择场景中每个图层上的内容，可选择“编辑”菜单中的“全选”命令，或者按下“Ctrl＋A”组合键。

如果要选择某个关键帧中的所有内容，可单击该关键帧；如果要选中多个关键帧中的内容，可选中多个关键帧。

3.2　变形工具

首先，使用“工具箱”中的“选择工具”选中对象，单击“修改”→“变形”命令，弹出子菜单。然后，利用该菜单，对选中的对象进行各种变形操作。对于文字、组合和实例等，菜单中的“扭曲”和“封套”是不可以使用的。另外，使用“工具箱”中的“任意变形工具”，也可进行封套、缩放、旋转与倾斜等变形。

在编辑过程中会遇到改变图形对象的形状的操作，可以通过形状变化来改变对象的状态，使同一个图形对象具有不同的外观效果。“任意变形工具”(可通过 Q 键调用)可以将图形对象、组合、文本和实例进行变形。根据所选图形对象的类型，可以进行旋转、倾斜、缩放或扭曲等操作。

在使用“任意变形工具”时，须注意“中心点”位置的摆放。因为它会影响后期人物角色的动作调节。

“任意变形工具”使用方法是选中“任意变形工具” 后，即可对图形进行操作，如图 3-14 所示。当鼠标移动到轮廓变成 时，即可对物体进行倾斜操作；当鼠标变成 ，即可缩放物体；当鼠标变成 ，即可旋转物体，但要注意，物体的旋转中心是可以改变的；当鼠标变成 ，即可移动物体。它还有一些技巧：按住

Shift 键可等比变形;按住 Alt 键可以中心为准变形;按住 Ctrl 键可扭曲变形。

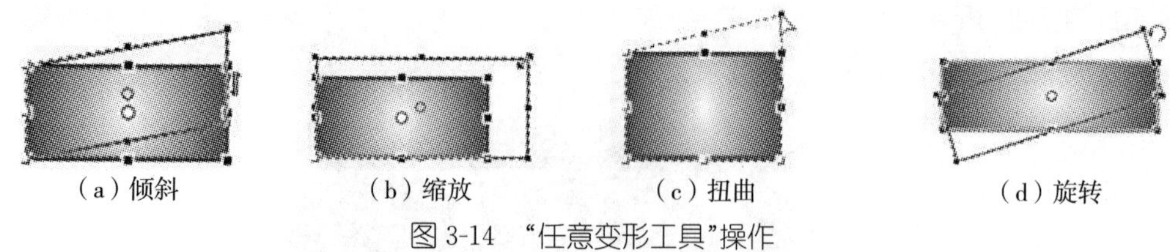
(a) 倾斜　(b) 缩放　(c) 扭曲　(d) 旋转

图 3-14 “任意变形工具”操作

3.2.1 对象一般变形调整

对象的变形通常是先选中对象,再单击“任意变形工具”,进行对象变形操作。下面介绍对象的转换方法。

① 旋转与倾斜对象的调整方法。单击“修改”→“变形”→“旋转与倾斜”命令,或单击“任意变形工具”,再单击“选项”栏中的“旋转与倾斜”按钮进行操作。此时,选中的对象四周会出现 8 个黑色方形控制柄,中间有一个圆形的中心标记。

将鼠标指针移到四周的控制柄处,当鼠标指针呈转圈箭头状时,拖动鼠标,可围绕中心标记旋转对象,如图 3-15(a)所示。用鼠标拖动中心标记,可改变它的位置。将鼠标指针移到四周的控制柄处,当鼠标指针呈两个平行的单箭头状时,拖动鼠标,可使对象倾斜,如图 3-15(b)所示。

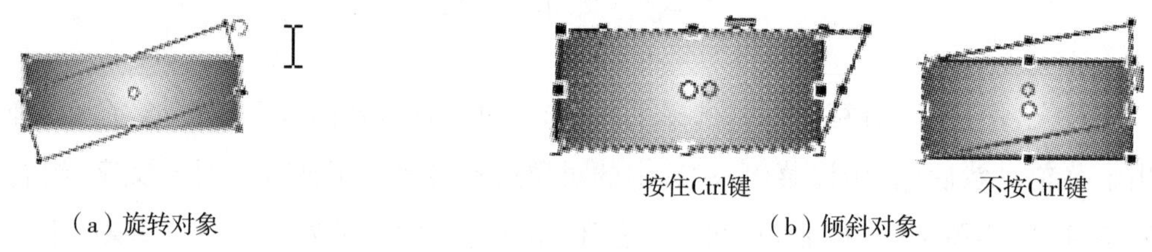

(a) 旋转对象　(b) 倾斜对象

图 3-15 旋转、倾斜对象

② 缩放对象的调整方法。先单击“修改”→“变形”→“缩放与旋转”命令,或单击“任意变形工具”按钮,再单击“选项”栏中的“缩放”按钮。选中的对象四周会出现 8 个黑色方形控制柄。

将鼠标指针移到四角的控制柄处,当鼠标指针呈双箭头状时,拖动鼠标,即可按原缩放尺寸调整对象的大小。将鼠标指针移到四边的控制柄处,当鼠标指针变成双箭头状时,拖动鼠标,即可在一个方向上调整对象的大小,如图 3-16 所示。

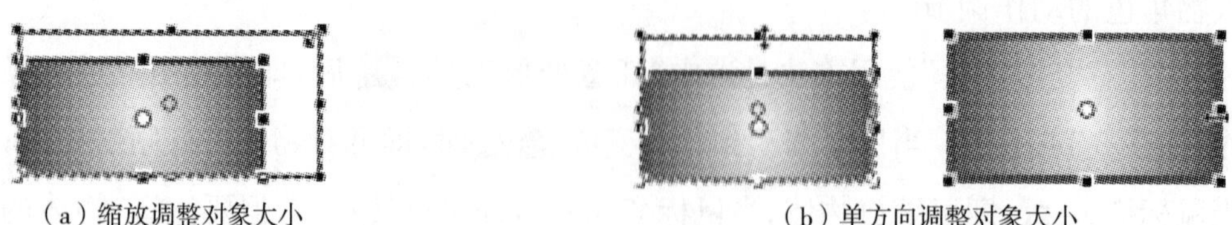
(a) 缩放调整对象大小　(b) 单方向调整对象大小

图 3-16 缩放对象

③ 封套对象调整方法。单击“修改”→“变形”→“封套”命令，或单击“任意变形工具”按钮，再单击“选项”栏中的“封套”按钮。此时，选中的对象四周会出现 8 个黑色方形控制柄。然后，将鼠标指针移到四周的控制柄处，当鼠标指针呈白色箭头状时，用鼠标拖动黑色正方形控制柄或圆形切线控制柄，就可以使对象呈封套变化，如图 3-17 所示。

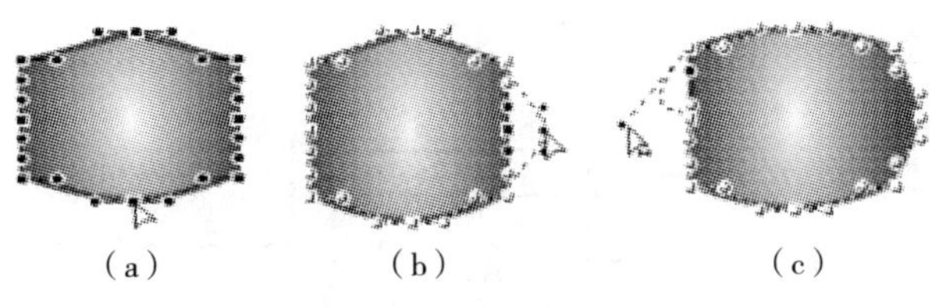

图 3-17　封套对象

④ 任意变形对象的调整方法。单击“修改”→“变形”→“任意变形”命令，或单击“任意变形工具”按钮。此时，选中的对象四周会出现 8 个黑色方形控制柄。然后，将鼠标指针移到控制柄处，根据鼠标指针的形状，拖动鼠标，可以调整对象的大小、旋转角度、倾斜角度等。用鼠标拖动中心标记，可以改变中心标记的位置。

3.2.2　对象精确变形调整

用“选择工具”选择图形对象，选择菜单“窗口”→“变形”命令，或按“Ctrl＋T”，或点击右侧停靠的“变形”按钮，弹出“变形”对话框。

1. 使用“变形”命令调整对象

① 精确调整对象的缩放和旋转角度。单击“修改”→“变形”→“缩放与旋转”命令，弹出“缩放和旋转”对话框。在该对话框的“缩放”文本框中输入缩放数值，在“旋转”文本框中输入旋转角度数值，如图 3-18 所示，再单击“确定”按钮，即可将选中的对象按设定的缩放和角度旋转。

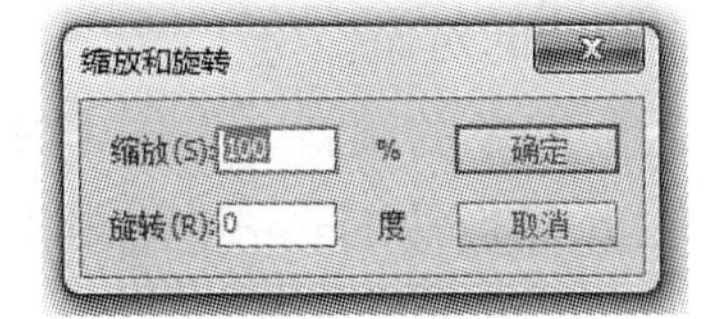

图 3-18　“缩放和旋转”对话框

② 90°旋转对象。单击“修改”→“变形”→“顺时针旋转 90 度”命令，可将选中对象顺时针旋转 90°。单击“修改”→“变形”→“逆时针旋转 90 度”命令，可将选中对象逆时针旋转 90°。

③ 垂直翻转对象。单击“修改”→“变形”→“垂直翻转”命令。

④ 水平翻转对象。单击“修改”→“变形”→“水平翻转”命令。

2. 使用“变形”面板调整对象

使用工具箱中的选择工具选中对象。单击“窗口”→“设计面板”→“变形”命令，调出“变形”面板。利用该面板可以精确调整对象的缩放、旋转与倾斜，如图 3-19 所示。调整的方法如下：

①对象的缩放。在 按钮后的文本框中输入缩放百分比数,按 Enter 键,即可改变选中对象的水平宽度;单击面板右下角的 按钮,即可复制一个改变了水平宽度的选中的对象。在 按钮后的文本框中输入缩放百分比数,按 Enter 键,即可改变选中对象的垂直宽度;单击面板右下角的 按钮,即可复制一个改变了垂直宽度的选中的对象。单击该面板右下角的 按钮后,可以使选中的对象恢复到变换前的状态。

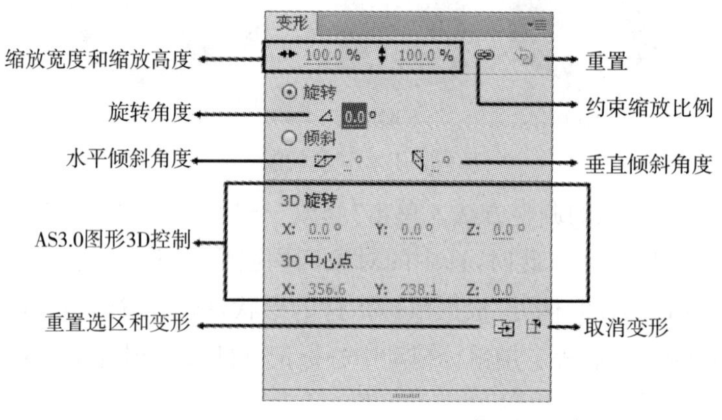

图 3-19 “变形”面板

若没有选中“约束缩放比例”复选框,则对象的宽度和高度的缩放比例数值可以不一样。如果单击选中了该复选框,则会强制两个数值一样,即保证选中对象的宽高比不变。

② 对象的旋转。先选中“旋转”单选按钮,在其右边的文本框中输入旋转的角度,再按 Enter 键或单击 按钮,即可按指定的角度将选中的对象旋转或复制一个旋转的对象。

③ 对象的倾斜。先选中“倾斜”单选按钮,再在其右边的文本框内输入倾斜的角度,然后按 Enter 键或单击 按钮,即可按指定的角度将选中的对象旋转或复制一个倾斜的对象。图标左边的文本框表示以底边为准来倾斜,右边的文本框表示以左边为准来倾斜。

3.3 对齐对象

通过显示标尺和辅助线,Flash 可以精确地绘制和安排对象。在文档中可以拖放辅助线,使对象贴紧辅助线;也可以显示网格,使对象贴紧网格。Flash 还提供了“对齐”工具,方便用户在对象对齐中的操作。

在 Flash CC 中,要对多个对象进行对齐与分布操作,可使用“修改”菜单的“对齐”命令或在“对齐”面板中完成操作,图 3-20 为“对齐”菜单,图 3-21 为“对齐”

面板。下面重点对“对齐”面板的使用进行介绍。

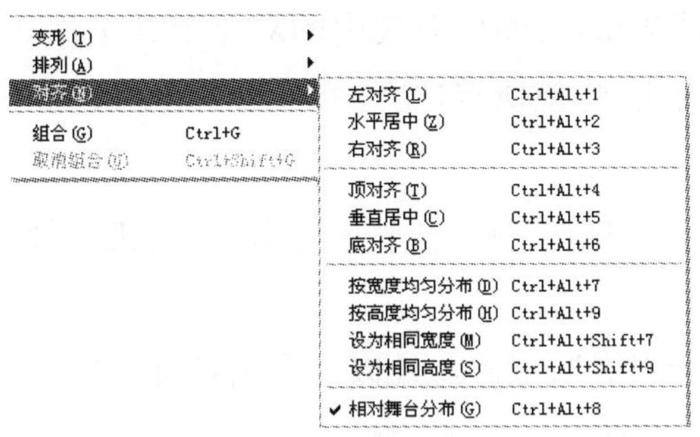

图 3-20 “对齐”菜单

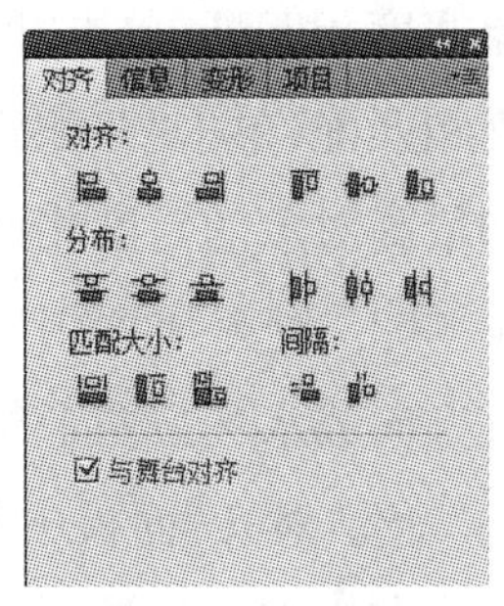

图 3-21 “对齐”面板

如果需要将舞台中的对象精确地对齐，可以使用“对齐”面板中的各项功能或执行“对齐”菜单命令进行对齐对象操作。用“选择工具”框选一个或多个图形对象，选择菜单“窗口”→“对齐”命令，或按“Ctrl＋K”，或点击右侧停靠的“对齐”按钮，弹出“对齐”面板。“对齐”面板能够使多个选定对象之间或选定对象与舞台沿右边缘、中心或左边缘垂直对齐或分布，沿上边缘、中心或下边缘水平对齐或分布。

在进行对象的对齐与分布操作时，可以选择多个对象后，执行下列操作之一：

① 单击“对齐”面板中的“左对齐”“水平居中”“右对齐”“上对齐”“垂直居中”“底对齐”按钮，可设置对象的对齐方式。如图 3-22 所示是对象的上对齐效果。

图 3-22 上对齐效果

② 单击“对齐”面板中的“顶部分布”“垂直居中分布”“底部分布”“左侧分布”“水平居中分布”“右侧分布”按钮，可设置对象的不同分布方式。如图 3-23 所示是对象的底部分布效果。

图 3-23 底部分布效果

③ 单击“对齐”面板中的“匹配宽度”按钮，可使所有选中的对象与其中最宽的对象宽度相匹配；单击“匹配高度”按钮，可使所有选中的对象与其中最高的对象高度相匹配；单击“匹配宽和高”按钮，将使所有选中的对象与其中最宽对象的宽度和最高对象的高度相匹配。

④ 单击“对齐”面板中的“垂直平均间隔”和“水平平均间隔”按钮，可使对象在垂直方向或水平方向上等间距分布。

⑤ 勾选“对齐”面板中的“与舞台对齐”，可使对象以舞台为标准，进行对象的对齐与分布操作。如果不勾选“与舞台对齐”，则以选择的对象为标准进行对象间的对齐与分布。

3.4 改变对象的叠放顺序

一幅完整的 Flash 作品可以由若干场景组成，一个场景可包含多个图层，而每个图层又可以放置多个对象。Flash 会根据对象的创建顺序来叠放对象，最新创建的对象将被放在最上面。在同一个图层中，对象创建的先后顺序不同，其排列顺序也会不同。先选中要更改叠放顺序的对象，然后单击鼠标右键，在弹出的快捷菜单中选择“排列”菜单中的相应选项，便可调整对象的叠放顺序。

调整对象的叠放顺序，可执行以下操作：

① 选择要改变层次的对象。

② 选择“修改”菜单的“排列”命令，在弹出的子菜单中选择相应命令即可，如图 3-24 所示。也可以直接选中场景中的图形对象，右击，在菜单栏中选择图形之间的叠放顺序。

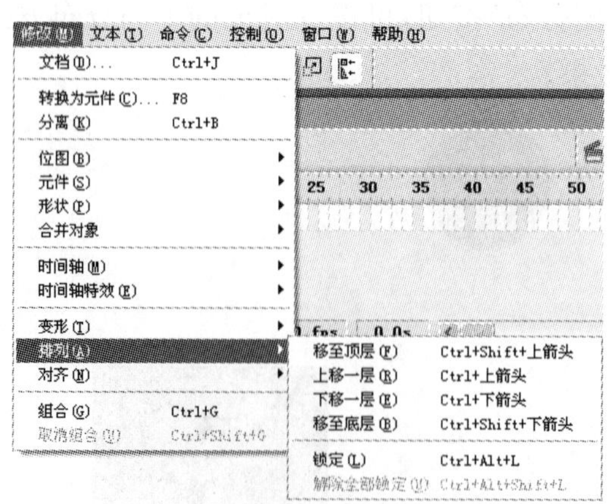

图 3-24 “排列”菜单

3.5　组合和分离对象

3.5.1　组合对象

在制作动画时，舞台上可能存在多个编辑对象，如图形、文本、图像等。为了方便对对象的操作，可以通过组合将多个对象作为一个整体来处理，其他对象在操作的时候不会影响到组合后的对象。

组合对象的方法：

① 在舞台中选择需要组合的多个对象，可以是形状、组、元件或文本等各种类型的对象。

② 选择“修改”菜单的“组合”命令或按“Ctrl＋G”快捷键，参与组合的对象会被一个矩形方框所包围，如图 3-25 所示，这时对象即被组合成一个整体。

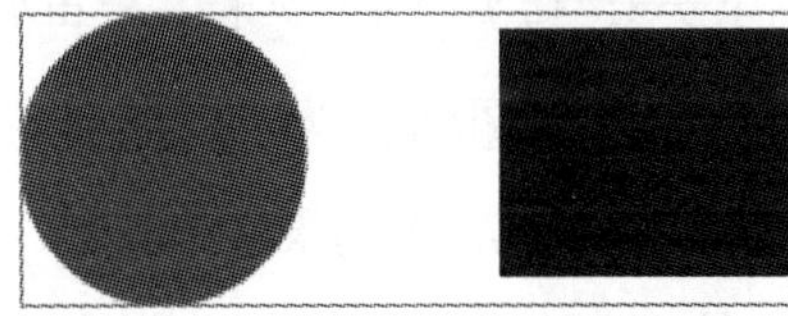

图 3-25　组合对象

如果需要对组合中的单个对象进行编辑，则应选择“修改”菜单的“取消组合”命令或按“Ctrl＋Shift＋G”或“Ctrl＋B”快捷键取消对象的组合状态，即“解组”，或者在组合后的对象上双击鼠标左键，进入单个对象的编辑状态。

3.5.2　分离对象

在制作动画时，有时需要制作一些特殊效果，此时就需要将组、实例或位图等分离为单独的可编辑对象。分离对象操作不仅可以将组合的对象拆分成单个对象，也可以将对象打散成像素点以便编辑。分离对象可以极大地减小导入的图形文件的大小。

使用分离命令可以将组合对象拆散为单个对象，也可以将文本、实例及位图等对象打散成多个像素点或转换为矢量图，以便用户对其进行编辑。

1. 将位图打散为矢量图形

① 从舞台中选择需要分离的组、位图或元件等。

② 选择“修改”菜单的“分离”命令或按“Ctrl＋B”快捷键。

下面以文本对象为例进行讲解,操作方法如下:

① 选择需要打散的文本对象。

② 选择“修改”菜单的“分离”命令或按“Ctrl+B”快捷键,文字打散后效果如图 3-26 所示。

③ 使用“工具箱”中的编辑工具,进行拆分、编辑,如图 3-27 所示。

图 3-26 “打散”效果

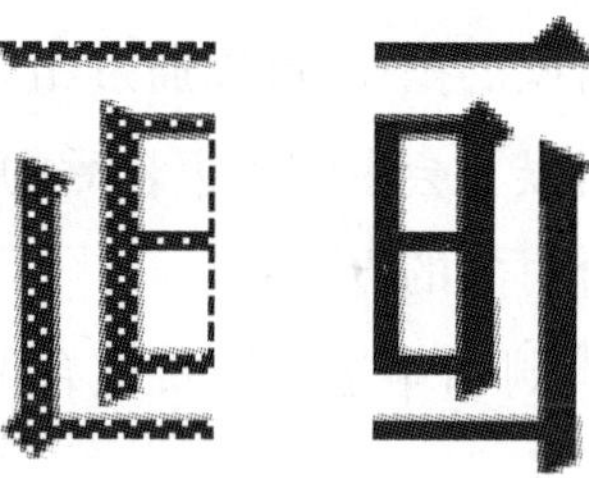
图 3-27 “拆分”效果

如果同时输入多个文字,便要对文字进行两次分离,即按“Ctrl+B”两次,使一个“文本”转为多个“文本”后,再转为“形状”,最终将每个文字都打散。

2. 将位图转换为矢量图形

① 将位图导入场景。

② 选择“修改”菜单的“位图”命令,在弹出的子菜单中选择“转换位图为矢量图”命令。

下面以位图对象为例介绍其操作方法:

① 导入位图,置于舞台,并调整好尺寸,如图 3-28 所示。

② 选择“修改”菜单的“位图”命令,在弹出的子菜单中选择“转换位图为矢量图”命令,弹出对话框,如图 3-29 所示。

图 3-28 导入位图

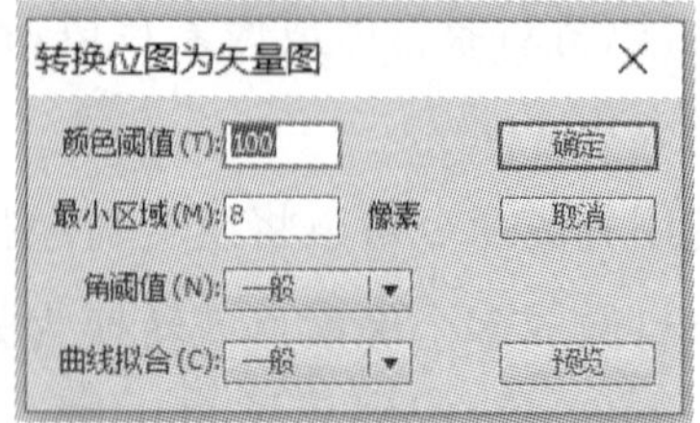

图 3-29 “转换位图为矢量图”对话框

③ 设置参数后,点击“确定”按钮,完成转换,效果如图 3-30 所示。再进行局

部区域的选择，实现抠像、修改颜色等操作，如图 3-31 所示为抠像后效果。

图 3-30　转换后效果

图 3-31　抠像后效果

3.6　编辑文本

Flash 中文本工具是用来添加文字的。选择“文本工具”，在场景中单击可创建文本域，输入文本。在场景中拖拽出一个矩形文本框后，也可以输入文字。

利用文本工具输入文本存在两种模式，一种是固定宽度文本输入模式，另一种是延伸文本输入模式，如图 3-32 所示。若文本框的右上角是空心矩形，则说明它是固定宽度文本，文字输入到框边后会自动换行。如果双击空心矩形它会变成空心圆，就说明它是延伸文本，可以不换行的输入文字。随着文字的输入文字框会自动向右延伸，不会自动换行，除非按 Enter 键换行。两种文本输入模式中，双击空心矩形，可将固定宽度文本转换为延伸文本；拖拽空心圆，可将延伸文本转换为固定宽度文本。

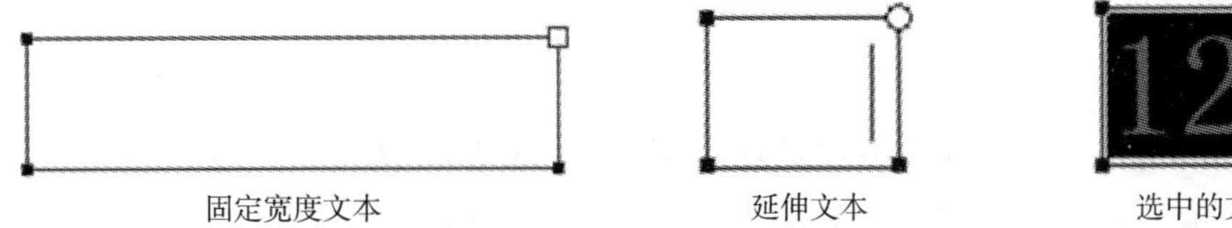

图 3-32　输入文字

3.6.1　设置文本属性

文本的属性包括文字的字体、字号、颜色和风格等。设置文本的属性可以通过命令或“属性”面板选项的调整来完成。先单击工具箱中的“文本工具”按钮，再单击舞台工作区,即可调出它的“属性”面板,如图 3-33 所示。该“属性”面板内各选项的作用如下所述。

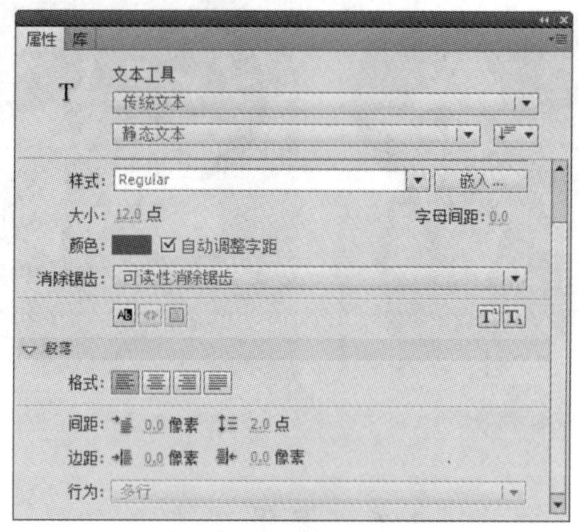

图 3-33　文本“属性”面板

①“文本类型”下拉列表框。在该下拉列表框内可以选择 Flash 文本的类型。Flash 文本分为静态文本、动态文本和输入文本 3 种类型,如图 3-34 所示。默认的文本状态是静态文本。在 Flash 影片播放时,动态文本和输入文本的内容可通过事件(例如,单击对象、播放到某一帧等)的激发来改变。动态文本和输入文本还可以作为实例,用脚本程序来改变它的属性等。

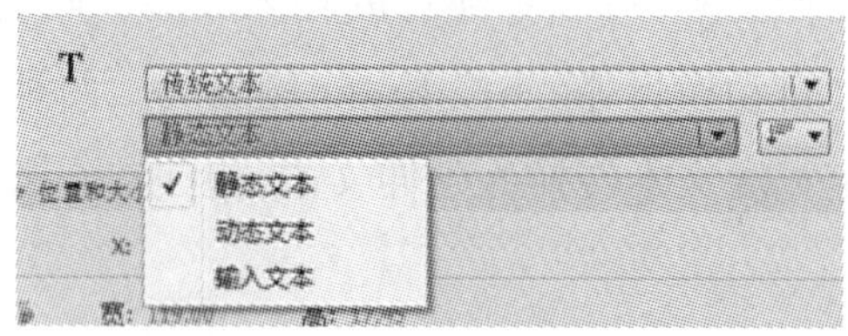

图 3-34　文本类型

“静态文本”可以设置超链接;“动态文本”不仅可以设置超链接,而且可以制作滚动文本框;“输入文本”在 Flash 影片播放时,可供用户输入文本,以产生交互,即设置网页在线输入。本节主要介绍“静态文本”的使用方法,而后两种文本类型的使用方法将在以后的章节中介绍。

② 在单击 嵌入... 按钮后,弹出“字体嵌入”面板,可以对字体进行设置,如图 3-35 所示。

③ “大小”按钮用来设置文字的大小。

④ 单击"颜色"按钮可以调出一个"颜色"面板。利用该"颜色"面板可以设置文字的颜色。

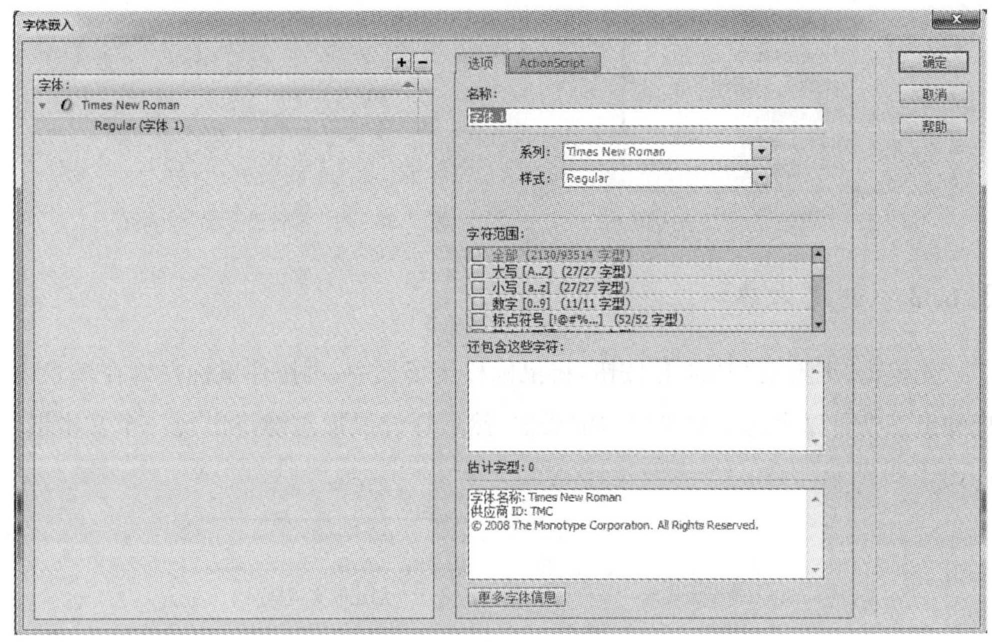

图 3-35　"字体嵌入"面板

⑤ 单击"改变文本方向"按钮 可弹出一个菜单，如图 3-36 所示。利用该菜单可以设置多行文字的排列方式。

图 3-36　"改变文本方向"菜单

⑥"字母间距"用来设置字符之间的距离。

⑦"字符位置"按钮 有"正常""上标""下标"3 个选项，用来确定字符的位置。

⑧ "自动调整字距"。选中该复选框后，使用字体信息内部的字间距，可以自动调整字间距。

⑨ "消除锯齿"下拉列表框用来选择设备字体或各种消除锯齿的字体，如图 3-37 所示。消除锯齿可对文本做平滑处理，使屏幕上显示的字符边缘更平滑。这对呈现较小字体尤为有效。

⑩"段落"按钮。单击该按钮可弹出"格式选项"对话框，利用它可以设置段落的缩进量、行间距、左边距和右边距等，如图 3-38 所示。

⑪ "可选"按钮。单击该按钮后，在动画播放时可以用鼠标拖动选择动画中的文字。

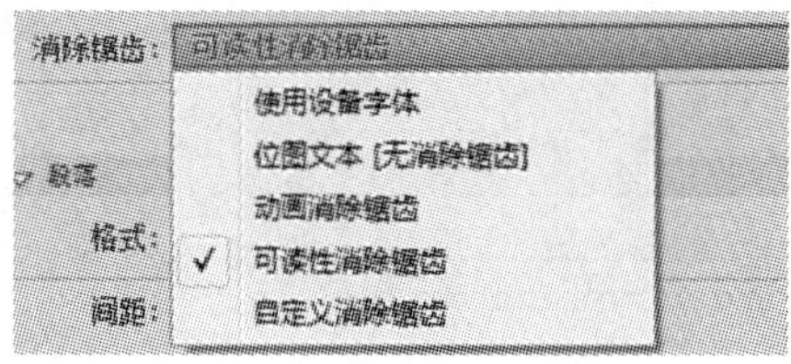
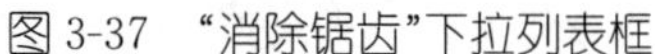

图 3-37 "消除锯齿"下拉列表框

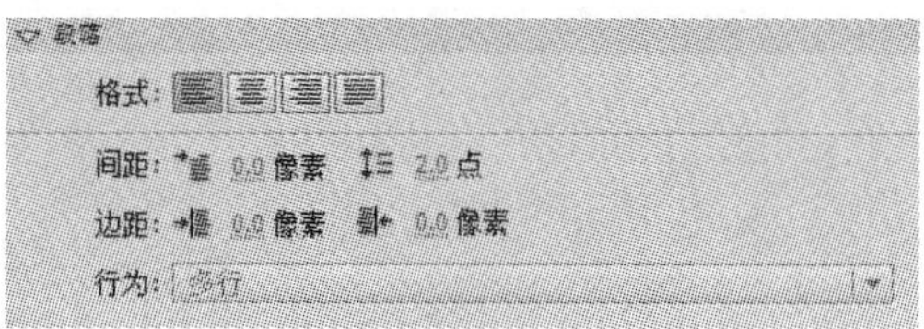

图 3-38 "段落格式设置"对话框

3.6.2 创建文本

先单击"工具箱"中的 T 按钮，将鼠标移至场景中，再按住鼠标左键在场景中拖动出一个可以容纳文本内容的虚线框，然后释放鼠标左键将出现一个文本框，如图 3-39 所示。

图 3-39 创建文本框

在文本框中输入文字后，单击文本框外的任意空白处即可完成文字的输入。

3.6.3 文字分离

在 Flash 中输入的文字是一个整体，即一个对象。所以对这些文字除了在"属性"面板中调整外，就只可以进行缩放、旋转、倾斜和移动等操作。套索、橡皮、扭曲、封套等许多工具都无法使用。如果想把文字像图形那样进行各种操作和编辑，就必须对文字进行分离。文字分离的方法是按"Ctrl+B"组合键。文字分离一次即是把文字整体分离成相互独立的文字。文字连续分离两次即把文字整体打散成图形，通常也称"打碎"，如图 3-40 所示。把文字打散成图形后，"文本"属性的文字被转换为"形状"属性的图形，可以使用任意一种工具进行编辑。

图 3-40 文字打散成图形

3.6.4 编辑文本

文字输入好后，会形成一个文字框，可以使用“任意变形工具”来旋转、倾斜、缩放，也可以将其打散后进行颜色填充和变形。

① 旋转与倾斜。首先用“选择工具”选中文本框，再选择“任意变形工具”，当鼠标指针呈转圈箭头状时，可以旋转文本框；指针呈两个平行单箭头状时可以倾斜文字。

② 缩放。使用“任意变形工具”，选中文本框，此时文本框周围出现 8 个方形控制点，将鼠标顺着箭头方向拖动文字框上的控制点，就可以自由地缩放文字了。

③ 填充颜色。选择“修改”→“分离”打散文字对象，选择“颜料桶工具”，选择填充色里的渐变色，即可给文字填上渐变色。打散以后还可以用选择工具修改某个文字的大小。

如果要使用更多的文字效果，如文字环绕、弧形文字等，则可以使用 Photoshop 或 Fireworks 软件，在这些软件中制作的文字效果可以通过导出 SWF 文件再导入 Flash 中。

3.6.5 文字特效

制作特殊效果的文字可以通过滤镜来实现，滤镜只适用于文字、影片剪辑和按钮。选择文字后，单击“滤镜”面板，即可添加滤镜。如要删除滤镜，先选择要删除的滤镜，再单击“删除滤镜”即可。这里的滤镜一共包括 7 种，如图 3-41 所示，它们分别是：

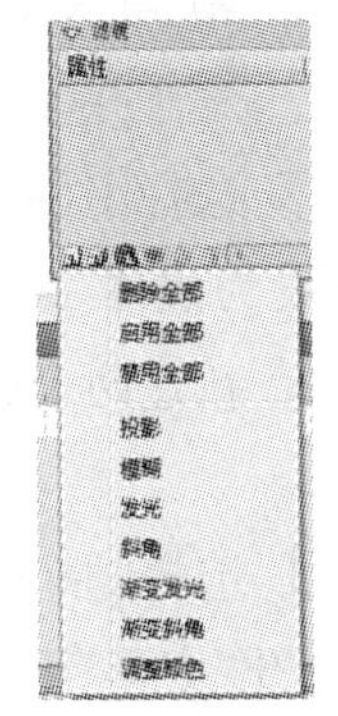

图 3-41　7 种滤镜效果

① 投影。投影可模拟对象向一个表面投影的效果。

② 模糊。应用模糊可使对象产生模糊效果。

③ 发光。发光可以为对象的整个边缘应用颜色。

④ 斜角。斜角使对象产生立体感。

⑤ 渐变发光。渐变发光可以在发光表面产生带渐变颜色的发光效果。渐变发光要求选择一种颜色作为渐变开始的颜色，该颜色的 Alpha 值为 0。虽然颜色的位置无法移动，但可以改变颜色。

⑥ 渐变斜角。应用渐变斜角可以产生一种凸起效果，使得对象看起来好像从背景上凸起，且斜角表面有渐变颜色。渐变斜角要求渐变的中间有一个颜色，颜色的 Alpha 值为 0。虽然颜色的位置无法移动，但颜色可以改变。

⑦ 调整颜色。可以通过调整颜色设置对象的亮度、饱和度、对比度和色相。

具体的文字效果如图 3-42 所示。

Text ... Text ... Text ...

投影效果……………………模糊效果………………… 发光效果

Text ... Text ... Text...

斜角效果 ………………… 渐变发光效果 ………… 渐变斜角效果

图 3-42 文本添加不同滤镜后的效果

上机训练

1. 镜面文字

目标:掌握“文本工具”的使用,学会对象的分离、变形等方法。

制作效果:如图 3-43 所示。

图 3-43 制作效果

具体操作步骤如下:

① 新建文档,设置背景颜色为黑色,大小为400×300 像素。

② 选择图层 1,命名为“原文字”,选择“文本工具”,颜色设为白色,大小自定,字体设为黑体。在舞台上输入“镜面文字”4 个字。

③ 新建两个图层,分别命名为“镜面文字”和“镜面”,改变图层顺序,如图3-44 所示。

④ 选择“原文字”图层中的“镜面文字”4 个字,选择“窗口”菜单的“变形”命令,打开“变形”面板,如图 3-45 所示,设置参数。

图 3-44 改变图层顺序

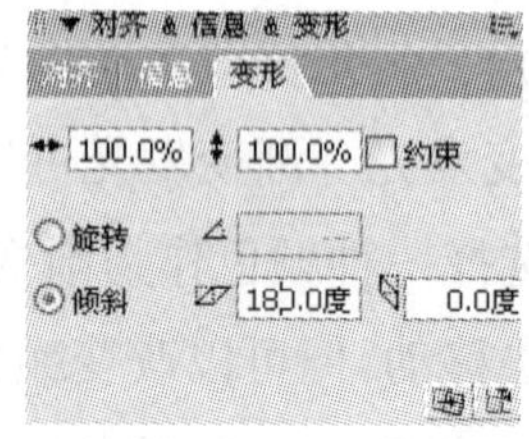

图 3-45 “变形”面板

⑤ 单击“复制并应用变形”按钮,单击舞台中的复制副本,把副本剪切到“镜面文字”图层的第 1 帧,按原位置粘贴到当前位置,选择粘贴过来的文字,执行“修

改”→“变形”→“垂直翻转”命令，把文字垂直翻转，然后使用键盘的向下方向键移动翻转的文字，得到如图 3-46 所示的效果。

⑥ 按两次“Ctrl＋B”组合键，分离“镜面文字”图层的文字。

⑦ 打开“混色器”面板，如图 3-47 所示，设置填充色为线性渐变，颜色为白色到黑色渐变。

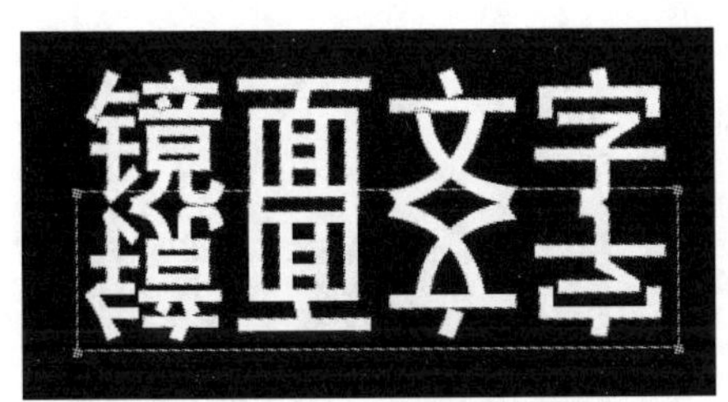

图 3-46　垂直翻转文字

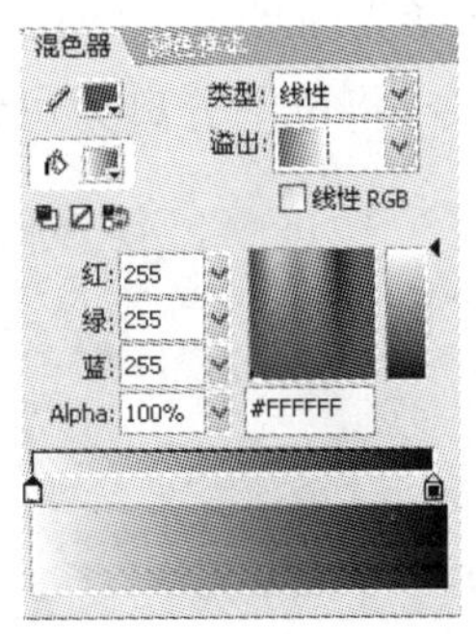

图 3-47　“混色器”面板

⑧ 选择“颜料桶工具”填充分离后的文字，并用“渐变变形工具”调整为图3-48所示的效果。

⑨ 按 F8 键，将“镜面文字”图层中的文字转换为电影剪辑元件，回到主场景，选择该元件，在“属性”面板设置其透明度为 40%，得到如图 3-49 所示效果。

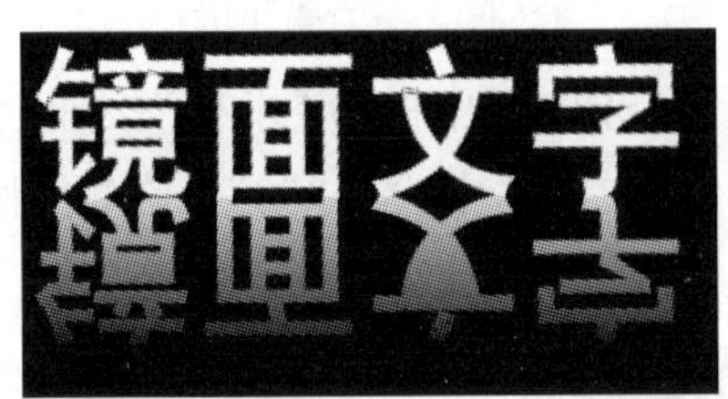

图 3-48　调整渐变

图 3-49　设置透明度

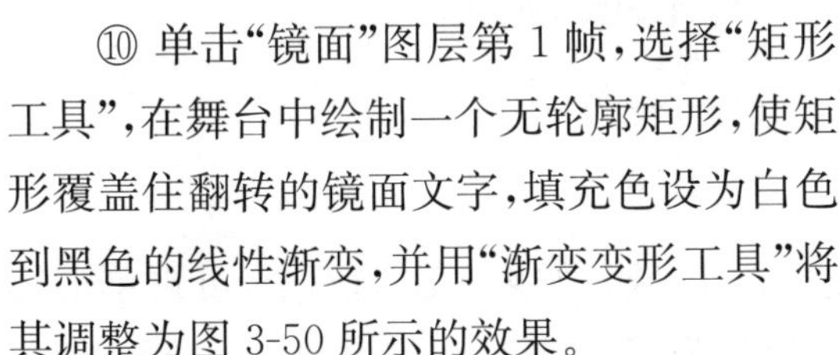

⑩ 单击“镜面”图层第 1 帧，选择“矩形工具”，在舞台中绘制一个无轮廓矩形，使矩形覆盖住翻转的镜面文字，填充色设为白色到黑色的线性渐变，并用“渐变变形工具”将其调整为图 3-50 所示的效果。

图 3-50　覆盖文字

⑪ 移动矩形的位置，得到最终效果，如图 3-43 所示。

⑫ 存盘并测试。

2. 变色的衣服

目标：掌握位图的导入操作，学会分离位图及处理位图的技巧。

制作效果：如图 3-51 所示。

具体操作步骤如下：

① 新建文档，设置背景为白色，大小为 550×400 像素。

② 选择"文件"→"导入"→"导入到舞台"命令，弹出"导入"对话框。

③ 在文件列表中选择所需要的人物位图文件，单击"打开"按钮。

④ 选择当前场景中的位图，调整大小为 550×400 像素，选择"修改"菜单的"分离"命令，将位图分离为可编辑的像素点，如图 3-52 所示。

图 3-51　制作效果

图 3-52　"分离"位图

⑤ 选择"套索工具"，然后单击绘图工具栏选项区中的"魔术棒"按钮，弹出"魔术棒设置"对话框，如图3-53所示。在"阈值"文本框中输入"30"。在"平滑"下拉列表框中选择"一般"选项。

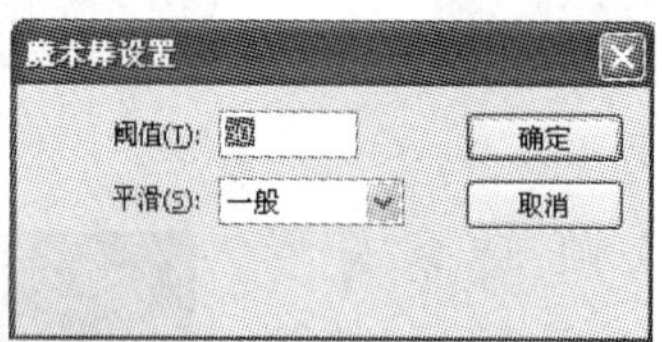

图 3-53　"魔术棒设置"对话框

⑥ 单击位图中女生的上衣部分，选择该区域。如果一次选不全，可再单击其他欲选区域，直到选择所有想要进行更改的颜色区域。

⑦ 单击颜色按钮，设置填充色为红色。

⑧ 选择"颜料桶工具"，单击所选区域中的任意地方，应用红色填充。

⑨ 存盘测试，最终效果如图 3-51 所示。

本章小结

本章主要介绍了对象的属性以及一些相关的基本操作，包括对象的选择、移动、复制、删除，对象的组合与分离、对象的层叠、对象的对齐，以及文本的编辑。读者应熟练掌握操作中所使用的工具、菜单命令及常用快捷键，能够熟练把这些技能应用到制作中，创作出更多更好的作品。

课后练习

一、填空题

1. “套索工具”有 3 种选择模式，分别是自由选择模式、________和________。

2. 如果对象复制后，想粘贴到原位置，则使用的快捷键是________。

二、选择题

1. 对象分离的快捷键是(　　)。

A. Ctrl+B　　B. Ctrl+R　　C. Ctrl+G　　D. Ctrl+D

2. 使用方向键移动对象时，按住 Shift 功能键之后，再按方向键，对象将朝方向键指示的方向移动(　　)个像素。

A. 8　　B. 10　　C. 6　　D. 1

三、判断题

1. 对象组合后，不但可以方便选择，而且重叠时也不会有对象分割与合并的问题。(　　)

2. 分离文字后，可以将文本框快速分散到不同的图层，以便为每个图层中的文本框制作动画。(　　)

3. 将文字打散后，再执行一次分离的操作，文字就会变成标准的图形对象。(　　)

四、简答题

1. 简述对象组合与分离的方法。

2. 如何将位图转换为矢量图。

3. 选择工具和部分选取工具的区别是什么?

库与元件

【学习目的】

通过本章的学习，读者可以很好地使用元件以及利用元件库中提供的丰富素材创建复杂动画。

【学习重点】

- 库的作用及管理。
- 元件的类型及创建方法。

4.1 库

在 Flash 中，所有可以重复使用的元素都放在库中。这些可以重复使用的元素包括从外部导入的图像、声音，在 Flash 中创建的图形元件、按钮元件以及影片剪辑元件。库既是存放素材的地方，又是资源共享的场所。

1. 库的分类

库有两种：一种是用户库，也叫"库"面板，用来存放用户在 Flash 动画中创建的元件；另一种是 Flash 系统提供的公用库，用来存放 Flash 系统提供的元件。根据存放元件的种类，公用库分为 3 种，分别是"按钮"库、"声音"库、"类"库。用户库和公用库存放元素（主要是元件）的方法是一样的。

单击"窗口"→"库"命令，可以调出"库"面板，命令操作及"库"面板如图 4-1 所示。

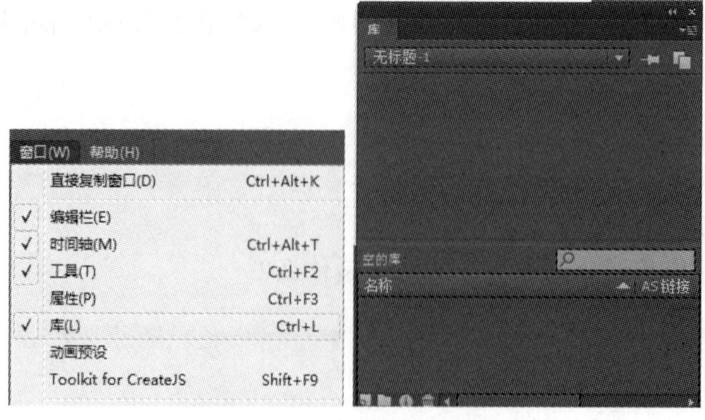

图 4-1　命令操作及"库"面板

2. "库" 面板

每个 Flash 文件都含有一个素材库，用于存放动画中的元件、图片、声音和视频等文件。由于每个动画使用的素材不同，因此"库"面板中的内容也不相同。当在"库"面板中选中一个元件时，可预览窗口看到该元件的内容，如图 4-2 所示。

在库中，虽然可以查看库资源，但是当制作大文件时，库中的元件就会很多，这时就需要对这些资源进行管理。"库"面板中有许多命令按钮，Flash 就是通过这些命令按钮来管理资源的。

- 新建元件。单击该按钮将打开"创建新元件"对话框。
- 新建元件文件夹。单击该按钮将创建一个文件夹，可以把类别相同的元件放在该文件夹。
- 元件属性。单击该按钮将打开元件"属性"对话框，可以对元件的名称、类型及内容进行修改。
- 回收站。单击该按钮可将"库"面板中选中的元件或文件夹删除。

"库"面板下边的窗口中列出了库中的所有元素的图标和名称等，从中可以看出不同的图标表示不同类型的元素。双击该窗口中的文件夹可以打开该文件夹，在按钮的下边显示出该文件夹内元素的图标和名称等，如图 4-3 所示；再双击它，又可以关闭该文件夹。

图 4-2　元件内容预览

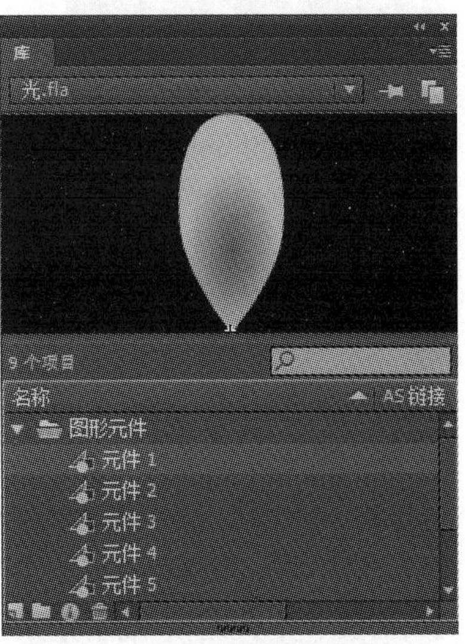

图 4-3　元素的信息

4.2　元　件

元件是构成动画的基础，它实际上就是一个小的动画片段，可以在整个文档或其他文档中重复使用,不必反复制作相同的对象,并可以独立于主动画进行播放。每个元件都有一个单独的时间轴、舞台和图层。

4.2.1 元件的分类

Flash 元件有 3 种类型,分别是图形元件、影片剪辑元件和按钮元件。

1. 图形元件

图形元件是制作动画的基本元件之一,用于创建可反复使用的静态图形或与主时间轴关联的动画片段。它可以是静止的图片,也可以是由多个帧组成的动画。图形元件的实例不能设置名称,因此也不能用 ActionScript 语句对图形元件进行控制。图形元件不能使用混合技术及滤镜效果。图形元件可以通过颜色选项对亮度、色调、透明度进行设置,如图 4-4 所示。声音元件是图形元件中的一种特殊元件,它有自己的图标。

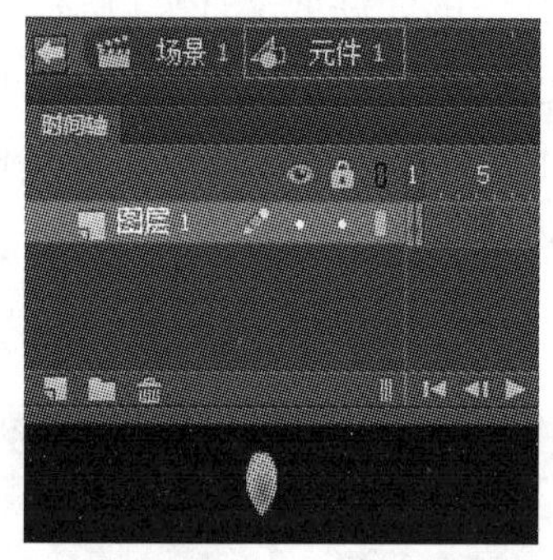

图 4-4 图形元件

图 4-5 影片剪辑元件

2. 影片剪辑元件

影片剪辑元件是主影片中的一段剪辑影片,用于制作独立于主影片时间轴的动画。它是一段可以包括图像、图形、文字、声音、一般动画,并具有交互性控制的动画,可以用 ActionScript 语句对其进行控制。它还可以包括其他影片剪辑元件的案例。影片剪辑的实例可以放在按钮的时间轴中,从而实现动画按钮。为了实现交互性,单独的图像也可以做成影片剪辑。影片剪辑元件和图形元件均可以是一个动画。用影片剪辑元件创建的实例与用图形元件创建的实例不同。影片剪辑实例只需要一个关键帧来播放动画,而图形实例必须有足够多的帧才能播放,如图 4-5 所示。

3. 按钮元件

按钮元件可以在影片中创建按钮元件的实例。在 Flash 中,首先要为按钮设计不同形状的外观,然后为按钮的实例分配事件和触发的动作(例如单击鼠标等)。在编辑时,单击“控制”→“播放”命令后,不能看到由影片剪辑元件和按钮元件产生的实例组成的动画和交互性效果,必须单击“控制”→“测试影片”命令(或按快捷键“Ctrl+Enter”)或单击“控制”→“测试场景”命令,才能在播放器窗口中演示它的动画和交互效果,如图 4-6 所示。按钮元件用于创建交互式控制按钮,可以感知并响应鼠标的动作。按钮元件的时间轴上有 4 个帧,分别为“弹起”、“指针经过”、“按下”和“点击”,如图 4-7 所示。

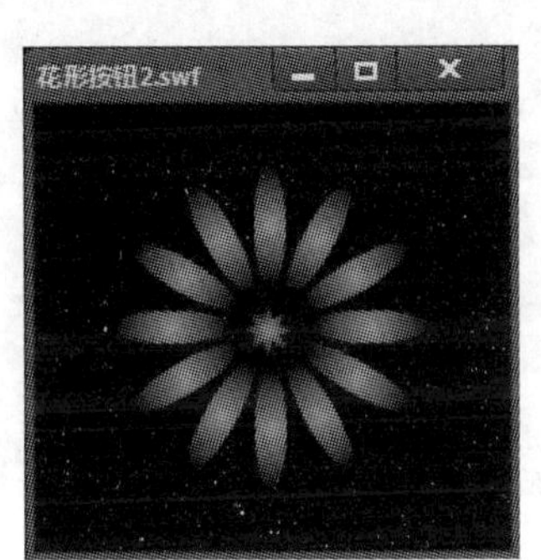

图 4-6　按钮测试

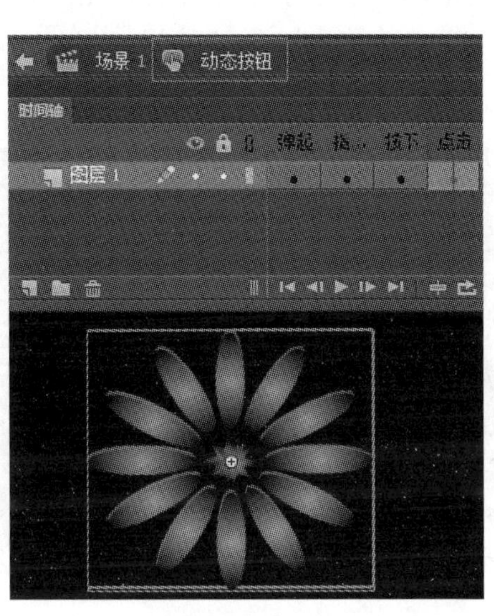

图 4-7　按钮元件

4.2.2　元件的创建与编辑

1. 图形元件的创建

图形元件的创建,操作步骤如下:

① 选择“文件”→“新建”命令,创建一个新文档。

② 选择“插入”→“新建元件”命令或按“Ctrl+F8”键,打开“创建新元件”对话框。在对话框中选择元件类型,在“名称”文本框中输入名称后,单击“确定”按钮,如图 4-8 所示。

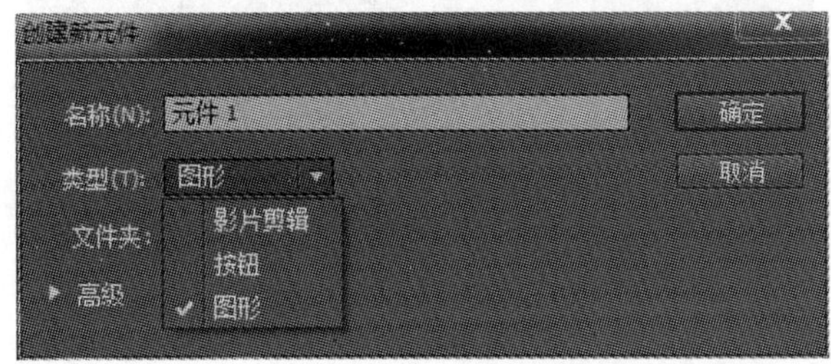

图 4-8　“创建新元件”对话框

③ 单击 确定 按钮后,Flash 将自动进入元件的编辑模式,在编辑模式下可以绘制图形。

④ 制作完成后,单击编辑栏上的 场景 1 按钮,返回到场景中。

2. 影片剪辑元件的创建

以创建“行走的人”影片剪辑元件为例,操作步骤如下:

① 选择“文件”→“新建”命令,创建一个新文档,并修改相应的尺寸,如图 4-9 所示。

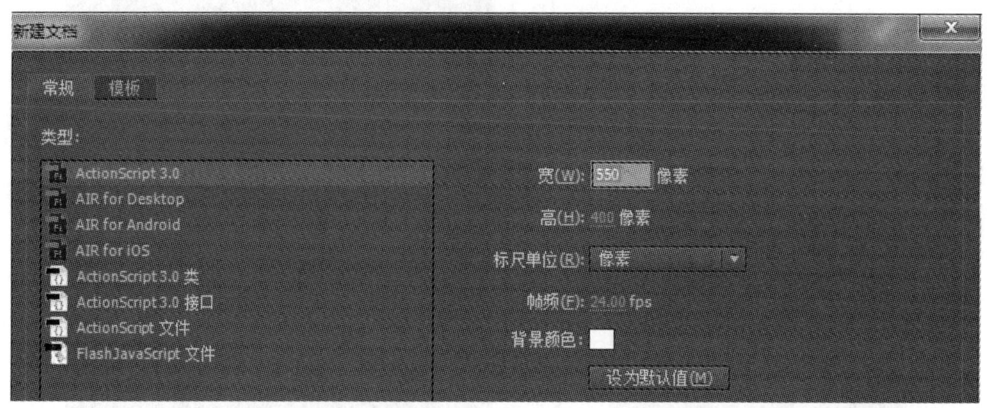

图 4-9 创建新文档

② 选择“文件”→“导入”→“导入到库”命令,在打开的“导入到库”对话框中选择准备好的图片,然后单击“打开”按钮将图片导入到“库”。

③ 选择“插入”→“新建元件”命令,打开“创建新元件”对话框,在“名称”中输入“走”,在“类型”中选择“影片剪辑”,如图 4-10 所示。单击“确定”按钮进入影片剪辑的编辑窗口。

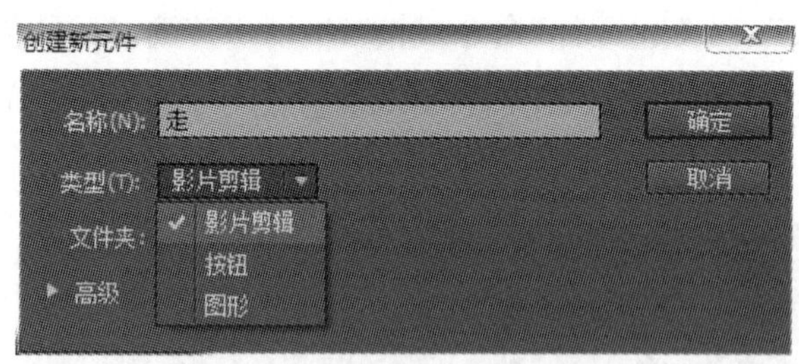

图 4-10 创建影片剪辑元件

④ 选中“库”面板中位图元件“手”,然后用鼠标拖动到工作区中,再将“腿”元件用同样的方法拖动到工作区中。选中“手”实例,将其拖动到适当的位置,再选中“腿”实例,将对称轴移动到腿的最上方后,打开“对齐”面板,可选“与舞台对

齐”，然后单击“水平居中”和“垂直居中”2 个按钮，效果如图 4-11 所示。

图 4-11　元件案例

⑤ 在时间轴的第 5 帧单击鼠标右键，选择“插入关键帧”，将位图实例“手”和“腿”分别旋转一个合适的角度，再在时间轴的第 10 帧和第 15 帧重复这样的操作，并调整手脚摆动的角度，如图 4-12 所示。

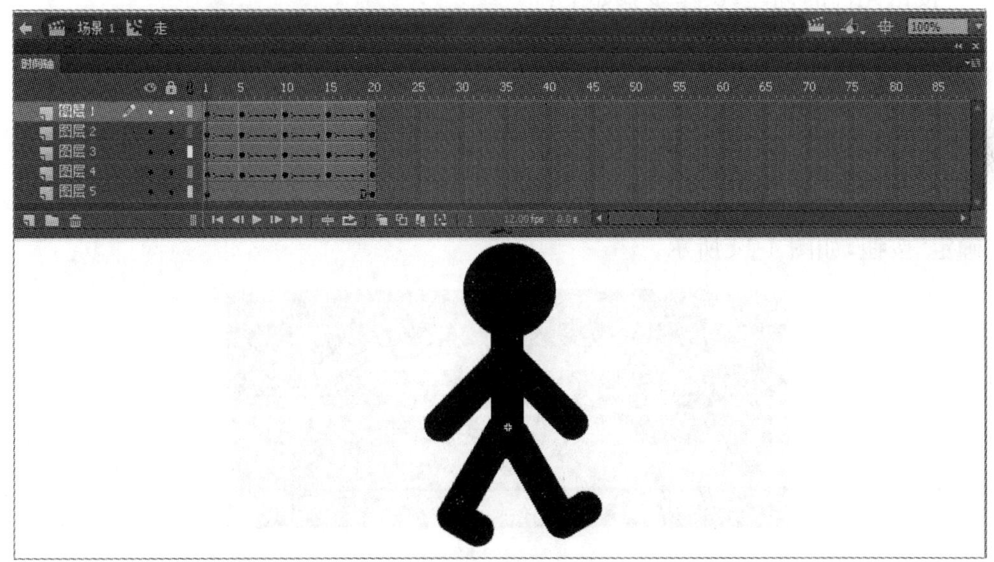

图 4-12　关键帧调整

⑥ 单击“场景”图标 场景 1 ，切换到主场景，将制作好的影片剪辑元件“走”从元件库中拖到舞台中心，按从左到右的顺序制作运动动画后，按“Ctrl＋Enter”键测试动画，人开始从左向右行走，如图 4-13 所示。

图 4-13　动画测试

3. 按钮元件的创建

按钮元件的创建，操作步骤如下：

① 选择“文件”→“新建”命令，创建一个新文档。

② 选择“插入”→“创建新元件”命令或按“Ctrl+F8”键，打开“新建元件”对话框。

③ 在对话框中选择元件类型为“按钮”，在“名称”文本框中输入名称后单击“确定”按钮，如图 4-14 所示。

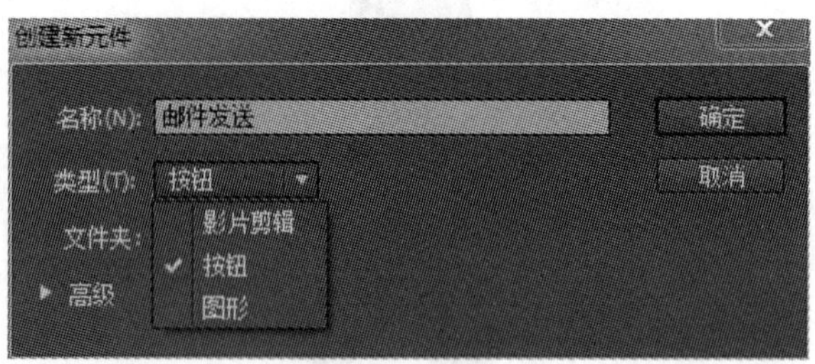

图 4-14　创建按钮元件

④ 单击“确定”按钮后，Flash 将自动进入按钮的编辑模式。在“弹起”“指针经过”“按下”帧中分别绘制图形。

⑤ 按钮元件绘制完成后，单击“场景”图标 场景 1 ，退出元件编辑模式。把按钮拖拽到场景中，按“Ctrl+Enter”键测试动画。

4. 元件的编辑与转化

创建好的元件可能需要修改，可以使用如下方法对元件进行编辑：

① 双击“库”面板中需要修改的元件，即可进入元件编辑窗口。

② 把需要修改的元件拖拽到舞台上，然后用鼠标选中，单击鼠标右键，在弹出的菜单中选择“编辑”命令，也可进入到元件的编辑窗口。

③ 元件编辑完后，点击“场景”图标 场景 1 ，退出元件编辑模式。

元件的转化可以分为两种形式：将舞台中的图片转化为元件和将舞台中的动画转化为元件。

将图片转换元件的操作步骤如下：

① 把选择好的图片导入到舞台。

② 选中舞台工作区中的对象。选择“修改”→“转换为元件”命令或直接按 F8 键调出“转换为元件”对话框，如图 4-15 所示。

图 4-15　“转换为元件”对话框

③ 在“名称”中输入名字，在“类型”中选择元件类型，单击 小方块，调整元件的中心坐标位置，最后单击“确定”按钮，即可将对象转换为元件。

将动画转化为元件的操作步骤如下：

① 选取时间轴面板上的所有关键帧，单击鼠标右键，调出快捷菜单，选择“复制帧”命令。

② 按“Ctrl＋F8”键调出“创建新元件”对话框，在对话框内输入名字和选择元件类型，然后单击“确定”按钮，创建一个空元件，同时进入到元件编辑窗口中。

③ 选择空元件的第 1 帧，单击鼠标右键，调出快捷菜单，选择“粘贴帧”命令，单击场景图标回到主场景中，这样就把动画转为了元件。

4.2.3　实例

在需要元件对象时，用鼠标将“库”面板中的元件拖动到舞台中即可。此时舞台中的该对象称为“实例”，即元件复制的样品。舞台中可以放置多个相同元件复制的实例对象，但在“库”面板中与之对应的元件只有一个。

在时间轴上选择一关键帧（Flash 实例只能放置在当前图层的关键帧上），将选定的元件从库中拖到舞台上就创建了元件的实例。要想查看实例的属性,只需用鼠标选中舞台上的实例,“属性”面板上将显示实例的所有信息,如图 4-16 所示。

当元件的属性(例如,元件的大小、颜色等)改变时,由它生成的实例也会随之改变。当实例的属性改变时,与它相应的元件和由该元件生成的其他实例不会随之改变。实例是一种特殊的对象,可以像编辑修改一般对象那样来编辑实例对象。此外,每个实例都有一些自己的属性,利用它的“属性”面板可以改变实例的位置、大小、颜色、亮度和透明度等属性。实例属性的编辑修改,不会对相应元件和其他由同一元件创建的其他实例造成影响。

对于舞台工作区内元件的实例,其“属性”面板中会增加一个“色彩效果”下拉列表框,可用于设置实例的颜色、亮度、色调和透明度等,如图 4-17 所示。其中“无”表示不使用任何颜色效果,如果对元件实例修改的不满意,使用该命令可以使实例恢复到原始状态。

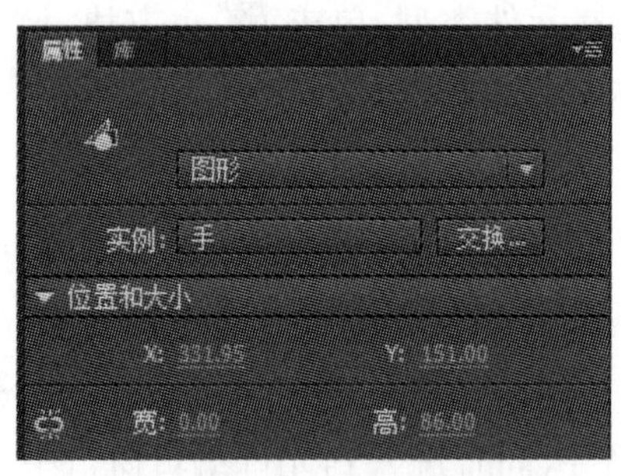

图 4-16　实例“属性”面板

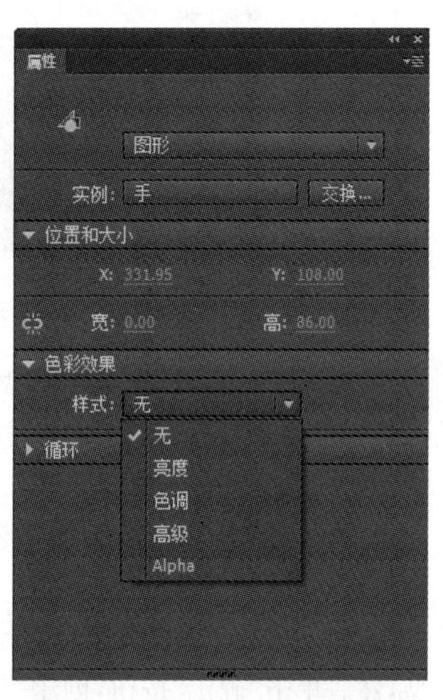

图 4-17　“色彩效果”下拉列表框

1. 亮度

“亮度”选项可以调整实例的明暗度。在选项的右面有一个文本框,既可以直接输入数值,也可以通过调节滑块来改变数值的大小,如图 4-18 所示。亮度取值范围从 −100% 到 100%,数值越大,对应的亮度越高,数值越小,对应的亮度越低。

图 4-18　亮度设置

2. 色调

“色调”用来调整实例的颜色，如图 4-19 所示。

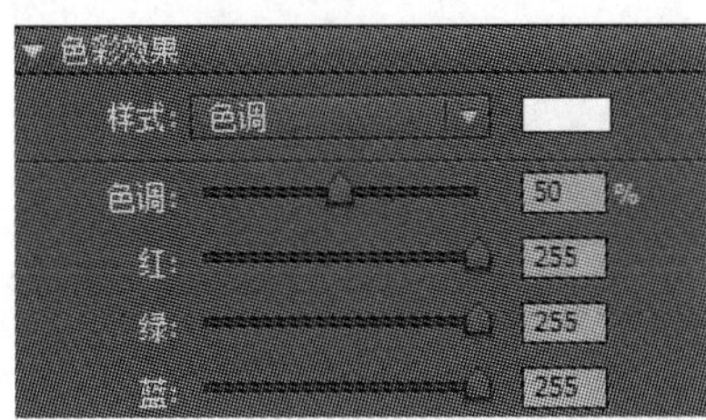

图 4-19　色调设置

3. Alpha

“Alpha”可以调整实例的透明度，如图 4-20 所示。

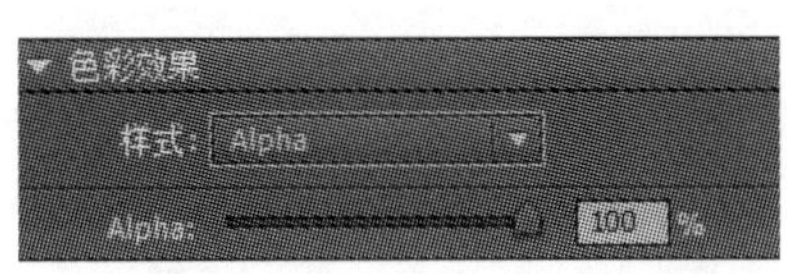

图 4-20　Alpha 设置

4. 高级

在“高级”选项中，可以同时调整实例的颜色和透明度，如图 4-21 所示。

5. 更改实例类型

在使用 Flash 时，用户可以通过改变实例的类型来重新定义它在 Flash 应用程序中的状态。例如，可以将图形实例重新定义为影片剪辑实例。

若要更改实例类型，可以执行以下操作：

① 在舞台上选择实例，然后选择“窗口”→“属性”。

② 从“属性”面板左上角的下拉菜单中重新选择元件类型，如图 4-22 所示。

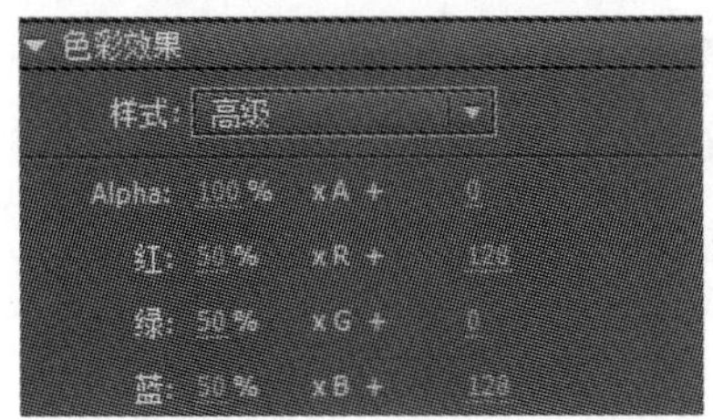

图 4-21　高级设置

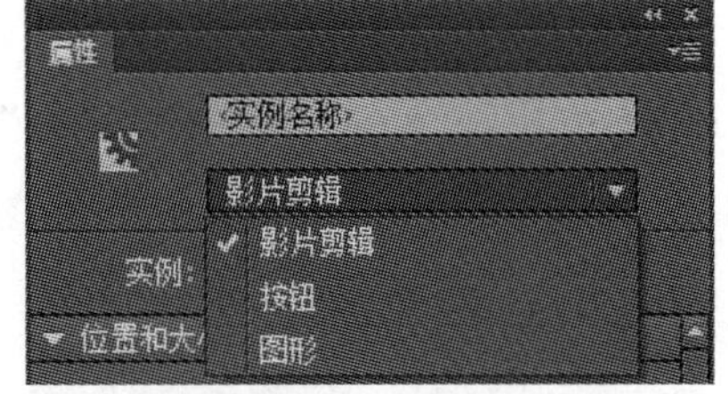

图 4-22　选择元件类型

6. 交换元件

在使用 Flash 的时候，用户同样可以为实例制定不同的元件，具体操作步骤如下：

① 在舞台上选取实例，在工作区下方会显示出实例的“属性”面板。

② 在“属性”面板中单击“交换”按钮，弹出如图 4-23 所示的“交换元件”对话框。

③ 在“交换元件”对话框中，选择一个元件来替换当前实例元件。如果复制

选定的元件,可以单击对话框底部的“直接复制元件”按钮。

④ 单击“确定”按钮,在舞台上的实例将被新的元件替换。

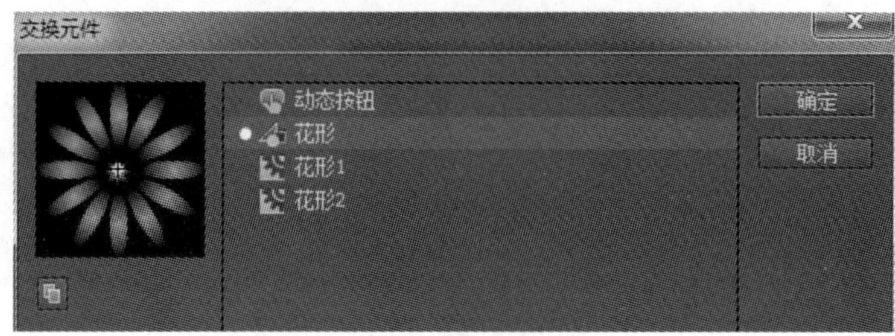

图 4-23 “交换元件”对话框

4.2.4 元件实例的拆分

有时根据实际需求,读者需要将较大的元件进行拆分,然后分步骤进行编辑,具体操作步骤如下:

① 执行“文件”→“新建”命令,新建影片文件,执行“修改”→“文档”命令,设置文档属性,如图 4-24 所示。

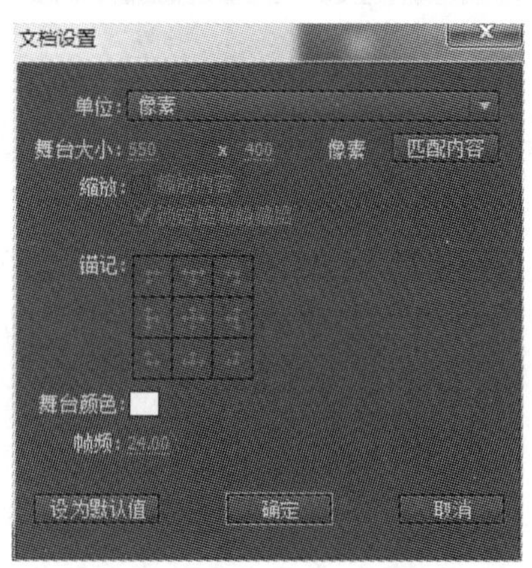

图 4-24 “文档设置”对话框

② 接着执行“插入”→“新建元件”命令,创建图形元件,如图 4-25 所示。最后利用“工具箱”中的工具画出图形,如图 4-26 所示。

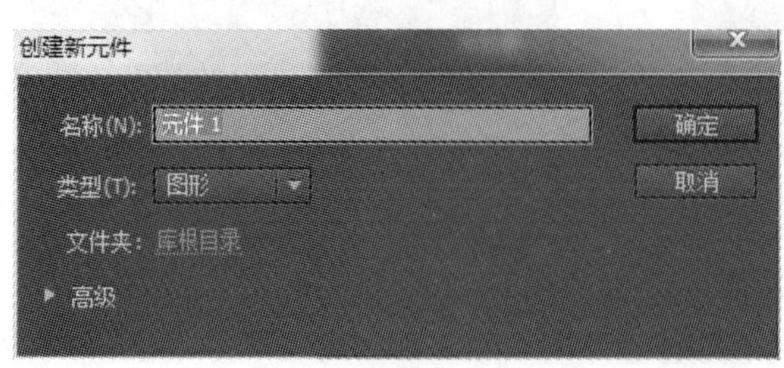

图 4-25 创建图形元件

图 4-26 绘制图形

为了让原画更好地作业，需要拆分大元件。用“套索”工具勾选头部所有图形分离头部，如图 4-27 所示，按“Ctrl＋F8”新建一个元件，如图 4-28 所示。

图 4-27　勾选头部图形

图 4-28　新建元件

用同样的方法拆分左手、右手、左裤腿、右裤腿、左脚、右脚、字母 m 等元件，如图4-29、图 4-30 所示。按住“Ctrl＋↑”(“修改”→“排列”→“上移一层”)或者“Ctrl＋↓”(“修改”→“排列”→“下移一层”)，调整元件和元件之间的叠放顺序，如图 4-31、图 4-32 所示。

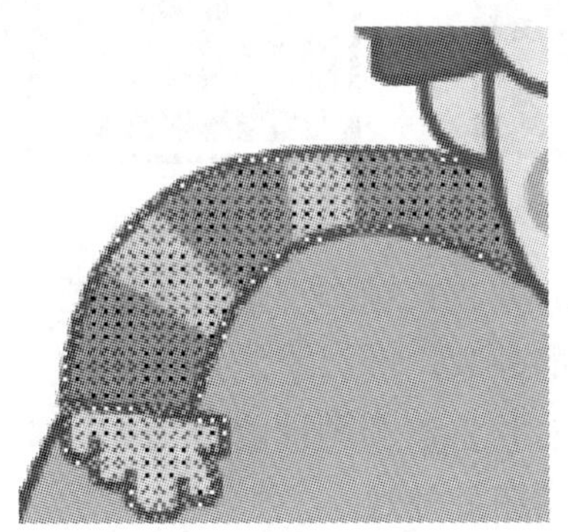

图 4-29　勾选手部、腿部图形

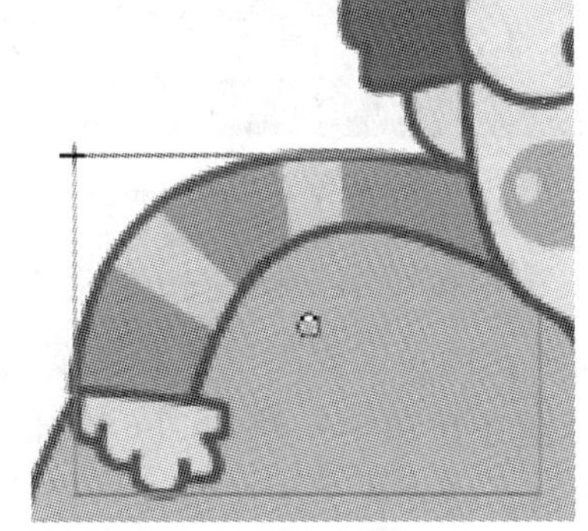

图 4-30　构成元件

图 4-31　调整各个元件关系 1

图 4-32　调整各个元件关系 2

上机训练

“邮件发送”按钮元件的制作

目标：学会制作按钮元件，以及元件和实例之间的相互转换。

具体操作步骤如下：

① 新建一个“邮件发送”的 Flash 文档，执行“插入”→“新建元件”命令，弹出“创建新元件”对话框，输入元件名称为“邮件发送”，选择类型为“按钮”，单击“确定”，如图 4-33 所示。

② 在按钮的第一帧处绘制如图 4-34 所示图形。该帧内容是按钮在“普通状态”下显示的外观。

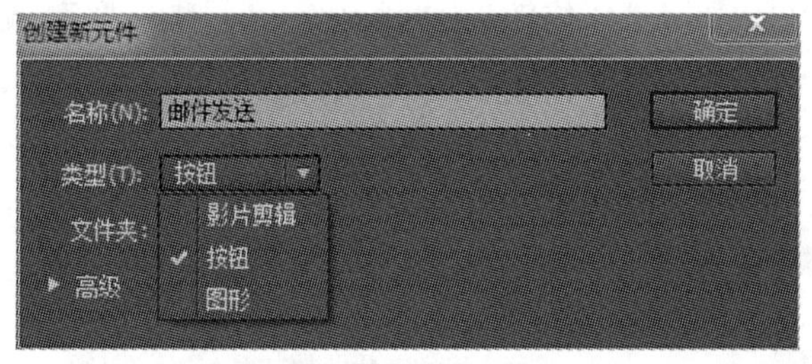

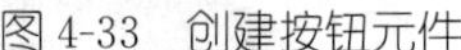
图 4-33　创建按钮元件

图 4-34　“普通状态”下的图形

③ 选中按钮第二帧，按 F6 键插入关键帧，并将该帧图形修改为如图 4-35 所示的图形。该帧代表当鼠标经过按钮时按钮的外观。

④ 选中按钮第三帧，按 F6 键插入关键帧，并将该帧图形修改为如图 4-36 所示的图形。该帧代表当鼠标在按钮上按下时按钮的外观。

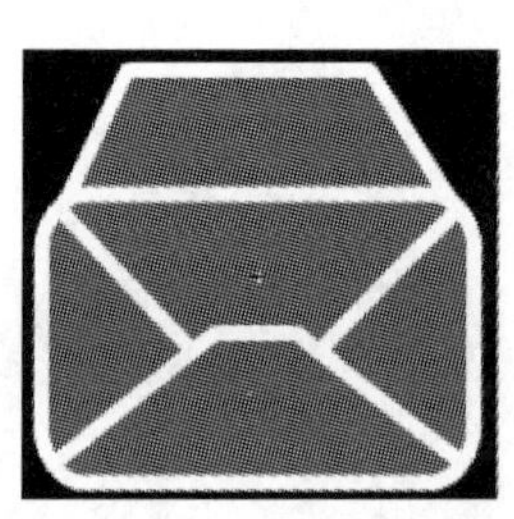
图 4-35　“鼠标经过”按钮时的图形

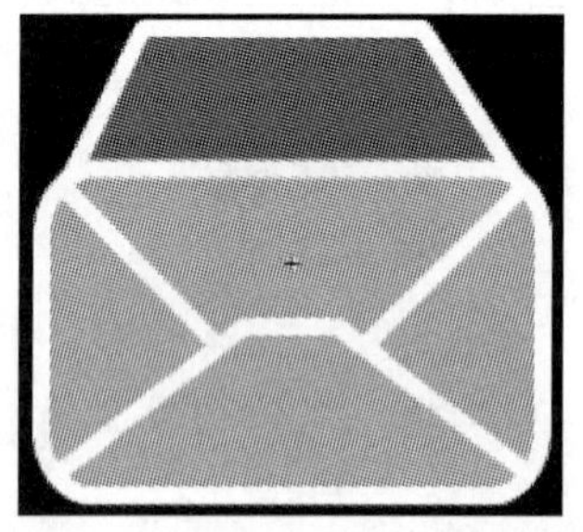
图 4-36　“按下按钮”状态的图形

⑤ 保存按钮，查看“库”面板，可以看到其中的“邮件发送”按钮元件，将其拖放到主场景中应用。此时“邮件发送”按钮元件制作完成。

本章小结

本章对 Flash 动画中如何使用元件以及利用元件库中提供的丰富素材创建复杂动画做了重点介绍，通过学习掌握库的作用及管理、元件的类型及创建方法。

课后练习

一、填空题

1. 在 Flash 动画中库分为____________和____________两种。

2. 元件分为____________、____________和____________三种类型。

二、简答题

1. 简述什么是实例。

2. 简述库与元件的重要性。

基础动画制作

【学习目的】

本章主要学习制作基本动画的技法——运动渐变动画、形状渐变动画、逐帧动画，这几种最基本的动画类型，再高级、再复杂的动画都必须建立在基本动画的基础上。经过巧妙的构思，基本动画也能制作出精美的效果。通过本章的学习，读者可以制作出更为复杂、丰富的动画效果。

【学习重点】

➢ 运动渐变动画。
➢ 形状渐变动画。
➢ 逐帧动画。

5.1 帧

在动画制作之前，先要掌握一些相关的基础知识，即帧的相关内容。Flash 动画是以时间轴为主线的帧动画，帧是构成动画的基本单位。

5.1.1 帧的类型

时间轴上的帧分为 3 种：关键帧、空白关键帧和普通帧。

① 关键帧是用来定义动画变化的帧，也包括含有动作脚本的帧。在时间轴中，关键帧用黑色实心圆点来显示，用于实现动画效果。

② 空白关键帧是特殊的关键帧，以空心圆点表示，作用是将前面的关键帧的内容清除掉，而使画面的内容变为空白，即使动画中的对象消失掉。

③ 普通帧也称为“静态帧”，显示同一层上最后一个关键帧的内容。在时间轴上，关键帧必须始终在普通帧的前面。前置关键帧的内容显示在随后的每个普通帧中，直至到达另一个关键帧为止。已添加关键帧后面的普通帧为灰色，而空白关键帧后面的普通帧为深灰色，如图 5-1 所示。

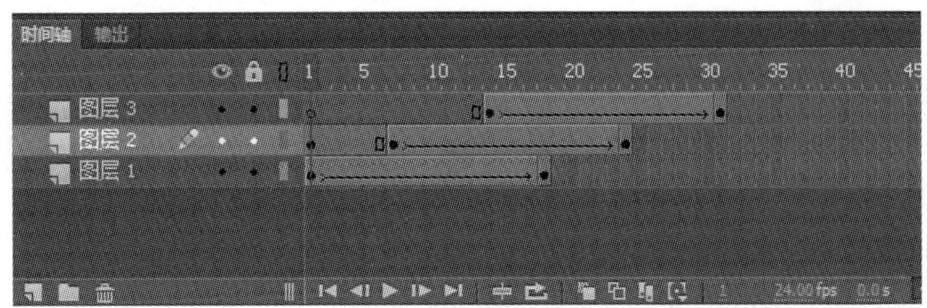

图 5-1　帧的类型

5.1.2　帧的创建

1. 创建普通帧

在动画制作过程中，通常会制作一些跨越很多帧的静态图像或需要延长动画，此时就需要插入更多的普通帧，使得该静态图像或动画在用户所需的所有时间内都被显示出来。插入普通帧的方法有 3 种：

① 选中该图像或动画尾部的帧，选择“插入”→“时间轴”→“帧”命令。

② 选中该图像或动画尾部的帧，按 F5 功能键。

③ 选中该图像或动画尾部的帧，单击鼠标右键，在弹出的快捷菜单中选择“插入帧”命令。

2. 创建空白关键帧

创建一个新的文件，时间轴上就会出现一个空心圆点，这就是空白关键帧。Flash CC 中对空白关键帧的创建同样提供了 3 种方法：

① 在时间轴上选取一帧，选择“插入”→“时间轴”→“空白关键帧”命令。

② 在时间轴上选取一帧，按 F7 功能键。

③ 在时间轴上的某帧处单击鼠标右键，在弹出的快捷菜单中选择“插入空白关键帧”命令。

3. 创建关键帧

关键帧用来定义动画变化，还可包含动作脚本，它是 3 种帧中最重要的一种，Flash CC 中提供了 3 种创建关键帧的方法：

① 在时间轴上选取一帧，选择“插入”→“时间轴”→“关键帧”命令。

② 在时间轴上的某帧处单击鼠标右键，在弹出的快捷菜单中选择“插入关键帧”命令。

③ 在时间轴上选取一帧，按 F6 功能键，会自动把上一关键帧的内容全部复制到当前关键帧工作区中，若用户不想在新关键帧中保留前面关键帧中的内容，可以采用插入空白关键帧的方法。插入空白关键帧后，前面关键帧中的内容不会

出现在新关键帧的工作区中。

5.1.3 帧的编辑

1. 帧的选取

帧的选择分为选取单帧、帧列和指定数量的帧。

在时间轴上,用鼠标单击可选择单个帧。

通过选择舞台上的对象可以选择对象所在的帧。

如果对象占据了一个帧列,且此帧列是由一个关键帧开始,由一个普通帧结束,则只要在舞台上选取此对象,即可选中此帧列。

若要选择某图层中的所有帧,可以直接通过选取该图层的方式来选取此图层中的所有帧。

若要选取任意一段连续的帧,可以先按下 Shift 键,然后用鼠标单击所要选取的帧段的起始帧和结束帧,或者直接用鼠标在帧上拖动来选取一段连续的帧,选取效果如图 5-2 所示。

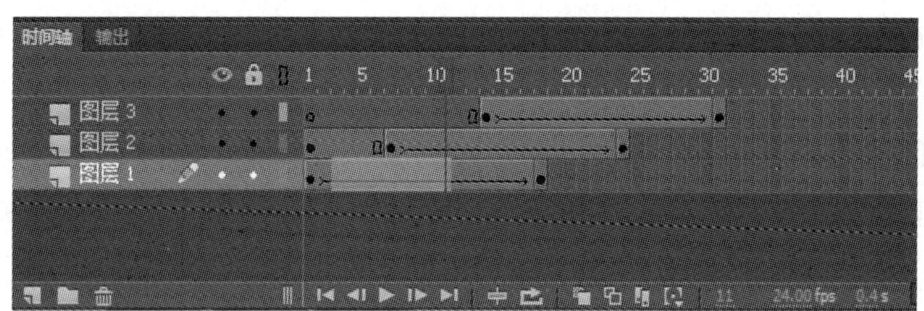

图 5-2　连续帧的选取

若要选取不连续的若干帧,可以先按下 Ctrl 键,然后分别单击要选取的帧,选取效果如图 5-3 所示。

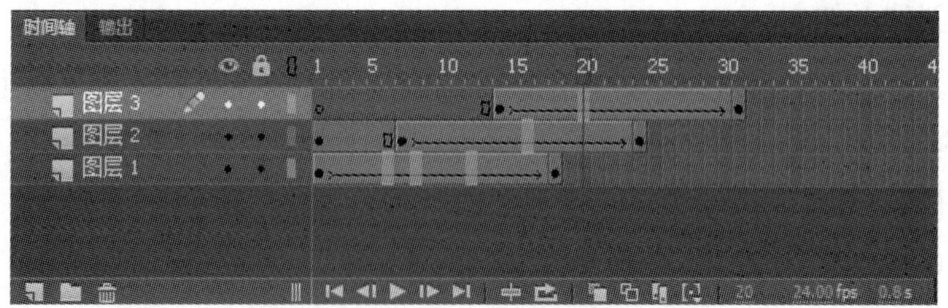

图 5-3　不连续帧的选取

2. 帧的移动

在动画制作过程中,有时需要移动帧或帧列的位置,若要移动帧或帧列,可进行如下操作：

① 若要移动单个帧，可先选中此帧，然后在此帧上按下鼠标左键不放进行拖动，直到此帧被拖动到适当的位置再放开鼠标左键即可。

注意：在帧的移动过程中，会出现表示当前帧的位置的虚线框。

② 如果要移动的是帧列，同样是先选中该帧列，然后用鼠标将其拖动到适当的位置即可。

3. 帧的复制

在动画制作过程中，用户可通过帧的复制来实现相同的动画过程，而不必进行重复的帧制作。帧的复制可通过如下几种方式来实现：

① 选中要复制的帧或帧列，选择“编辑”菜单中“时间轴”子菜单中的“复制帧”命令，再选择帧或帧列要复制到的目标位置，选择“编辑”菜单中“时间轴”子菜单中的“粘贴帧”命令，即可实现帧的复制。

② 选中要复制的帧或帧列，单击鼠标右键，在弹出的快捷菜单中选择“复制帧”命令，再选择帧或帧列要复制到的目标位置，单击鼠标右键，在弹出的快捷菜单中选择“粘贴帧”命令，亦可实现帧的复制。

③ 选中要复制的帧或帧列，按下 Alt 键，用鼠标左键将选中的帧或帧列拖动到目标位置即可。

4. 帧的删除

既可以创建帧，也可以删除帧，要删除帧或帧列可采用下述方法：

① 选择要删除的帧或帧列，选择“编辑”菜单中“时间轴”子菜单中的“删除帧”命令，即可删除所选中的帧或帧列。

② 选择要删除的帧或帧列，单击鼠标右键，在弹出的快捷菜单中选择“删除帧”命令，亦可删除所选择的帧或帧列。

5. 帧的清除

清除帧的方法和前述复制或删除帧的方法类似，只是选择的命令为“清除帧”而已。在这里要阐述的是，“删除”和“清除”帧有什么区别。

删除帧指的是将整个帧从时间轴中删除，不仅此帧中的内容被删除，这个帧在时间轴中所占的位置也会被收回，整个帧从时间轴上消失。而清除帧指的是仅将帧中的内容删除，帧本身依然保留在时间轴中，只是关键帧变成了空白关键帧而已。请读者注意区分“删除帧”和“清除帧”。

6. 帧频率

帧频率指 Flash 动画的播放速率，通常以每秒播放的帧数为单位(fps)。若要改变帧频率，可以在“属性”面板或“文档属性”对话框中“帧频”框中输入新的帧播放频率。

注意:帧频率是设置 Flash 动画快慢的关键,在一个 Flash 动画中只能设置一个帧频率。因此,在动画创建之前,应该首先设置好帧频率。

5.2　制作运动渐变动画

运动渐变动画,是补间动画中的一种。制作运动渐变动画有两种方式可以选择:一种是创建传统补间动画;另一种是创建补间动画。两种方式在使用上有一定的区别。

1. 创建传统补间动画

创建传统补间动画(原来的动作补间动画)的方法可概括为:定头、定尾、做动画三个环节。先创建开始帧、结束帧,然后再创建动画动作,显示为在两个关键帧之间有一条水平指向右边的箭头,两个关键帧中间显示为浅紫色背景,若出现虚线,则表示渐变过程有问题,如图 5-4、图 5-5 所示。

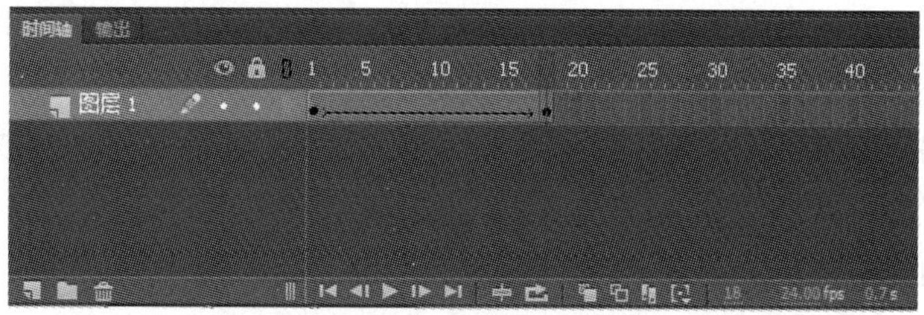

图 5-4　正常的渐变效果

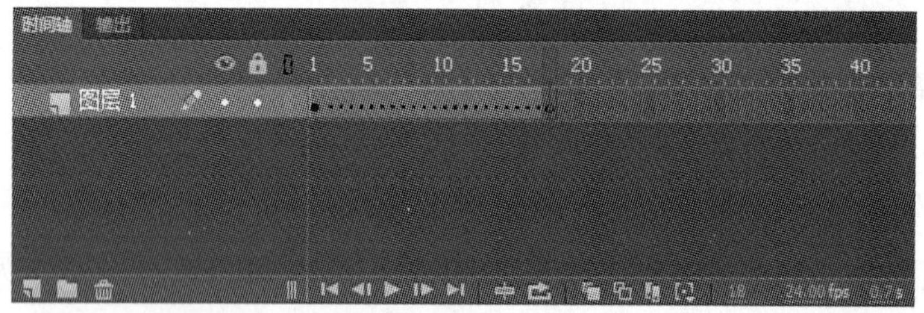

图 5-5　不正常的渐变效果

传统补间动画要求运动的起止对象都必须是元件,并且必须是同一个元件。另外,每个图层中只能对一个元件制作动作补间动画,若要对两个不同的元件制作动作补间动画,则这两个元件必须放在不同的图层中。

在 Flash CC 中,制作的补间动画则是定头、做动画。在舞台上画出一个元件以后,不需要在时间轴的其他地方再打开关键帧。在当前的图层上直接选择补间动画,会发现当前图层变成蓝色,之后,只需要先在时间轴上选择需要加关键帧的地方,再直接拖动舞台上的元件,就自动形成一个补间动画。

运动渐变动画可以创建出丰富多彩的动画效果，可以使一个对象在画面中沿直线移动，沿曲线移动，变换大小、形状和颜色，以圆点为中心自转，以圆点为中心旋转，产生淡入淡出效果等。各种变化既可以独立进行，也可合成复杂的动画。创建动作动画后，自动将对象转换成补间的实例，“库”面板中会自动增加元件，名称为“补间 1”“补间 2”和“补间 3”等。

传统补间动画的创建方法：首先绘制好所需要的图形元件，创建动画的起始关键帧和结束关键帧，如图 5-6 所示。然后选择中间任意一帧，点击右键，在弹出的对话框选择“创建传统补间”，就可以形成两个关键帧之间的动画。因为使用的是元件，所以选项中的第二项“创建补间形状”是不能够被选择的，如图 5-7 所示。

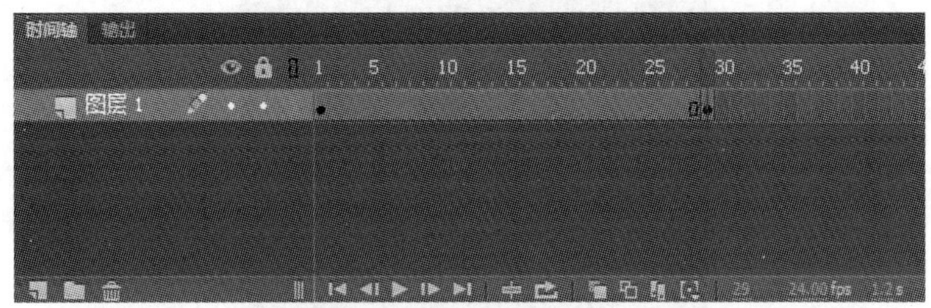

图 5-6　起始关键帧和结束关键帧的创建

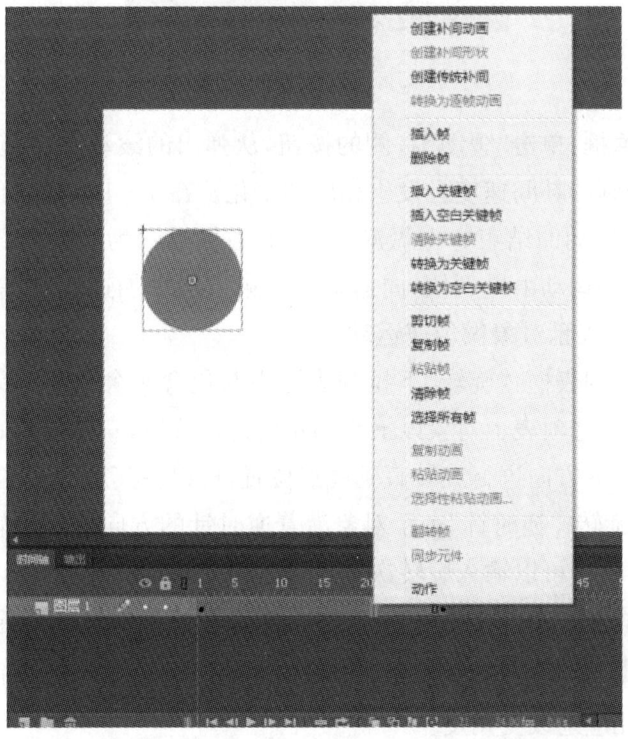

图 5-7　创建传统补间

传统补间动画的补间属性：

当创建了传统补间动画后，在“属性”面板中可以设置补间动画的效果，如旋转和声音等，如图 5-8 所示。

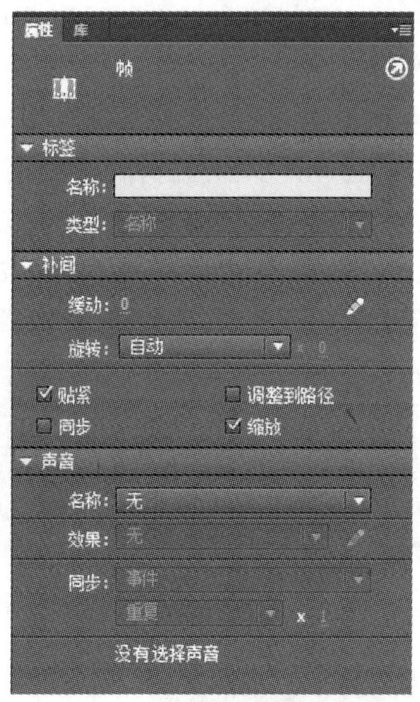

图 5-8　帧的“属性”面板

“缓动”数值框：单击“缓动”右侧的按钮，从弹出的滚动条中拖动滑块或输入具体的数值，动画的补间速度会发生相应的变化。在 1～100 的区间中，对象的运动由快到慢，向运动的结束方向做减速运动，右侧显示为“输出”；在 −100～−1 的区间中，对象的运动由慢到快，向运动的结束方向做加速运动，右侧显示为“输入”；默认值为 0，表示对象做匀速运动。

“旋转”下拉列表框：“旋转”下拉列表框中共包含 4 个选项，“无”表示对象不发生旋转；“自动”选项表示对象以最小的角度进行旋转，直到终点；“顺时针”表示对象沿着顺时针的方向进行旋转直到终点位置，可以在其后的文本框中输入旋转次数，0 表示不旋转；“逆时针”表示对象沿着逆时针的方向进行旋转，直到终点位置，其后的文本框中可以输入旋转次数，0 表示不旋转。

☑贴紧 复选框：选中该复选框可使对象沿路径运动时自动捕捉路径。

☐调整到路径 复选框：选中该复选框可使对象沿着设定好的路径运动，并随着路径的改变而相应地改变角度。

☐同步 复选框：选中该复选框可使动画在场景中首尾连续地进行播放。

☑缩放 复选框：选中该复选框可以使对象在运动过程中按比例进行缩放。

2. 创建补间动画

补间动画的创建方法:创建动画的第一个关键帧,按 F5 键延长关键帧至动画所需的帧数,在时间轴上的有效帧内选择任意一帧,点右键,选择“创建补间动画”命令,选择任意一帧,直接在舞台上拖动元件,就自动形成一个补间动画,如图 5-9 所示。补间动画形成的路径可以直接显示在舞台上,并且可以直接调整路径线条,如图 5-10、图 5-11、图 5-12 所示。

图 5-9　创建补间动画

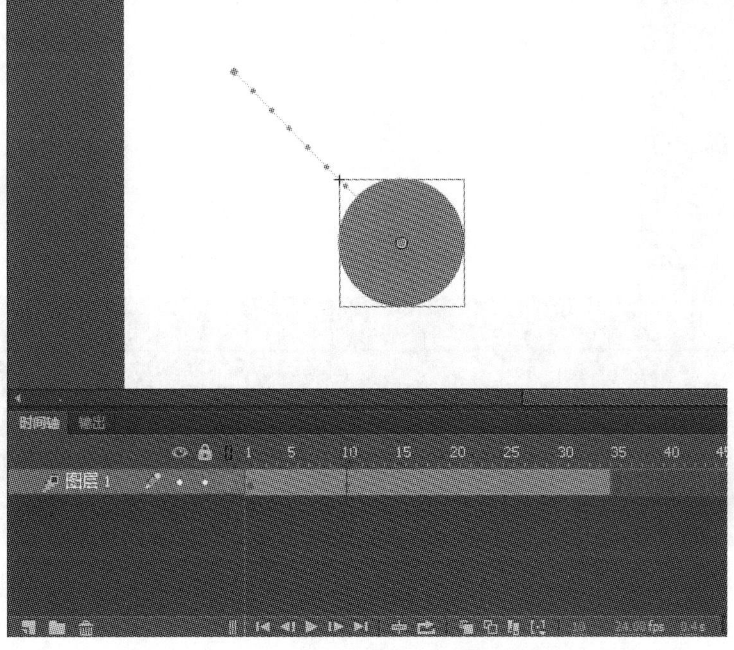

图 5-10　补间动画路径 1

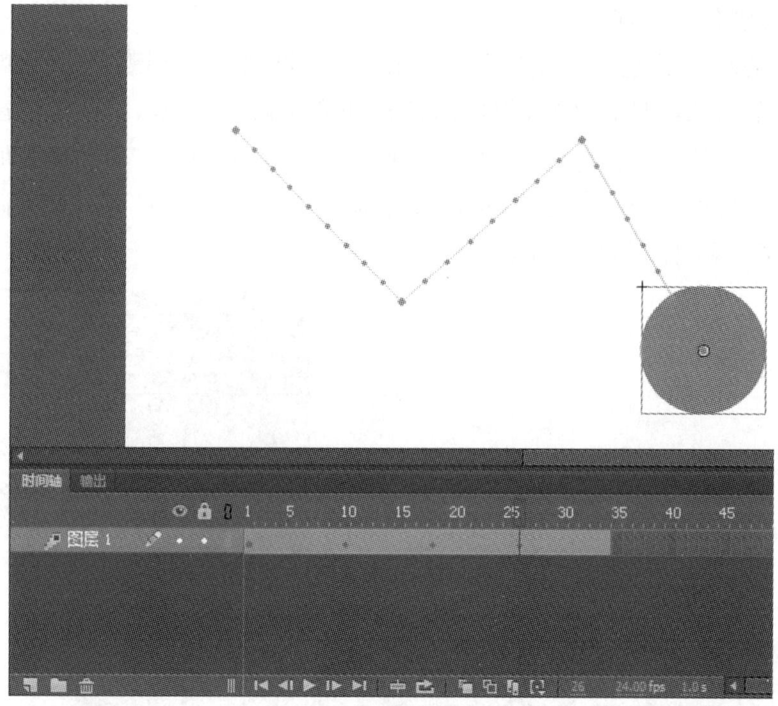

图 5-11　补间动画路径 2

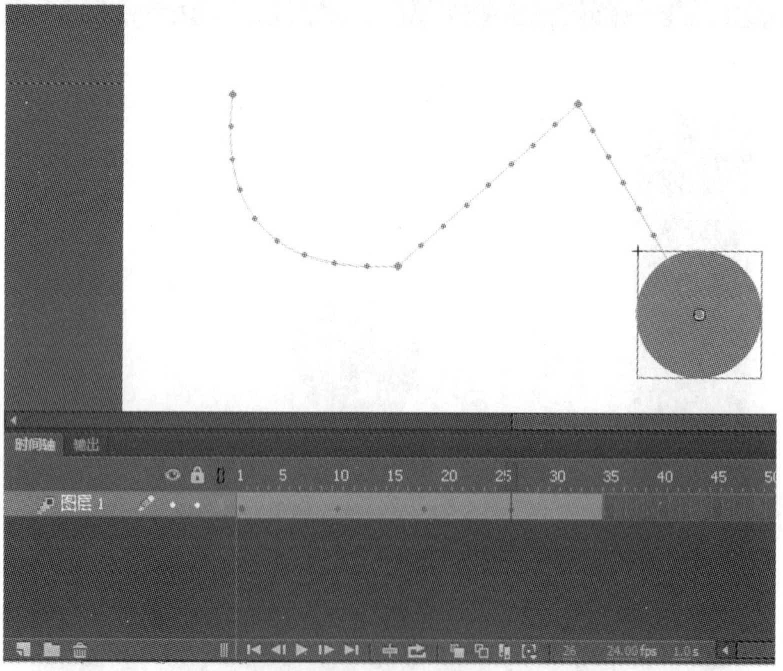

图 5-12　补间动画路径 3

5.3　制作形状渐变动画

形状渐变动画，顾名思义，就是在动画播放过程中，动画的构成元素在外形方面发生改变的动画形式。这种制作方式的限制和运动渐变补间动画的制作限制刚好相反。形状渐变动画的构成元素、起止对象都必须是散件，如果不是散件就要把它变成散件。

制作形状渐变动画，首先要创作出两个不同形态的关键帧，这两个关键帧中的内容不能是实例或组合对象，必须是散件。当对象是文字、符号或组合体时，必须先通过打散命令将它们打散。在两个关键帧中任意选择一帧，点击右键，会弹出如图5-13所示的对话框，然后选择"创建补间形状"选项，选择选项会显示为深蓝色，形状补间会自动生成中间各帧的过渡状态。

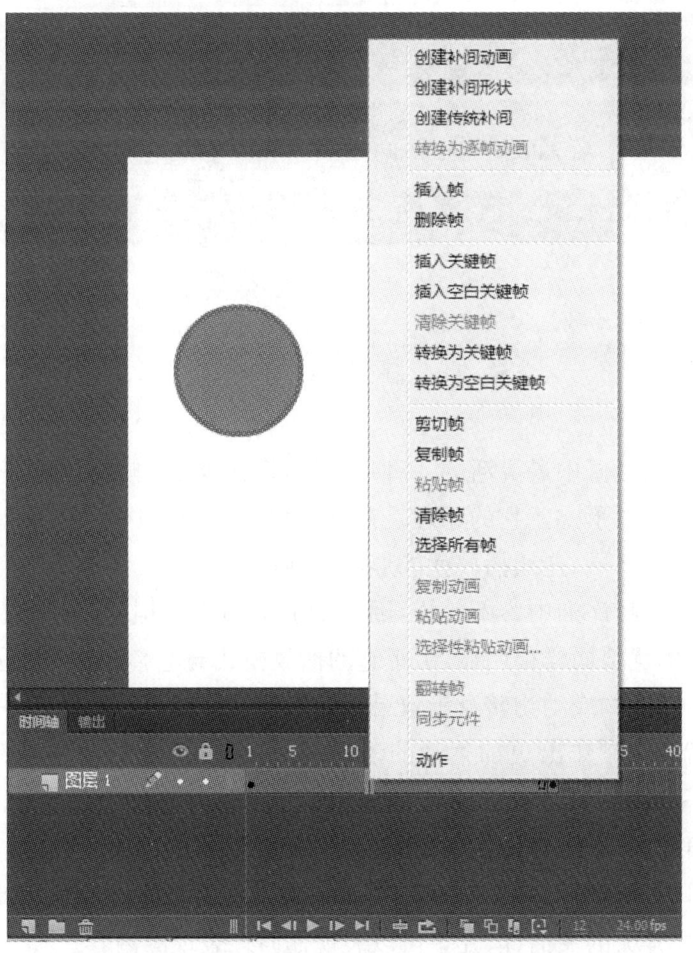

图5-13　创建补间形状

形状渐变动画的具体制作过程及效果,请参看本章“上机训练”部分的相关例题。

制作成功的形状渐变动画在时间轴中的显示如图 5-14 所示,此时两个关键帧之间显示为浅绿色背景,且有一个箭头从起始关键帧指向结束关键帧。若形状补间动画制作不成功,则显示如图 5-15 所示。

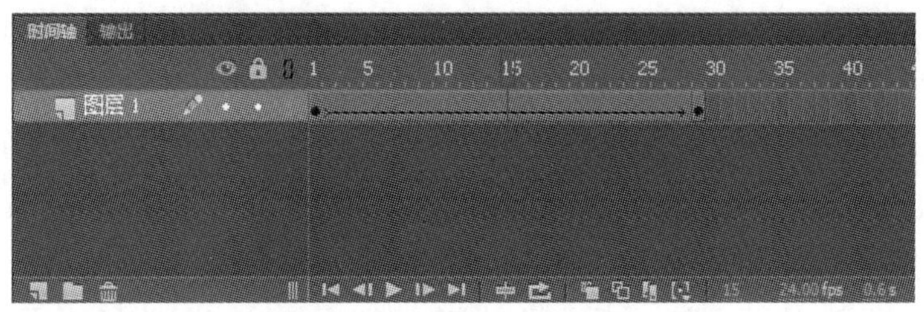

图 5-14　正常的形状渐变

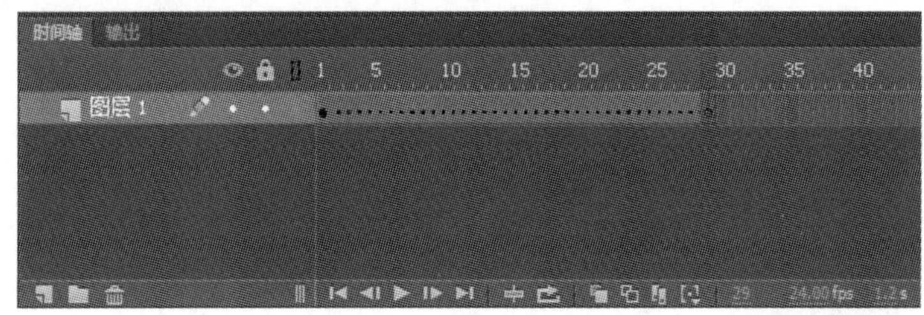

图 5-15　不正常的形状渐变

5.4　制作逐帧动画

逐帧动画是动画中最灵活的一种形式,顾名思义,逐帧动画就是由一个个静态画面组成的动画形式。它的原理是在“连续的关键帧”中分解动画动作,也就是每一帧中的内容不同,连续播放就能形成动画。

逐帧动画的帧序列内容不一样,因此增加了制作负担,造成最终输出的文件量较大,但它的优势同样很明显:由于它的播放模式与电影相似,很适合表演非常细腻的动画,如人物或动物转身等效果。如果将这种动画形式结合手绘以及动画运动规律,就可以制作出更加生动的动画,使得角色形象的性格塑造更加细腻、生动。

1. 逐帧动画的概念和在时间轴上的表现形式

在时间帧上逐帧绘制帧内容称为“逐帧动画”,由于是一帧一帧地画,所以逐帧动画具有非常大的灵活性,几乎可以表现任何想表现的内容。

逐帧动画是动画形式的基础部分,也是 Flash 动画创作的基础。它通过更改连续帧的内容来创建动画,可以在舞台中移动旋转、对象,更改实例的大小、颜色、淡入/淡出效果以及更改对象的形状等。这种更改既可以独立于其他的更改，也可以和其他的更改互相协调。

逐帧动画会在每一帧中改变舞台的内容，即每一帧都是关键帧，所以适用于帧内图形有较大变化的情况。如图 5-16 所示的一组连续图形就比较适合制作逐帧动画，由此，读者可以看到逐帧动画的运动特点。

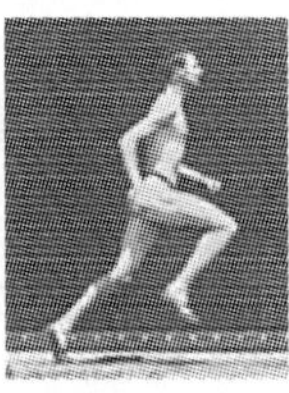

图 5-16　适合逐帧动画的连续运动图形

逐帧动画中的关键帧在时间轴上的显示如图 5-17 所示。

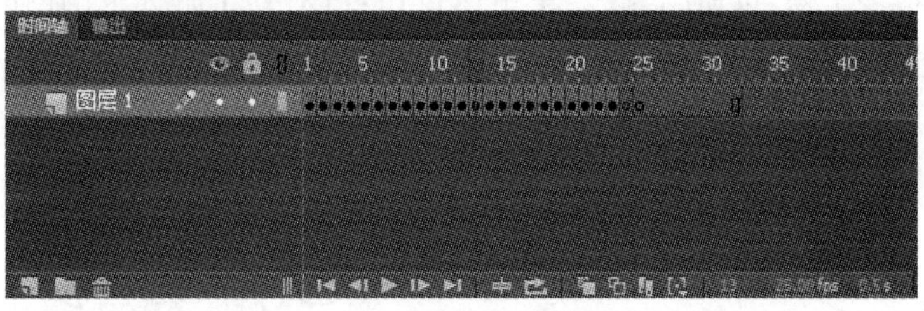

图 5-17　逐帧动画的关键帧显示

2. 逐帧动画的制作技巧：绘图纸功能的使用

Flash 的时间轴提供了绘图纸功能，使用该功能可以在编辑动画的同时查看多个帧中的动画内容，对关键帧中的图形进行更好的定位。参考相邻关键帧中的其他图形，便于对当前帧中的图形进行编辑和调整，从而提高制作逐帧动画的质量和效率。

①“绘图纸外观”按钮 。单击“绘图纸外观”按钮，开启“绘图纸外观”功能。按住鼠标左键可以调整时间轴上的游标，增加或减少场景中显示的帧数，如图 5-18 所示。

图 5-18　增加或减少显示帧数

②“绘图纸外观轮廓”按钮 。单击该按钮,可将除当前帧外所有游标范围内的帧以轮廓的方式显示,如图 5-19 所示。

图 5-19　除当前帧外所有帧以轮廓显示

③“编辑多个帧”按钮图 。单击该按钮,可对处于游标范围内的所有帧同时显示和编辑,如图 5-20 所示。

图 5-20　显示和编辑所有帧

④“修改绘图纸标记”按钮 。单击该按钮可以打开相应的快捷菜单,在快捷菜单中可对“绘图纸外观”是否标记、是否锚定标记以及对绘图纸外观所显示的帧范围等选项进行设置,如图 5-21 所示。

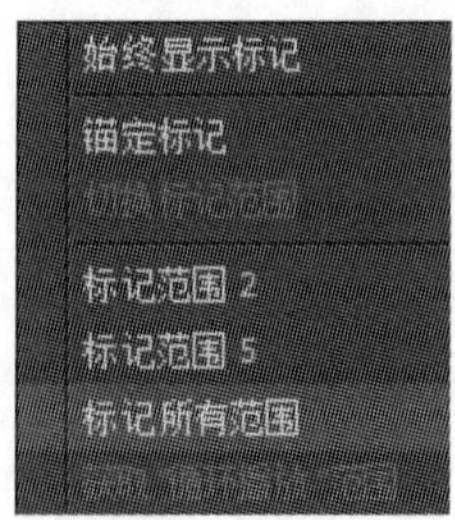

图 5-21　“修改绘图纸标记”快捷菜单

上机训练

1. 奥运图案变换

目标：用形状渐变动画实现各种图形间的变换。

制作效果：如图 5-22 所示。

图 5-22　制作效果

具体操作步骤如下：

① 新建一个 Flash 文件，大小为 206×206 像素。将图层 1 名称修改为“奥运图案”，如图 5-23 所示。

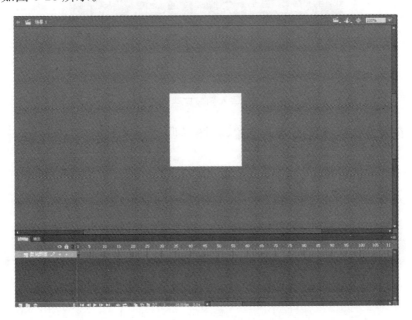

图 5-23　新建文件

② 在时间轴第 20、45、70、95 帧插入关键帧。选择“文件”→“导入”→“导入到舞台”命令，将棒球、拳击、射箭、田径、羽毛球等图像文件分别导入到对应的关键帧。导入设置如图 5-24 所示。

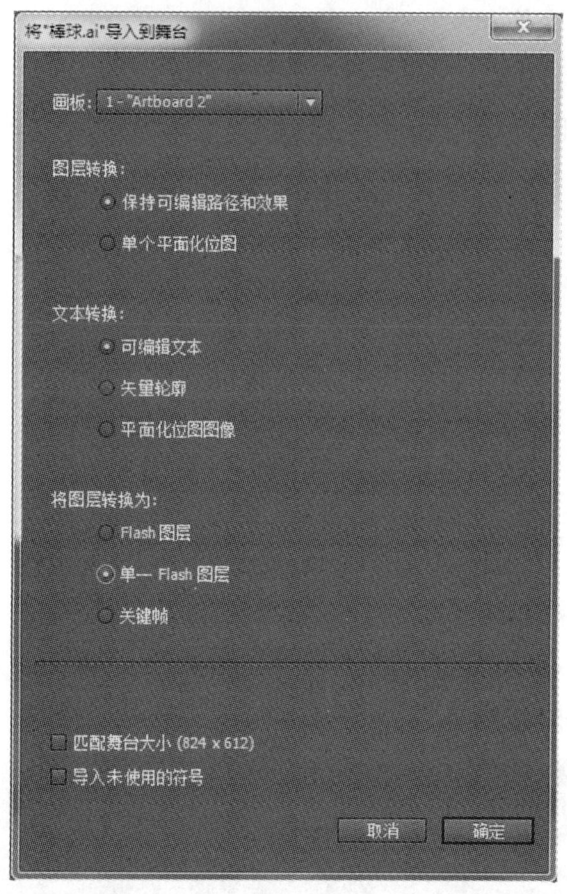

图 5-24 导入图像文件到关键帧

③ 在属性面板设置图形的位置，将图形调整至舞台的中心，如图 5-25、5-26 所示。

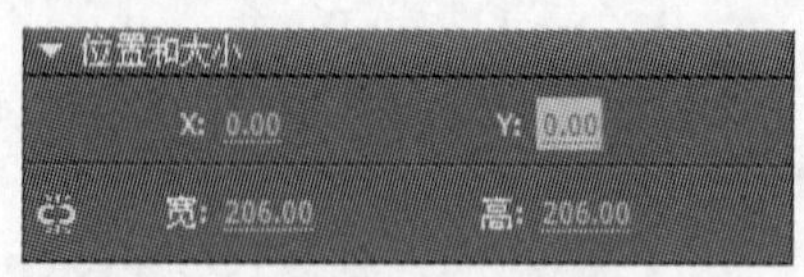

图 5-25 设置图形位置 1

图 5-26　调整图形位置 2

④ 在时间轴中的第 25、50、75 帧插入关键帧，并在第 1～20，25～45，50～70，75～95 的帧范围内创建补间形状动画，如图 5-27 所示。

图 5-27　创建补间形状动画

⑤ 插入新图层,并修改其名称为“名称”。在该图层中的第 1、15、40、65、90 帧插入关键帧。选择“文本工具”,在第 1、15、40、65、90 的关键帧中分别输入“棒球”“拳击”“射箭”“田径”和“羽毛球”,字体大小为 30,如图 5-28 所示。

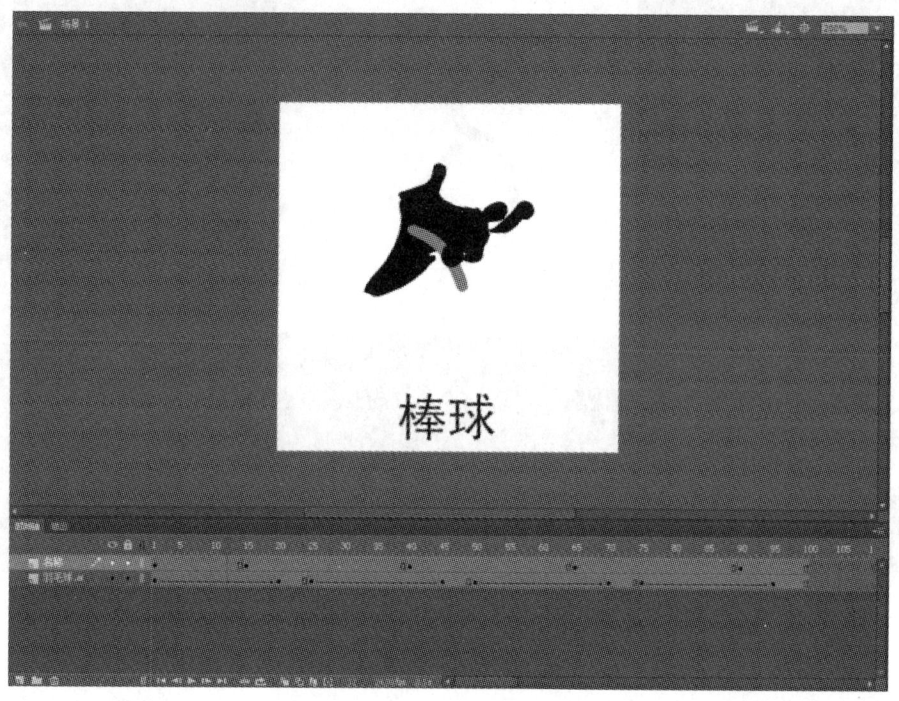

图 5-28　输入文字

⑥ 选择“文件”菜单中的“保存”命令,将文件保存为.fla 格式,选择“文件”菜单中“导出”子菜单的相关命令,将文件导出为.swf 格式。

⑦ 使用快捷键“Ctrl+Enter”观看动画效果,如图 5-29 所示。

图 5-29　最终效果

2. 赛马

目标:用逐帧动画实现赛马狂奔的画面。

制作效果:如图 5-30 所示。

具体操作步骤如下：

① 新建一个 Flash 文档，大小为 200×200 像素，如图 5-31 所示。

图 5-30　制作效果

图 5-31　设置舞台

② 选择“文件”→“导入”→“导入到舞台”，选择“赛马 1”图形文件，这时会弹出对话框，提醒是否导入序列图像，选择“是”，如图 5-32 所示。

图 5-32　导入图形到舞台

注意：当导入的图形名称有规律时，软件则会提醒是否导入图像序列。若选择“是”，则会将图像全部导入到 Flash 中，若选择“否”，则会只导入当前选择的图像，如图 5-33 所示。

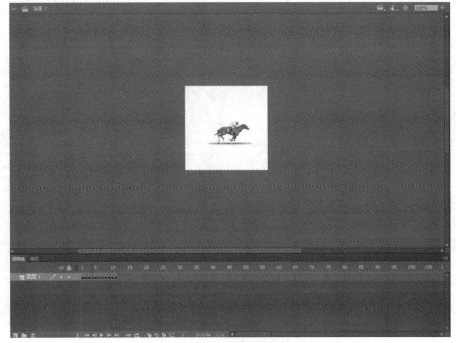

图 5-33　导入图像

③ 选择工具 ,“编辑多个帧”命令,调整时间轴上的游标,涵盖所有的帧,如图 5-34 所示。

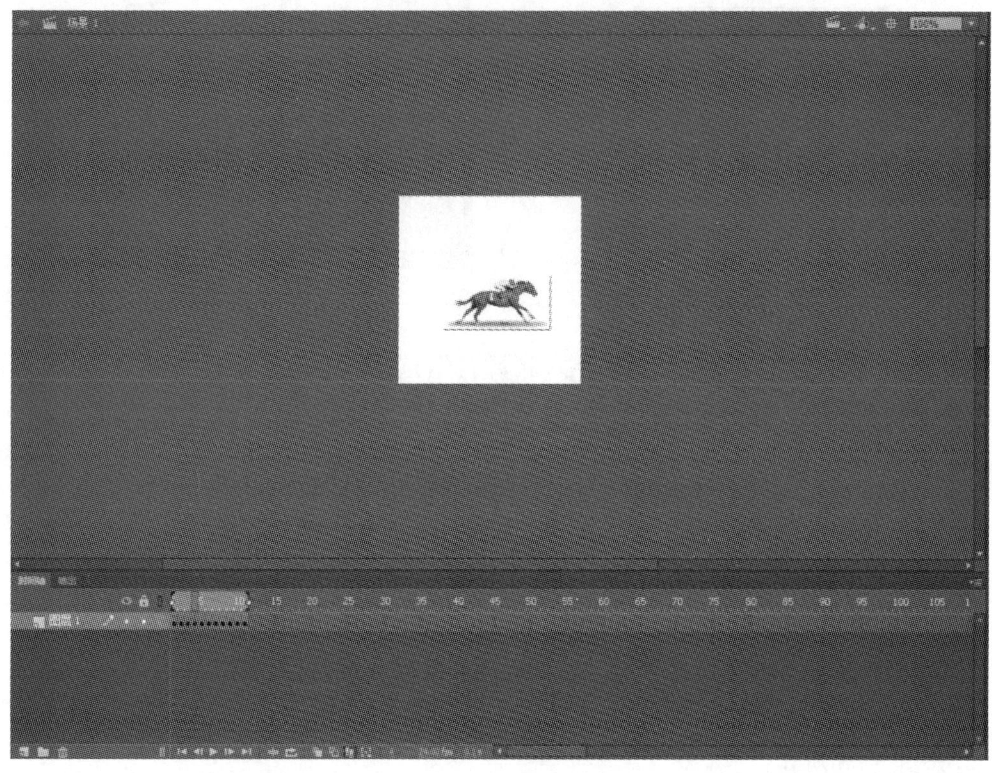

图 5-34　编辑多个帧

④ 选择图像,并进行位置的微调,如图 5-35 所示。

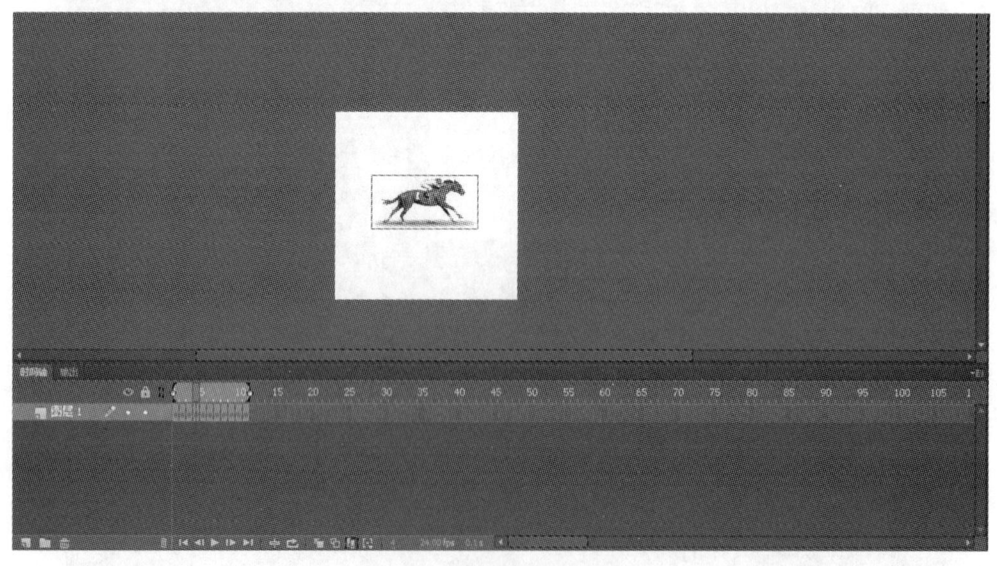

图 5-35　图像位置微调

⑤ 按“Enter＋Ctrl”组合键测试动画效果，如图 5-36 所示。

图 5-36　最终效果

3. 补间方向控制

目标：实现形状渐变动画的方向控制。

制作效果：如图 5-37 所示。

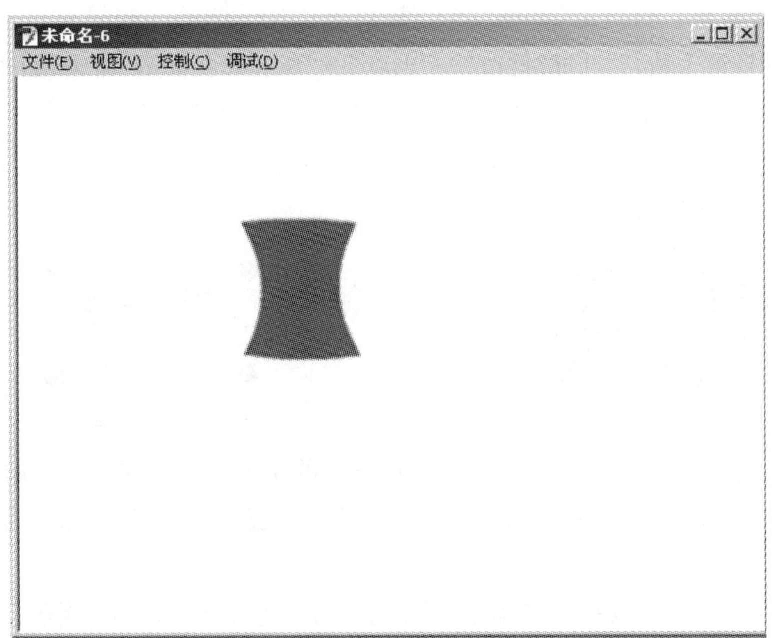

图 5-37　制作效果

具体操作步骤如下：

① 新建一个 Flash 文件，背景为白色，大小为 400×300 像素。在第 1 帧中绘制一个矩形。

② 在第 20 帧插入一个关键帧，删除矩形，用椭圆工具绘制一个椭圆形，并制作形状补间动画，如图 5-38 所示。

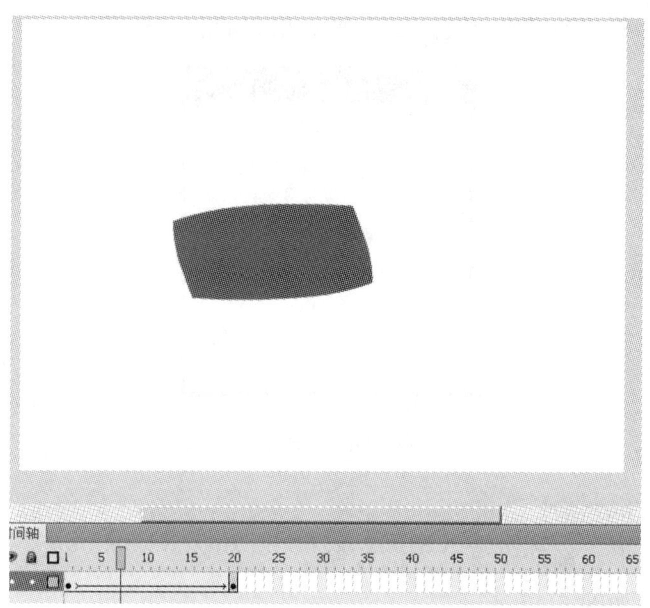

图 5-38 制作补间动画

③ 选择第 1 帧,再选择"修改"→"形状"→"添加形状提示"命令,如图 5-39 所示,在矩形的中心添加了一个红色的圆点,中间有字母"a"的字样。

④ 用同样的方法再添加 3 个提示点,并将 4 个提示点分别移到第 1 帧矩形的 4 个端点上,如图 5-40 所示。

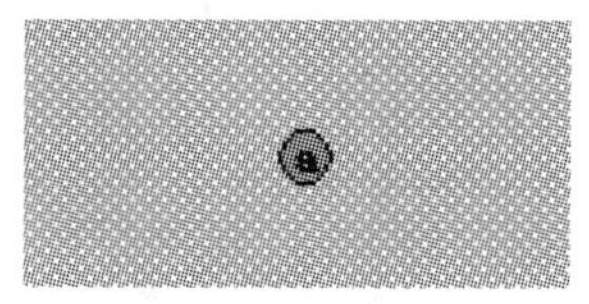

图 5-39 添加形状提示

图 5-40 添加提示点

⑤ 单击第 20 帧,将会发现,在第 1 帧添加的 4 个提示点在第 20 帧也会被显示出来,二者是一一对应的。在第 20 帧调整 4 个提示点的位置,将它们重新分布,如图 5-41 所示。

⑥ 测试动画,可以看到,动画的形变有了方向上的控制,效果如图 5-42 所示。

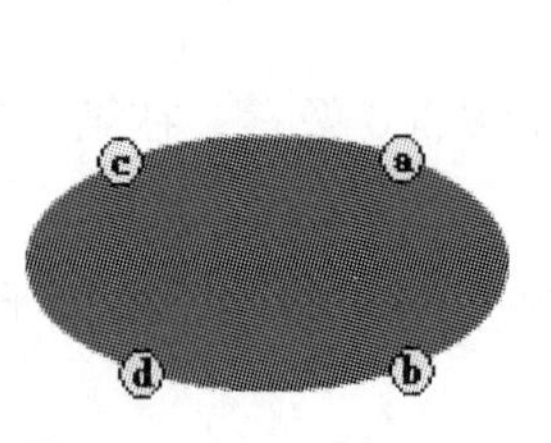

图 5-41 重新分布提示点

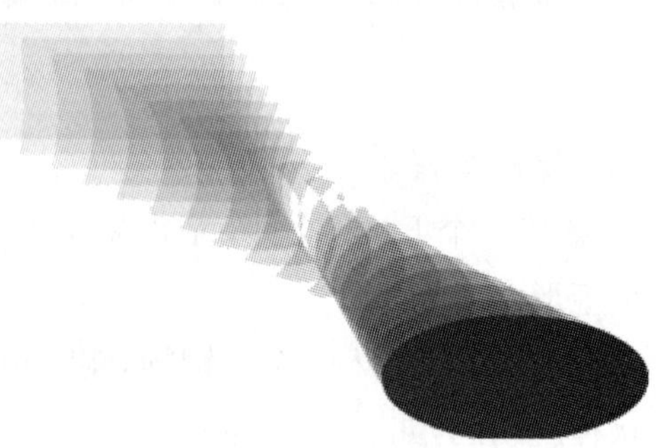

图 5-42 形变过程

注意:读者可在添加提示点前和添加提示点后分别测试动画,观察一下有什么区别。

4. 雨夜探宝动画

目标:使用补间动画实现元件的运动。

制作效果:如图 5-43 所示。

图 5-43　制作效果

具体操作步骤如下:

① 打开"雨夜探宝素材"文件。

② 在"大眼睛"图层上单击鼠标右键,在弹出菜单中选择"创建补间动画",如图 5-44 所示。

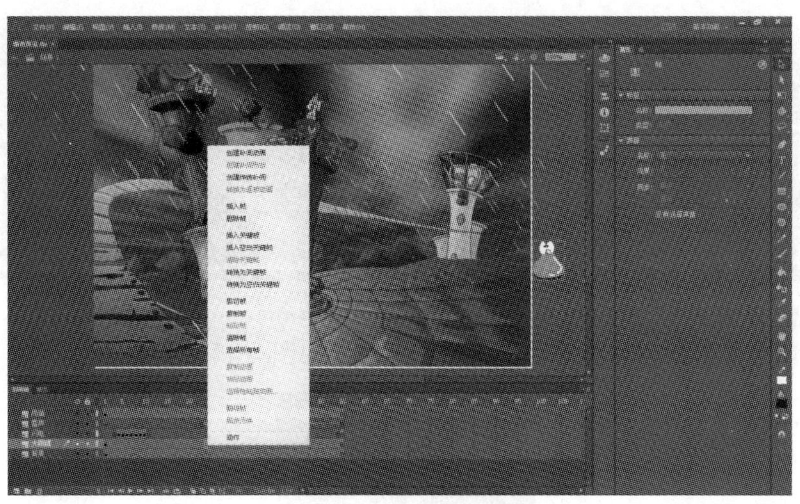

图 5-44　创建补间动画

③ 将播放头分别定位在第 35 帧和第 55 帧，并使用“选择工具”移动元件的位置，如图 5-45 所示。

图 5-45 调整元件的位置

④ 使用“选择工具”，调整元件的运动路径，如图 5-46 所示。

图 5-46 调整元件的运动路径

⑤ 单击 按钮，将场景切换至“场景 2”，如图 5-47 所示。

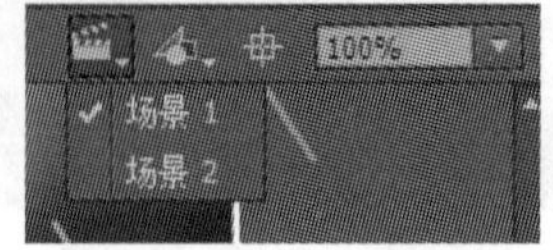

图 5-47 切换场景

⑥ 重复第②、③、④步骤，制作元件的位移动画，如图 5-48 所示。

图 5-48　制作位移动画

⑦ 使用快捷键“Enter＋Ctrl”测试动画效果，如图 5-49 所示。

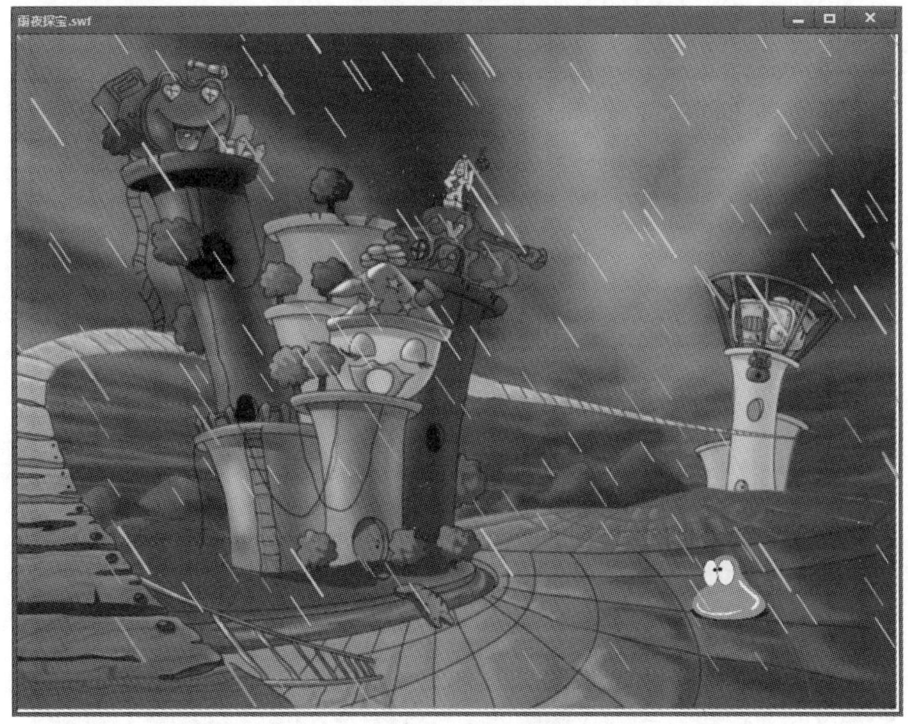

图 5-49　测试效果

5. 力与运动

目标:运用传统补间动画制作出汽车运动效果。

制作效果:如图 5-50 所示。

图 5-50 制作效果

具体操作步骤如下:

① 打开“力与运动素材”文件,如图 5-51 所示。

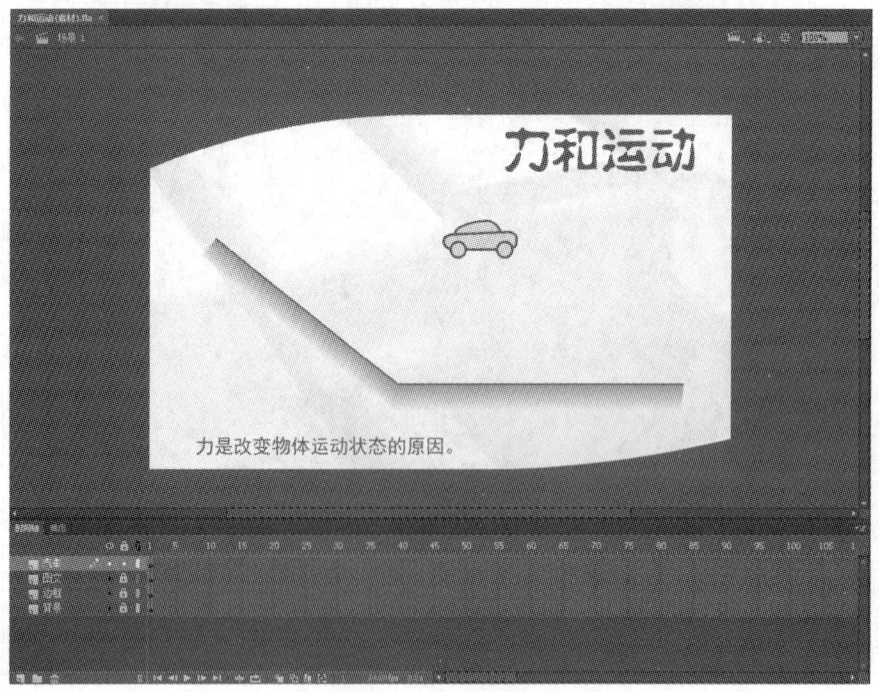

图 5-51 打开素材文件

② 选择汽车图形，按 F8 键，将其转换为“图形元件”，如图 5-52 所示。

图 5-52　转换为图形元件

③ 在第 40 帧处，按 F5 键，插入普通帧，如图 5-53 所示。

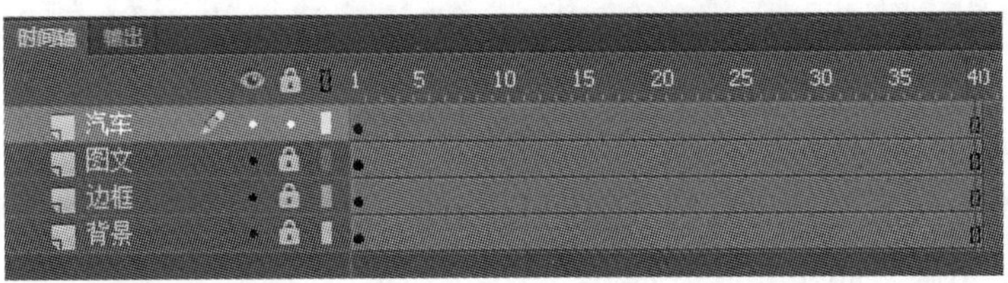

图 5-53　插入普通帧

④ 将“汽车”元件移动至坡顶，打开“变形面板”，在“旋转”选项输入 38 度，并调整汽车的位置，如图 5-54 所示。

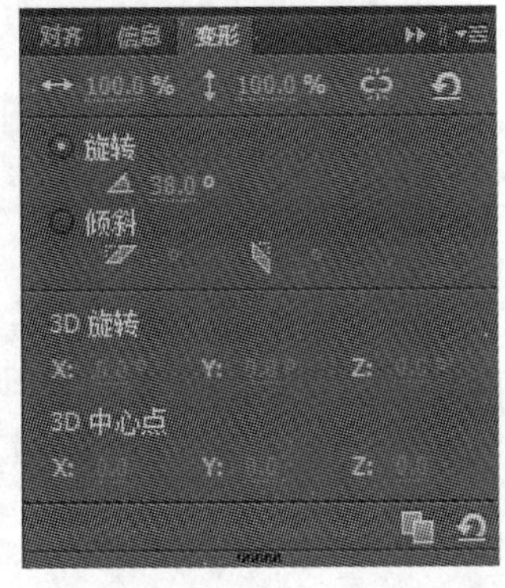

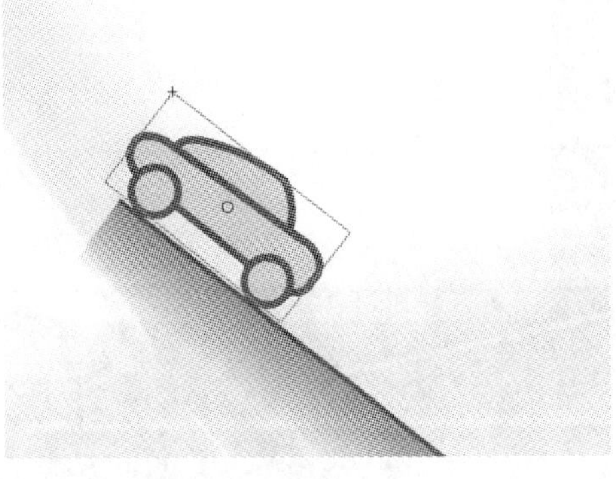

图 5-54　调整汽车的角度和位置

⑤ 在“汽车”图层上的第 12 帧插入关键帧。并调整“汽车”元件的位置至坡底,如图 5-55 所示。

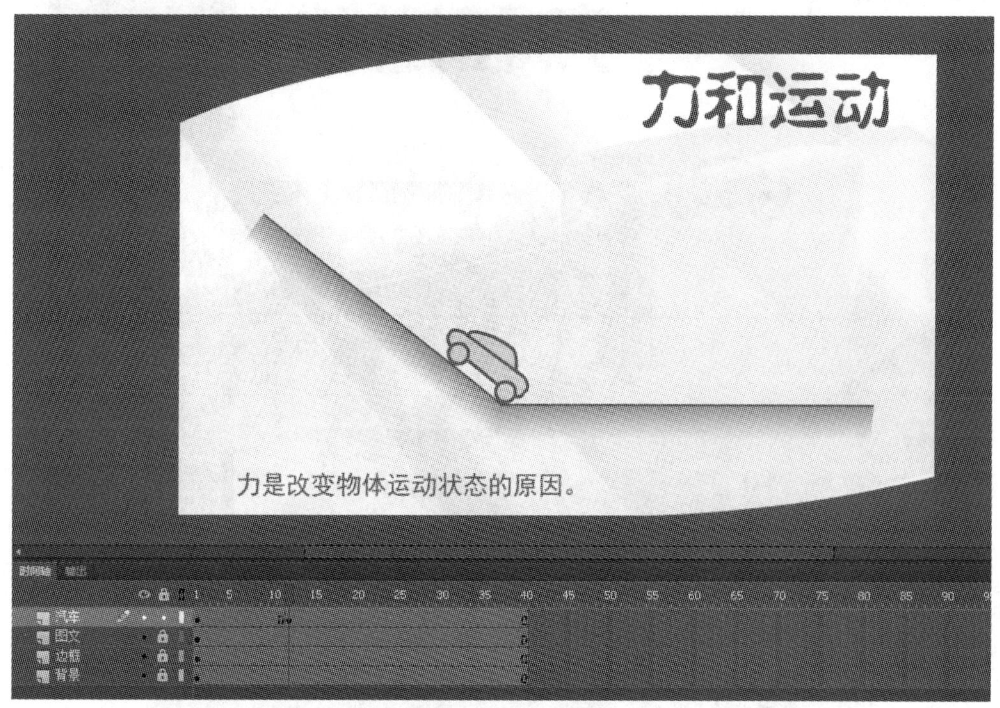

图 5-55　插入关键帧

⑥ 在第 1 帧和第 12 帧之间创建传统补间,选择过渡帧,并调整补间的属性“缓动”为“－100”,如图 5-56 所示。

图 5-56　创建传统补间

⑦ 在第 13 帧插入关键帧，打开“变形面板”，在“旋转”选项输入 0 度，并调整“汽车”元件位置，如图 5-57 所示。

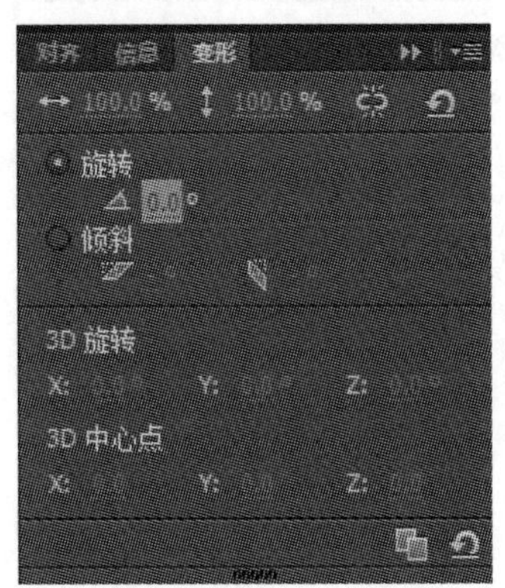

图 5-57　旋转元件

⑧ 在第 24 帧插入关键帧，在第 13 帧和第 24 帧之间创建传统补间，选择过渡帧，并调整补间属性的“缓动”为“100”，如图 5-58 所示。

图 5-58　创建传统补间

⑨ 使用快捷键"Enter+Ctrl"测试动画效果,如图 5-59 所示。

图 5-59 最终效果

本章小结

本章主要介绍了帧的类型、帧的创建和编辑方法以及动画制作的 3 种基本技法。通过本章的学习,读者应该熟悉帧的类型,掌握创建帧和编辑帧的方法,掌握制作动作渐变动画、形状渐变动画和逐帧动画的方法。当然,具体使用何种方法制作动画,要具体问题具体分析。

要制作生动的动画作品,除了要有丰富新颖的创意,还要有良好的美术基础。要成为一名动画设计师,懂得 Flash 的操作只是第一步。

课后练习

一、填空题

1. 时间轴上的帧分为__________、__________和__________ 3 种。

2. 若要选取不连续的若干帧,可以先按下__________键,再分别单击要选取的帧。

3. 逐帧动画又称为__________动画,即由许多关键帧构成的动画类型。

二、选择题

1. 在 Flash CC 中绘制基本的几何形状，不可以使用的绘图工具是(　　)。

A. 椭圆　　B. 矩形　　C. 直线　　D. 圆

2. 在时间轴上，空白关键帧后面的普通帧为(　　)。

A. 黑色实心圆点　B. 空心圆点　C. 灰色　D. 白色

四、操作题

1. 制作变色的七彩文字。

参考步骤：

① 新建一个 600×200 像素，背景色为白色的 Flash 文件。

② 用文本工具在舞台中央输入“变色的七彩文字”，大小为 80，字体为隶书，加粗，颜色任意。

③ 将文字分离成图形，并选择“线性填充”为其着色。

④ 在第 20 帧插入关键帧，并用颜料桶工具和填充变形工具调整文字图形的着色样式。

⑤ 在第 1 帧和第 20 帧之间制作形状补间动画，测试并导出动画，最终效果如下图所示。

2. 制作跳动的心。

参考步骤：

① 新建一个 200×200 像素、背景色为白色的 Flash 文件。

② 用椭圆工具、部分选取工具、颜料桶工具和填充变形工具在舞台中央绘制一颗心的图形。

③ 在第 20 帧插入关键帧，并用任意变形工具将心缩小。

④ 在第 1 帧和第 20 帧之间制作形状补间动画。

⑤ 测试并导出动画，效果如下图所示。

3. 制作闹钟。

参考步骤：

① 新建文件，背景为白色。

② 选择“文件”→“导入”→“导入到舞台”命令，将一副闹钟钟面的图片导入到舞台上，并使之在舞台上居中。

③ 插入新图层，使用矩形工具、任意变形工具和部分选取工具绘制一个指针，将其转换为图形元件，并放置在钟面图形的适当位置上。

④ 在图层 1 和图层 2 的相同帧位置均插入关键帧，图层 2 中的指针元件不做调整(因为指针旋转一周后又回到原先的位置)。

⑤ 选中图层 2 的第 1 帧，在相应的帧面板中的补间选项中选择“动画”，并将“旋转”选项选为“顺时针”(否则由于起始和结束位置相同，指针不会转动)。

⑥ 测试并导出动画，效果如下图所示。

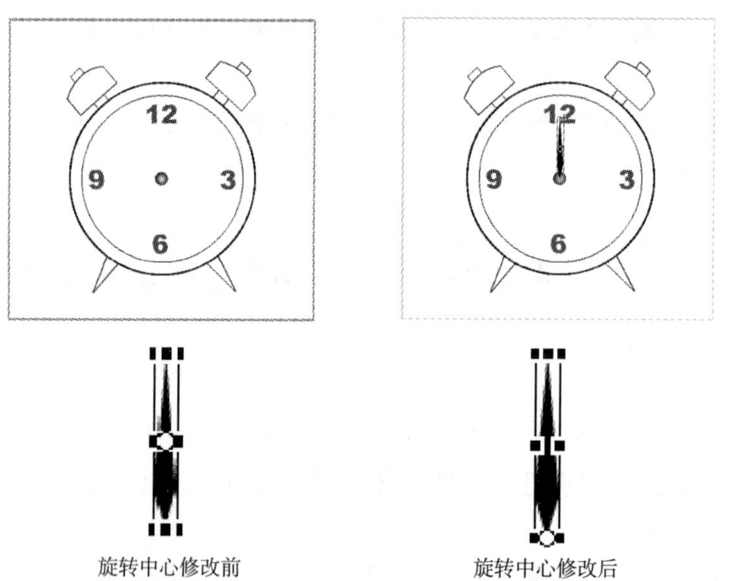

旋转中心修改前　　旋转中心修改后

注意：在给图层 2 添加关键帧(即给指针元件制作动画)之前，要先用任意变形工具选中指针元件，并将其旋转中心(选中后，元件中心的那个白色圆点)移动到指针的尾部。因为默认的旋转中心在元件的中心位置，而此处的动画需要指针以尾部为旋转中心，所以在动画制作之前要先修改元件旋转中心的位置，否则动画制作出来的效果会有误。读者不妨试试，在不修改元件旋转中心的情况下，动画会制作成什么效果。

特殊动画制作

【学习目的】

本章介绍 Flash 中特殊动画的制作原理及制作方法，主要包括引导动画、遮罩动画和骨骼动画的制作以及场景的设置及应用。通过本章的学习，读者可以制作出更为复杂丰富的动画效果。

【学习重点】

- 引导动画的制作。
- 遮罩动画的制作。
- 骨骼动画的制作。
- 场景的应用。

6.1 引导动画的制作

将一个或多个层链接到一个运动引导层，使一个或多个对象沿同一条路径运动的动画形式被称为"引导路径动画"。这种动画可以使一个或多个元件完成曲线或不规则运动，如图 6-1 所示。

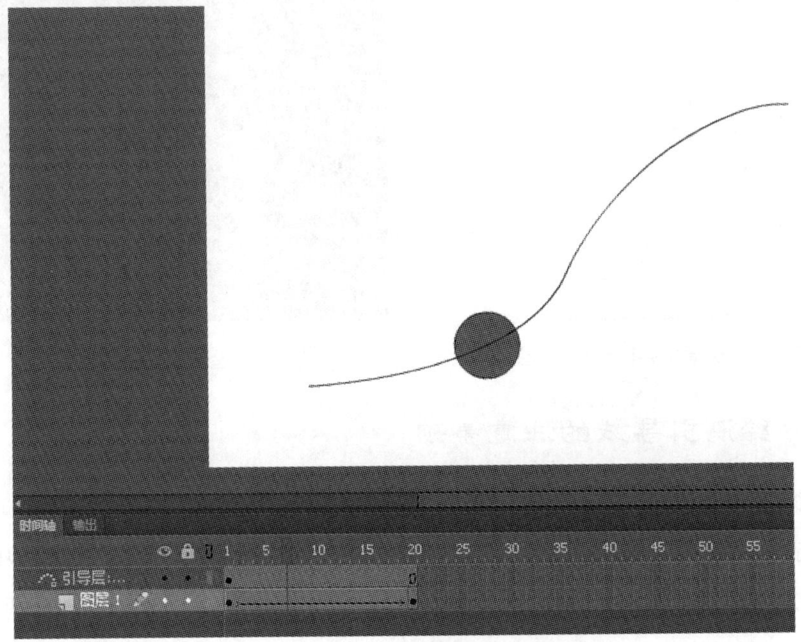

图 6-1　绘制引导线

6.1.1 引导层的创建方法

创建引导层的方法主要有两种：

① 利用快捷菜单直接创建。如图 6-2 所示，在图层区域选中需要创建引导层的图层，单击鼠标右键，在弹出的快捷菜单中选择“添加传统运动引导层”，即可在该选中图层上面创建一个空白的引导层。

② 将已有图层修改为引导层。选择要转换为引导层的图层的图标，双击鼠标左键，打开“图层属性”对话框，如图 6-3 所示。在“类型”栏里选择“引导层”单选按钮，再单击“确定”按钮。此时图层图标由 形状变为 形状。然后再用同样的方法双击引导层下方图层的图层图标，打开“图层属性”对话框，在“类型”栏里选择“被引导层”单选按钮，再单击“确定”按钮。这时引导层与其下方的图层就创建了引导与被引导的链接关系。

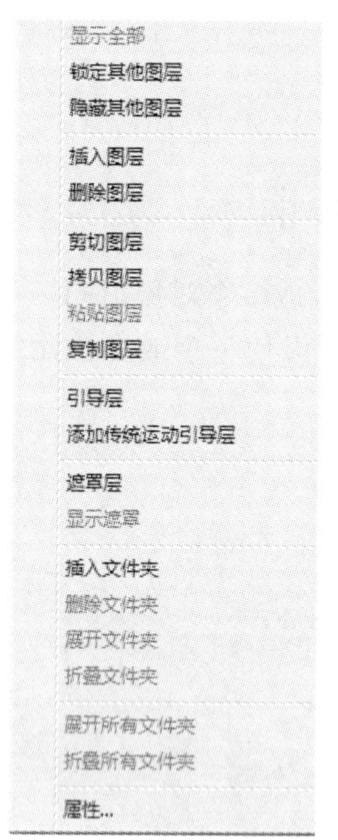

图 6-2 快捷菜单创建引导层

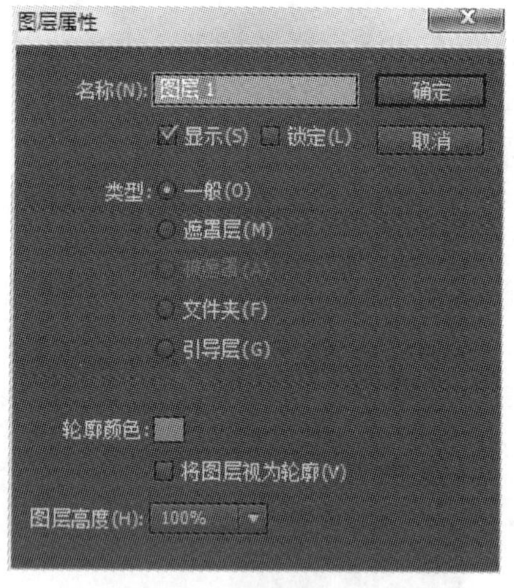

图 6-3 “图层属性”对话框

6.1.2 绘制引导线的注意事项

在制作引导动画时，如果制作过程不正确，将会造成引导动画创建不成功，而使被引导的对象不能沿引导线路运动。在绘制引导线路时需要注意以下几点：

① 引导路线应该是一条流畅的、从头到尾连续贯穿的线条，线条中间不能出现中断。

② 引导路线的转折不应过多，并且转折处不应过急。

③ 当引导路线出现交叉、重叠的现象时，其交叉处要平滑过渡。

④ 被引导的对象必须准确吸附到引导线路上，否则被引导对象无法沿引导路径运动。

6.1.3　引导动画的制作方法

在掌握了上面一些细节问题后，下面介绍一下引导动画的制作方法。

① 选择一个普通图层，单击“添加传统引导层”按钮，在其上方创建一个引导图层，普通图层自动转变为引导图层的被引导层，如图 6-4 所示。

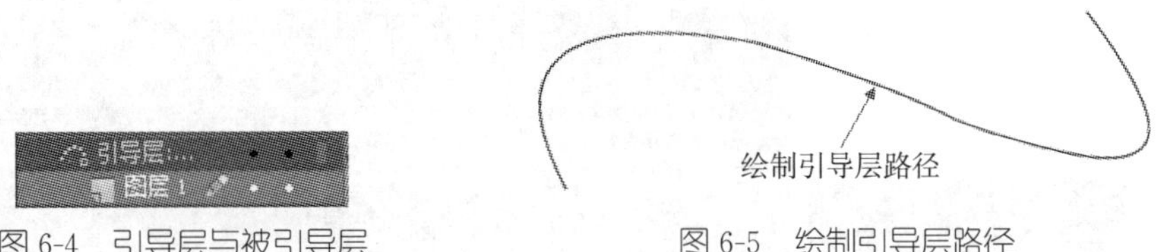

图 6-4　引导层与被引导层　　图 6-5　绘制引导层路径

② 在引导层上绘制引导线路，如图 6-5 所示，并且将该线路沿用到某一帧。

③ 在被引导层上创建被引导的对象（元件），并将元件的中心控制点移动到路径的起始点上，如图 6-6 所示。

④ 在被引导层的某一帧处插入关键帧，并将元件移动到引导层中路径的终点上，如图 6-7 所示。

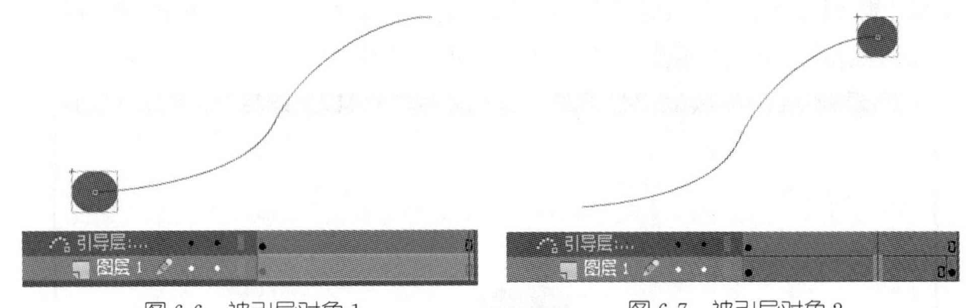

图 6-6　被引导对象 1　　图 6-7　被引导对象 2

⑤ 在被引导层的两个关键帧之间创建运动补间动画，如图 6-8 所示。

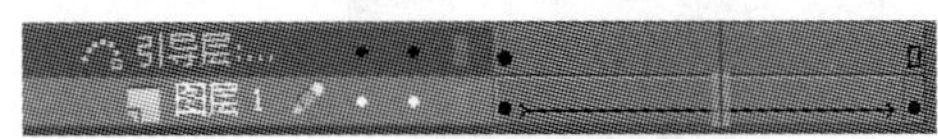

图 6-8　创建运动补间动画

⑥ 引导动画制作完成，按“Ctrl＋Enter”键测试动画。

6.1.4　多层引导动画

为引导层添加多个被引导层的方法主要有以下两种：

① 如果需要被引导的图层在引导层的上面，那么可以选定该图层，将其拖移

至引导层下方,如图 6-9 所示。

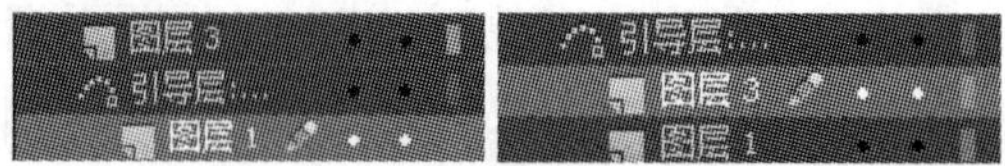

图 6-9　多个被引导层添加 1

② 如果需要被引导的图层在引导层的下面,双击该图层图标,在打开的“图层属性”对话框中“类型”栏里选择“被引导层”单选按钮,再单击“确定”按钮即可,如图 6-10 所示。

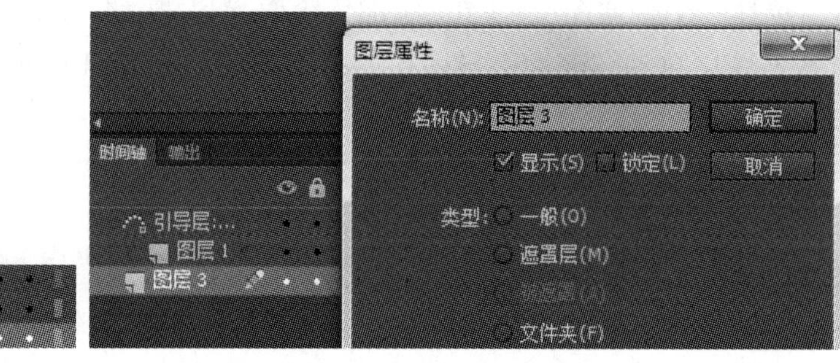

图 6-10　多个被引导层添加 2

6.2　遮罩动画的制作

在 Flash 的图层中有一个遮罩图层类型,为了得到特殊的显示效果,可以在遮罩层上创建一个任意形状的“视窗”,遮罩层下方的对象可以通过该“视窗”显示出来,而“视窗”之外的对象将不会显示,如图 6-11 所示。

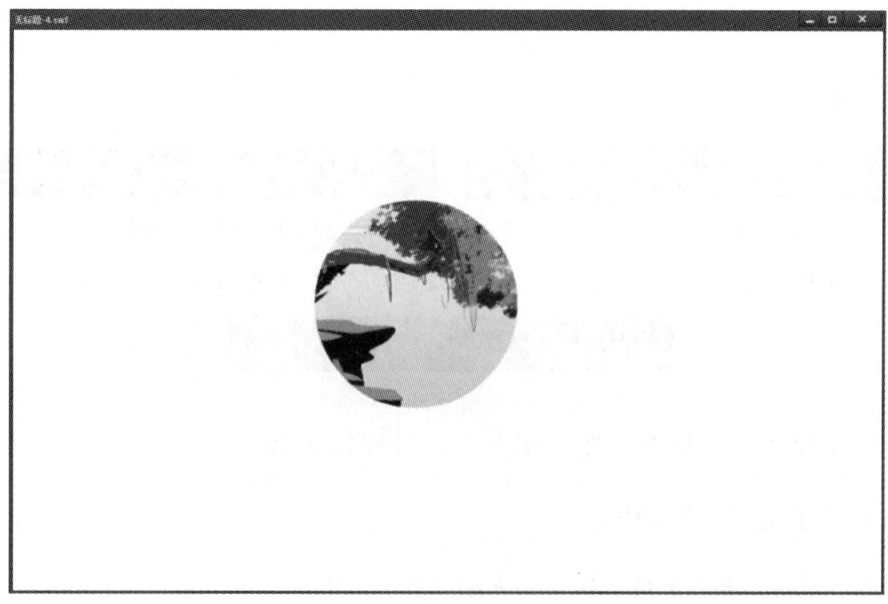

图 6-11　遮罩层动画效果

在 Flash 动画中，“遮罩”主要有两种作用：一是用在整个场景或一个特定区域，使场景外的对象或特定区域外的对象不可见；二是用来遮罩住某一元件的一部分，从而实现一些特殊的效果。

一般情况下，制作简单遮罩动画可分为以下 5 个步骤：

① 创建一个图层或选择一个图层，在其中设置出现在遮罩中的对象，如图 6-12所示。

② 选取该图层，再单击图层区域的“新建”按钮，在其上新建一个图层，如图 6-13 所示。

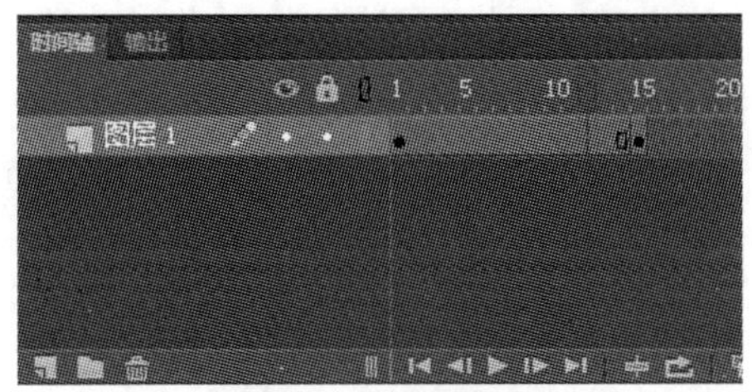

图 6-12　遮罩对象

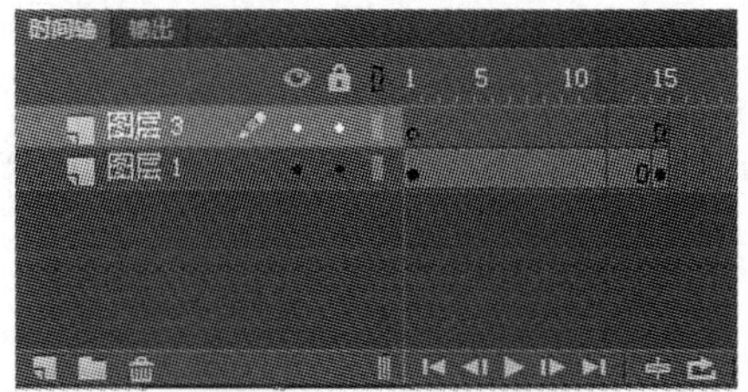

图 6-13　新建遮罩层

③ 在该图层上编辑图形、文字或元件的实例。

④ 选中该图层，单击鼠标右键，在弹出的快捷菜单中选择“遮罩层”命令，如图 6-14 所示。

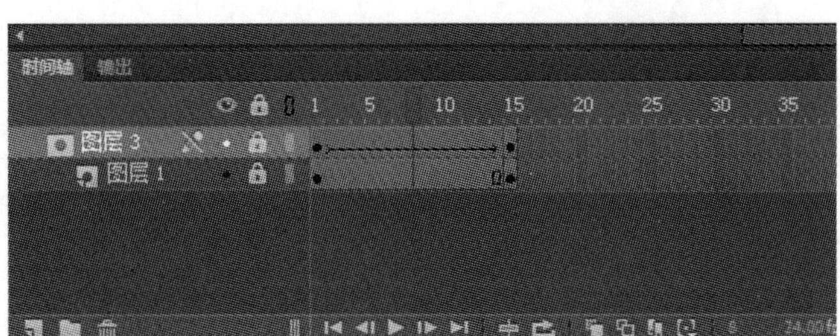

图 6-14　遮罩效果展示

⑤ 锁定遮罩层和被遮罩层，即可在 Flash 中显示遮罩效果。

6.3 骨骼动画的制作

6.3.1 反向运动骨骼动画

在动画设计软件中,运动学系统分为正向运动学和反向运动学两种。正向运动学针对有层级关系的,动作是由上至下传递的。也就是说父对象的动作会影响到子对象,而子对象的动作将不会对父对象造成任何影响。

与正向运动学不同,反向运动学动作传递是双向的,子对象的动作也将影响到父对象。反向运动是通过一种连接各种物体的辅助工具来实现的运动,这种工具就是 IK 骨骼,也称为"反向运动骨骼"。使用 IK 骨骼制作的反向运动学动画,就是所谓的"骨骼动画"。

6.3.2 创建骨骼动画

在 Flash 中,使用骨骼工具可以通过创建一系列链接的对象,轻松创建链接效果。创建骨骼动画一般有两种方式:一种方式是为实例添加与其他实例相连接的骨骼,使用关节连接这些骨骼;另一种方式是在形状对象(即各种矢量图形对象)的内部添加骨骼,通过骨骼来移动形状的各个部分以实现动画效果。使用骨骼工具,元件实例和形状对象可以按自然的方式移动,只需做很少的设计工作。

1. 创建骨骼

Flash CC 提供了骨骼工具,使用该工具可以给元件实例或图形散件添加 IK 骨骼。在工具箱中选择骨骼工具 ,在一个元件实例中单击,向另一个元件实例拖动鼠标,释放鼠标后就可以创建两个对象间的连接。此时,两个元件实例间将显示出创建的骨骼。在创建骨骼时,第一个骨骼是父级骨骼,骨骼的头部为圆形端点,有一个圆圈围绕着头部,骨骼的尾部为尖形,有一个实心点。图 6-15 中有个圆圈的骨骼就是父级骨骼,图 6-16 是完整的骨骼创建,图 6-17 是为图形散件创建骨骼。

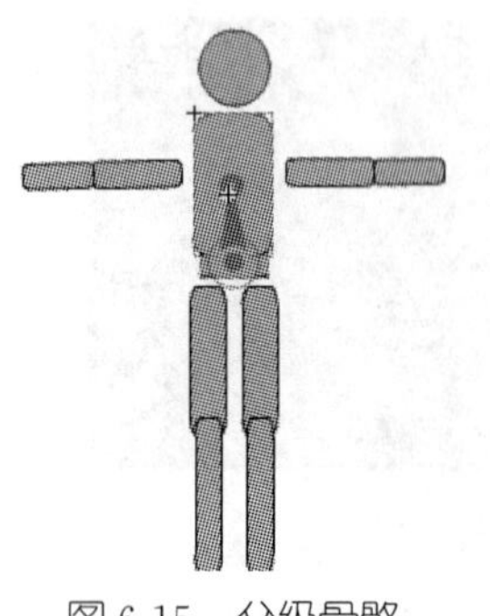
图 6-15 父级骨骼

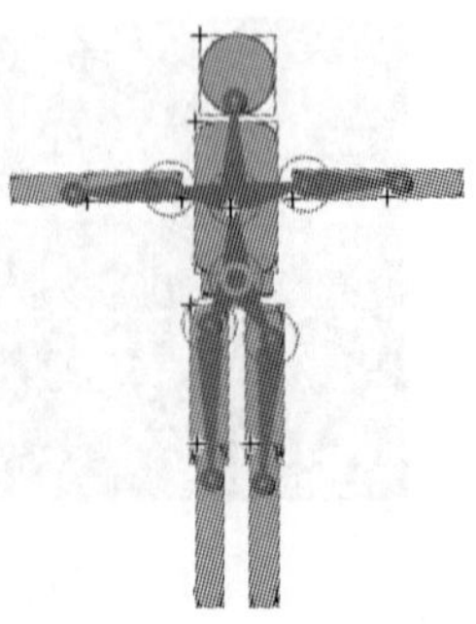
图 6-16 完整骨骼创建

图 6-17　散件骨骼创建

2. 选择骨骼

在创建骨骼后，可以使用多种方法来对骨骼进行编辑。要对骨骼进行编辑，首先需要选择骨骼。在工具箱中选择“选择工具”，单击骨骼即可选择该骨骼，在默认情况下，骨骼显示的颜色与“骨架”图层的轮廓颜色相同，骨骼被选择后，将显示该颜色的相反色，如图 6-18 所示。

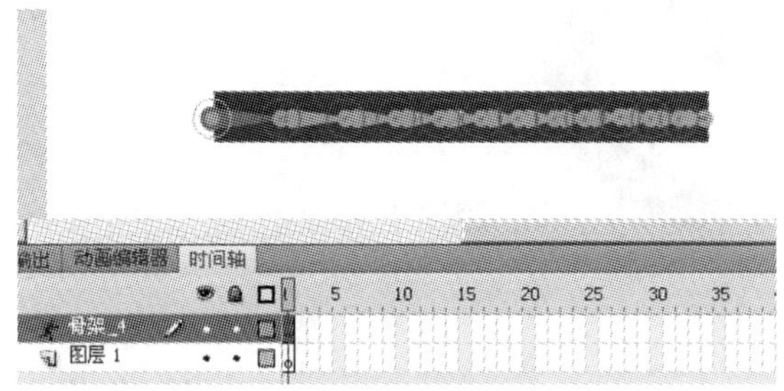

图 6-18　选择骨骼

3. 删除骨骼

在创建骨骼后，如果需要删除单个的骨骼及其下属的子骨骼，只需要选择该骨骼后按 Delete 键即可。如果需要删除所有的骨骼，可以用鼠标右击“骨架”图层，选择关联菜单中的“删除骨骼”命令。此时实例将恢复到添加骨骼之前的状态，如图 6-19 所示。

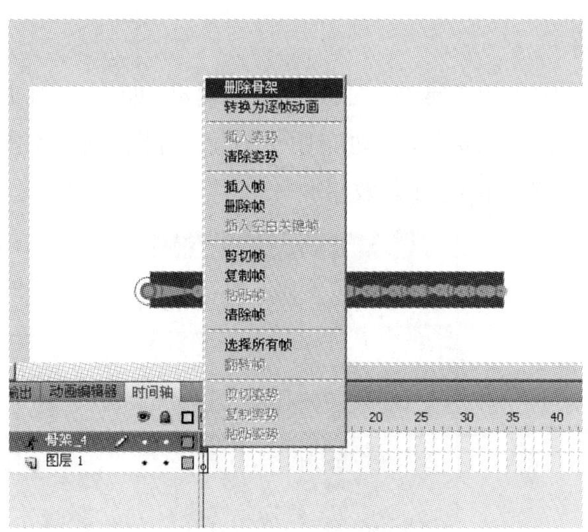

图 6-19　删除骨骼

4. 创建骨骼动画

在为对象添加了骨骼后，就可以创建骨骼动画了。在制作骨骼动画时，可以在开始关键帧中制作对象的初始姿势,在后面的关键帧中制作对象不同的姿态,Flash 会根据反向运动学的原理计算出连接点间的位置和角度,创建从初始姿态到下一个姿态转变的动画效果。在完成对象的初始姿势的制作后,在"时间轴"面板中,用鼠标右击动画需要延伸到的帧,选择关联菜单中的"插入姿势"命令。在该帧中选择骨骼,调整骨骼的位置或旋转角度。此时 Flash 将在该帧创建关键帧,按 Enter 键测试动画,即可看到创建的骨骼动画效果。如图 6-20 所示。

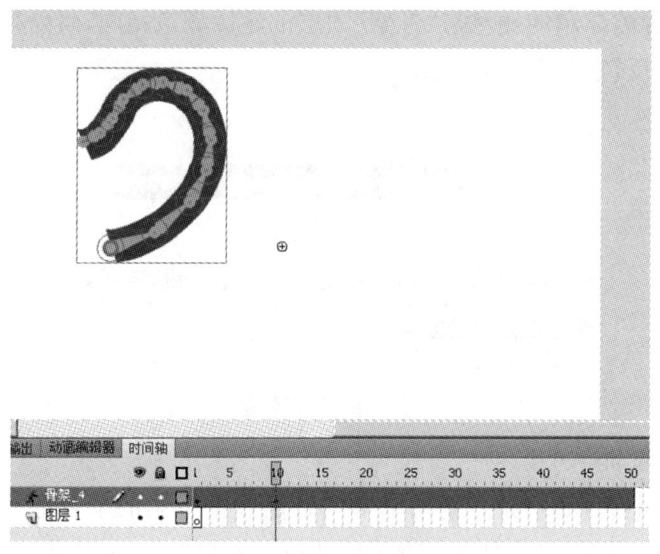

图 6-20　创建骨骼动画

6.3.3　设置骨骼动画属性

1. 设置缓动

在创建骨骼动画后,在"属性"面板中设置缓动,如图 6-21 所示。Flash 为骨骼动画提供了几种标准的缓动,缓动应用于骨骼,可以对骨骼的运动进行加速或减速,从而使对象的移动获得重力效果。

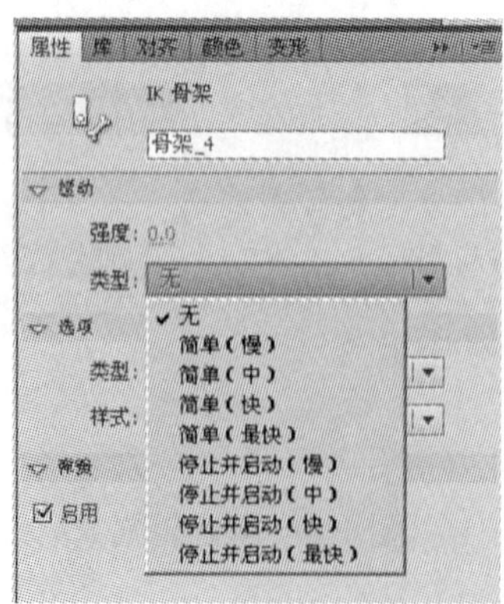

图 6-21　设置缓动属性

2. 约束连接点的旋转和平移

在 Flash 中，可以通过设置对骨骼的旋转和平移进行约束。约束骨骼的旋转和平移，可以控制骨骼运动的自由度，创建更为逼真的运动效果。例如，对于角色人物的骨骼设置，由于人的头部、胳膊、腿等骨骼都不能 360°旋转，因此应给予一定的限制，以避免设置动作的时候出现问题。如图 6-22 所示，可以先选中骨骼，然后在“属性”面板中选中约束选项，设置度数，骨骼端就会出现角度的限制范围，也就是说，这节骨骼限定在此范围运动。

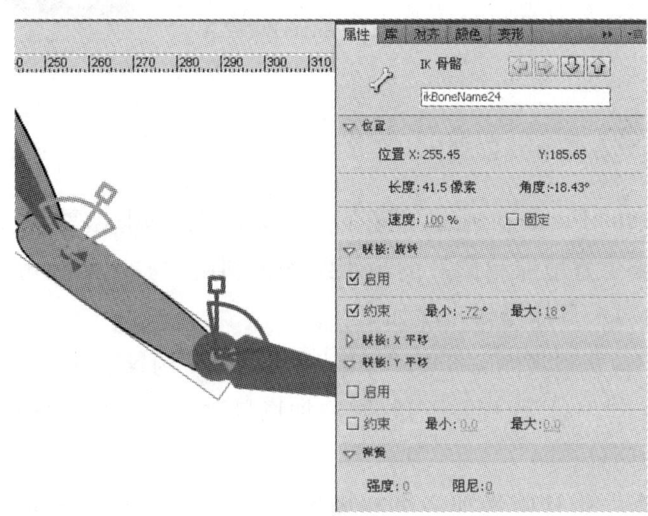

图 6-22　约束连接点的旋转和平移

3. 设置连接点速度

连接点速度决定了连接点的粘贴性和刚性，当连接点速度较低时，该连接点将反应缓慢，当连接点速度较高时，该连接点将具有更快的反应。在选取骨骼后，在“属性”面板的“位置”栏的“速度”文本框中输入数值，可以改变连接点的速度，如图 6-23 所示。

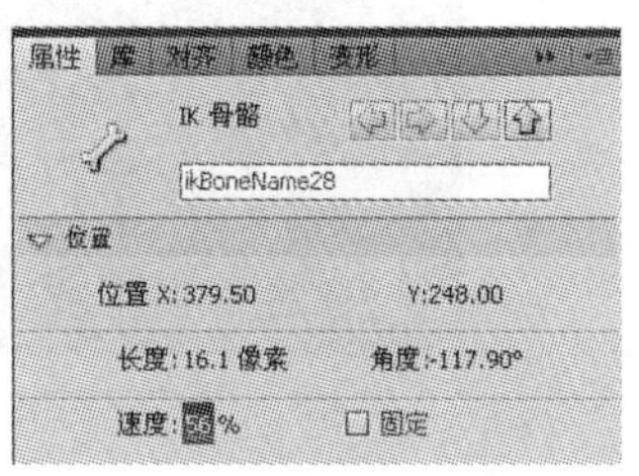

图 6-23　设置连接点速度

4. 设置弹簧属性

弹簧属性是 Flash CC 的一个骨骼动画属性。在舞台上选择骨骼后，在“属性”面板中展开“弹簧”设置栏。该栏中有两个设置项。其中，“强度”用于设置弹簧的强度，输入值越大，弹簧效果越明显。“阻尼”用于设置弹簧效果的衰减速率，输入值越大，动画中弹簧属性减小得越快，动画结束得就越快。如图 6-24 所示，其值设置为 0 时，弹簧属性在“骨架”图层中的所有帧中都将保持最大强度。

图 6-24　设置弹簧属性

6.4 场　景

戏剧由一幕幕的场景组成,和戏剧一样,利用场景可以将整个 Flash 影片分成一段段独立的、易于管理的组。每个场景都像是一段短影片,按照“场景”面板中的顺序一个接一个地播放,在场景间没有任何停顿和闪烁,如图 6-25 所示。场景的使用在计算机的内存大小范围内是无限的。

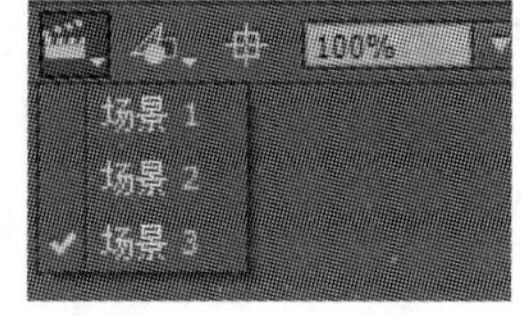

图 6-25　场景

6.4.1　多个场景的建立

在制作复杂的 Flash 动画时,随着影片越来越大,越来越复杂,就需要添加越来越多的场景来更好地控制影片的组织结构。利用“场景”面板可以根据需要添加任意数量的场景,具体操作步骤如下:

① 选择“窗口”→“其他面板”→“场景”命令,打开“场景”面板,如图 6-26 所示。

② 单击位于“场景”面板左下角的“添加场景”按钮,也可以选择“插入”→“场景”命令来添加场景。

③ Flash 会在影片中添加一个新场景,默认新场景会添加到当前场景的下面,名称默认为“场景 2”,如图 6-27 所示。

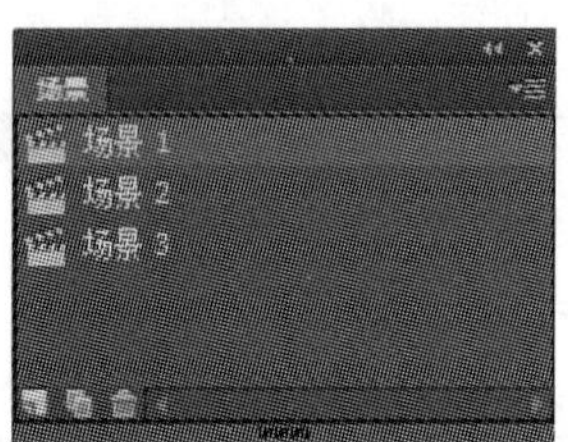

图 6-26　“场景”面板

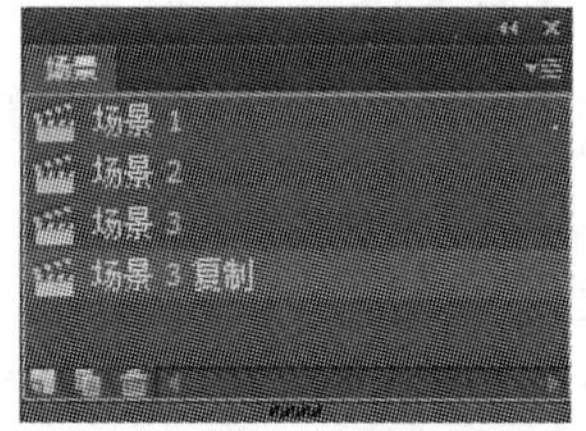

图 6-27　添加复制场景

6.4.2　场景的编辑

1. **删除场景**

如果想要删除场景,具体操作步骤如下:

① 选择“窗口”→“其他面板”→“场景”命令,打开“场景”面板。

② 选择要删除的场景。

③ 单击位于场景面板左下角的“删除场景”按钮。

④ 提示出现后,单击“确定”按钮即可。

注意:删除场景操作无法撤销。

2. 复制场景

Flash 还提供了一个简单的复制功能，使用户可以通过单击按钮复制场景，具体操作步骤如下：

① 选择“窗口”→“其他面板”→“场景”命令，打开“场景”面板。

② 选择要复制的场景。

③ 单击位于场景面板左下角的“复制场景”按钮。

④ 在“场景”面板中将会出现选定场景的副本，并在原来的名称上添加了“复制”字样，如图 6-27 所示。

3. 更改场景名称

对于大型的动画来说，使用 Flash 默认的场景名称不方便，有必要给动画中所有的场景重新命名。具体操作步骤如下：

① 选择“窗口”→“其他面板”→“场景”命令，打开“场景”面板。

② 双击要命名的场景。双击后，就可以对场景重命名，如图 6-28 所示。

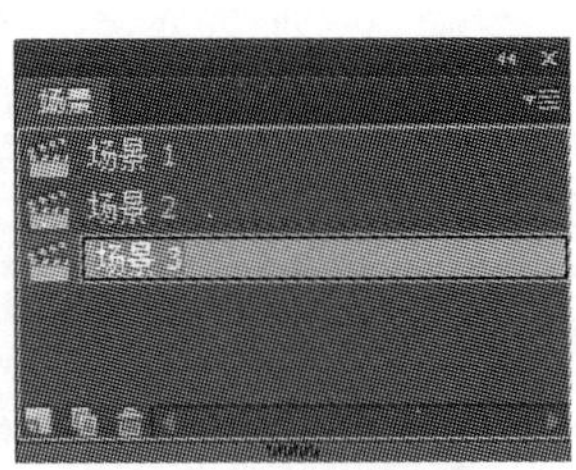

图 6-28　更改场景名称

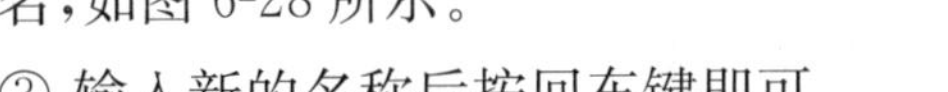

③ 输入新的名称后按回车键即可。

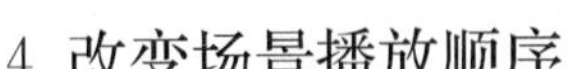

4. 改变场景播放顺序

场景是按照它们在“场景”面板中的排列顺序播放的，如果要更改场景的播放顺序，可以直接在“场景”面板中更改场景的排列顺序，具体操作步骤如下：

① 选择“窗口”→“其他面板”→“场景”命令，打开“场景”面板。

② 单击场景并将其拖动到想要的位置，在拖动鼠标时，指针会变成一条蓝色的线，显示出场景将要被放置的位置，如图 6-29 所示。

③ 将场景移动至合适位置，释放鼠标左键即可。

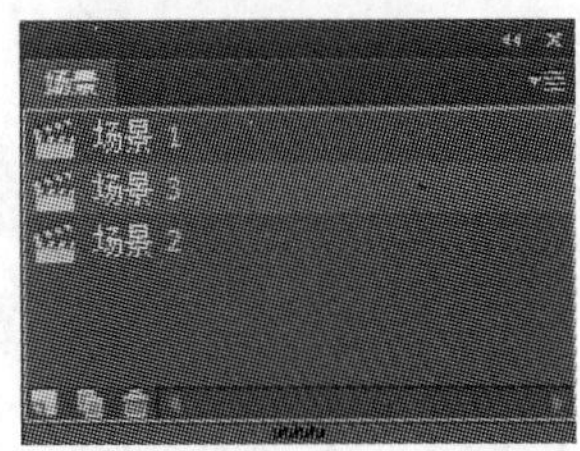

图 6-29　更改场景播放次序

5. 场景的缩放

在 Flash 场景中，如果图形太小，就看不清图形内容，并且无法编辑对象的细节；如果图形太大，就难以看到图形的整体。这时可以使用缩放工具 来调整场景的显示比例。

选择“放大镜”工具，在“选项”栏中有“放大”和“缩小”两个选择按钮，用于放大或缩小显示比例。选择“放大镜”工具后，用鼠标在工作区中拉出一个待放大的矩形区域，松开鼠标后，该区域内的图形将放大至整个窗口。

当场景放大若干倍或缩小若干倍后，用鼠标双击放大镜，场景将恢复到 100％显示比例。

在工作区的右上角有一个显示比例下拉列表，通过此下拉列表选择显示比例或者在文本框中输入比例值，都可以改变显示比例，如图 6-30 所示。

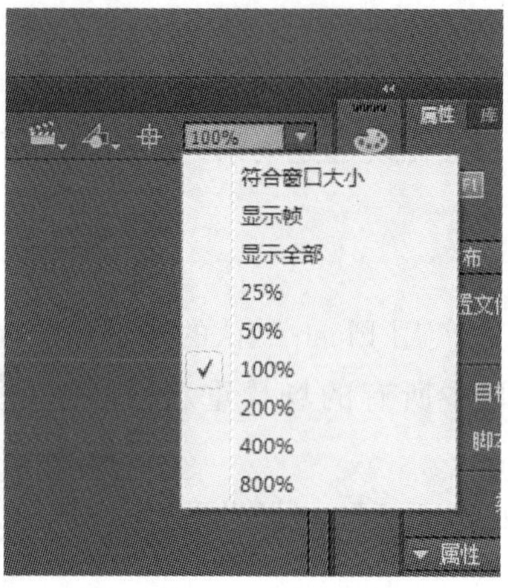

图 6-30　显示比例

上机训练

1. 蝴蝶飞舞动画制作

制作效果：如图 6-31 所示。

图 6-31　制作效果

具体操作步骤如下：

① 打开“蝴蝶飞舞素材”。

② 插入图层 1，并修改图层名称为“蝴蝶”。将库中的元件“飞舞的蝴蝶”拖入场景中，调整元件的大小，如图 6-32 所示。

图 6-32　建立图层

③ 在“蝴蝶”图层上单击鼠标右键，在弹出的快捷菜单中选择“添加传统运动引导层”命令，如图 6-33 所示。

图 6-33　为图层添加传统运动引导层

④ 选择钢笔工具,在运动引导层上绘制一条蝴蝶飞行的路径,如图 6-34 所示。

图 6-34　绘制路径

⑤ 使用选择工具,将“飞舞的蝴蝶”元件的注册点吸附到路径上,如图 6-35 所示。

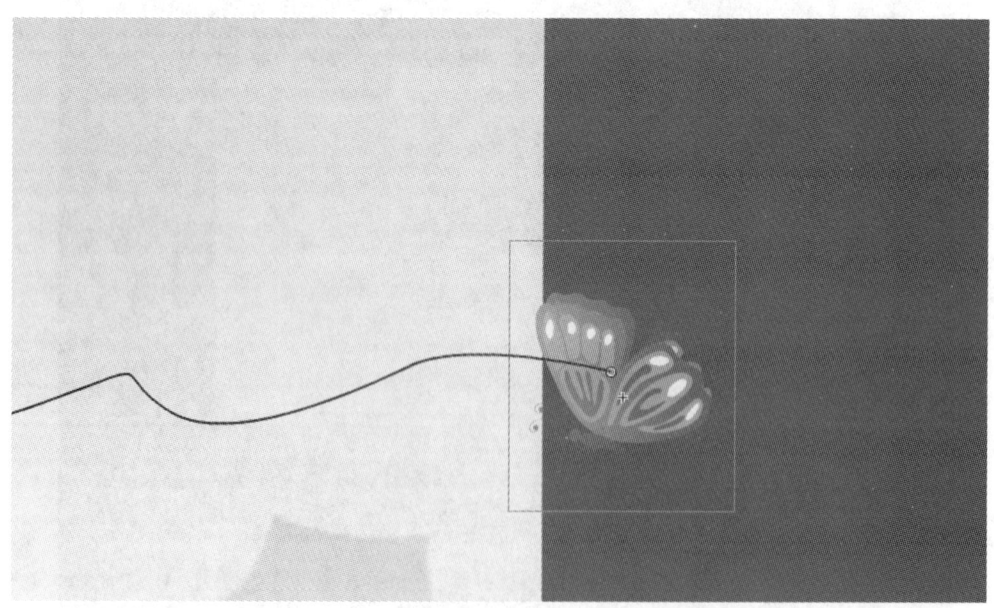

图 6-35　将元件吸附到路径上

⑥ 在第 155 帧插入关键帧，调整蝴蝶的位置，并在时间轴的相应位置添加传统补间动画，如图 6-36 所示。

图 6-36 插入关键帧、调整元件位置

⑦在第 155 帧处，选择“飞舞的蝴蝶”，单击鼠标右键，在弹出的快捷菜单中选择“交换元件”命令，选择“静止的蝴蝶”元件进行交换，如图 6-37 所示。

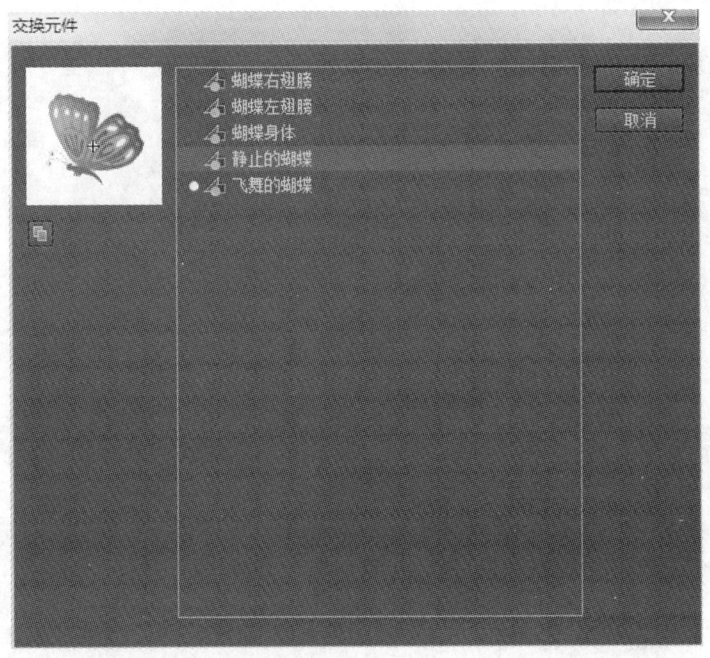

图 6-37 交换元件 1

⑧ 在第 170 帧插入关键帧,选择“静止的蝴蝶”,单击鼠标右键,在弹出的快捷菜单中选择“交换元件”命令,选择“飞舞的蝴蝶”元件进行交换,如图 6-38 所示。

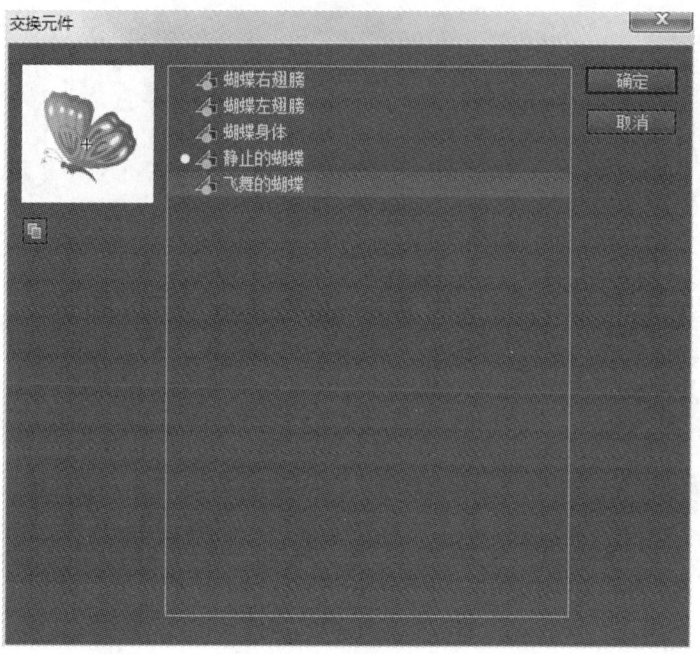

图 6-38　交换元件 2

⑨ 在第 210 帧处插入关键帧,调整蝴蝶的位置,并在时间轴上添加传统补间动画,如图 6-39 所示。

图 6-39　修改关键帧

⑩ 保存，使用快捷键“Ctrl＋Enter”查看最终结果，如图 6-40 所示。

图 6-40　最终效果

2. 闪闪红星动画制作

制作效果：如图 6-41 所示。

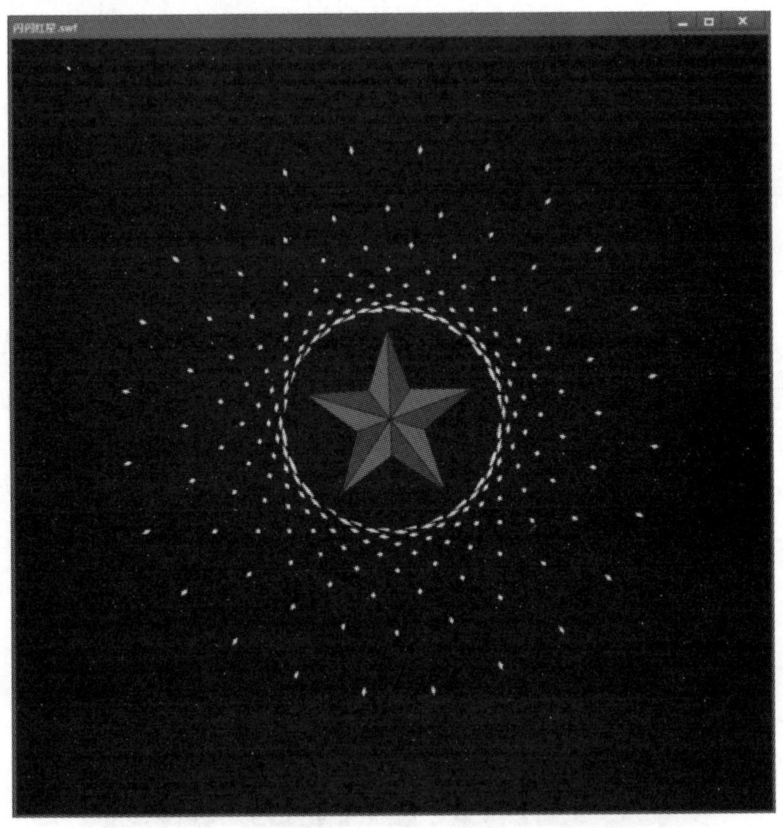

图 6-41　制作效果

具体操作步骤如下：

① 新建一个空白文档，大小为 800×800 像素，舞台背景色为黑色。

② 选择直线工具，设置笔触颜色为黄色，笔触宽为 4，如图 6-42 所示。

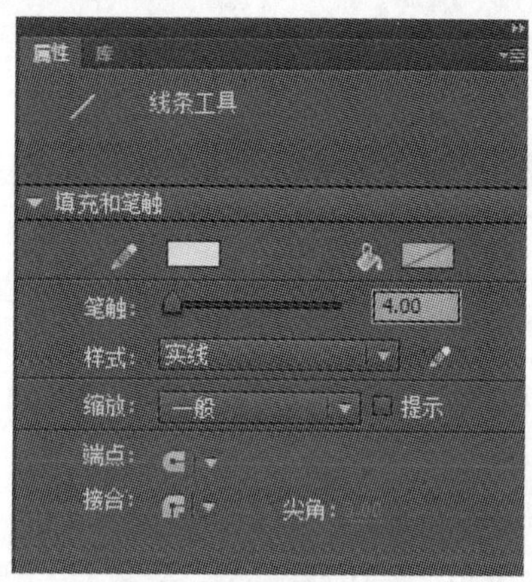

图 6-42　设置笔触的属性

③ 按住 Shift 键在舞台中绘制一条垂直线，高度为 300。选择任意变形工具，将直线的注册点调整至直线的左下方，如图 6-43 所示。

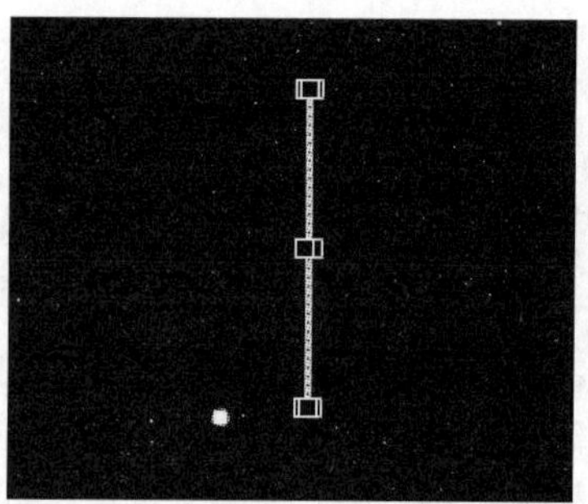

图 6-43　调整直线的注册点位置

④ 打开"变形"面板，设置旋转 15 度，单击 重置选取和变形按钮，如图 6-44 所示。

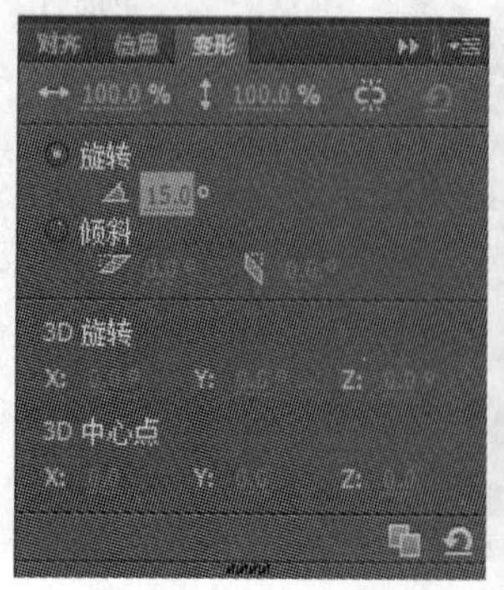

图 6-44　旋转并复制直线

⑤ 选中全部线条，选择“修改”→“形状”→“将线条转换为填充”命令，如图6-45所示。

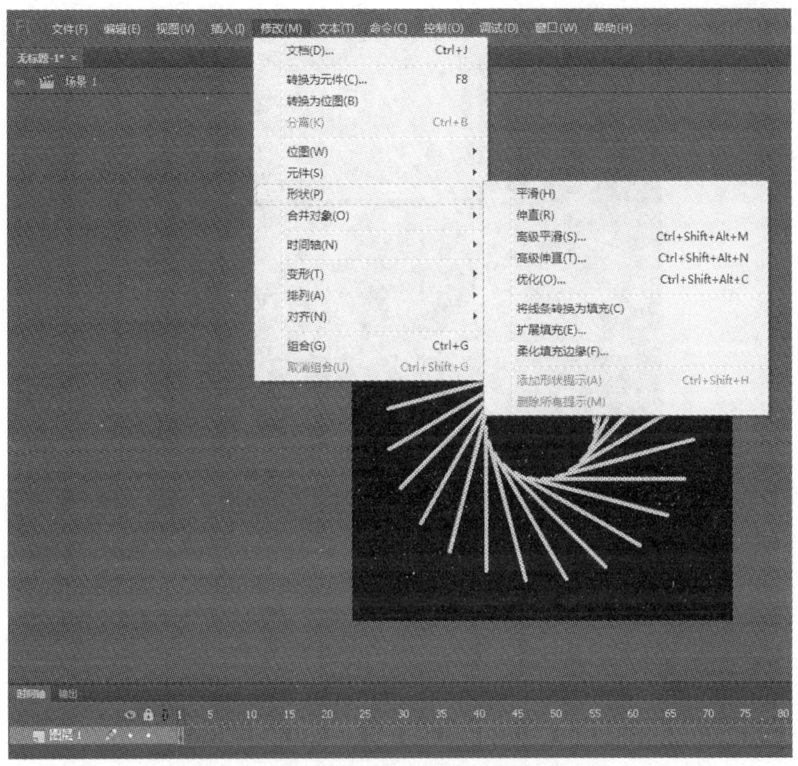

图 6-45　将线条转换为填充

⑥ 在图层 1 上方建立新图层 2，复制图层 1 中的图形，并在图层 2 中使用“编辑”→“粘贴到当前位置”，如图 6-46 所示。

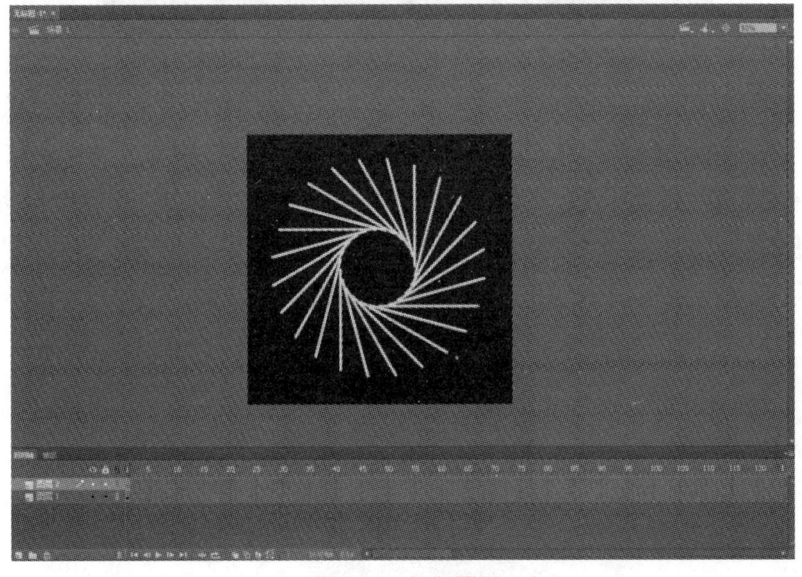
图 6-46　复制图形

⑦ 选择图层 2 中的图形,使用"修改"→"变形"→"水平翻转"命令,调整图层 2 中图形的形状,如图 6-47 所示。

图 6-47　水平翻转图形

⑧ 选择图层 1 中的图形,使用 F8 键将其转换为元件,并命名为"光芒",如图 6-48 所示。

图 6-48　转换为元件

⑨ 在图层 2 上单击鼠标右键,在弹出的快捷菜单中选择"遮罩层",将图层 2 转换为遮罩层,如图 6-49 所示。

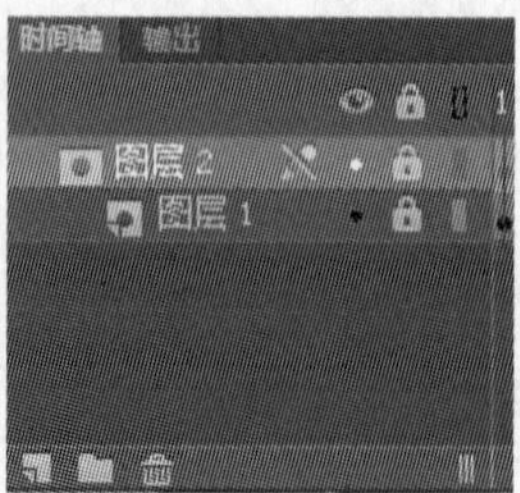

图 6-49　建立遮罩层

⑩ 在第 20 帧处插入关键帧，并在图层 1 中创建传统补间动画，如图 6-50 所示。

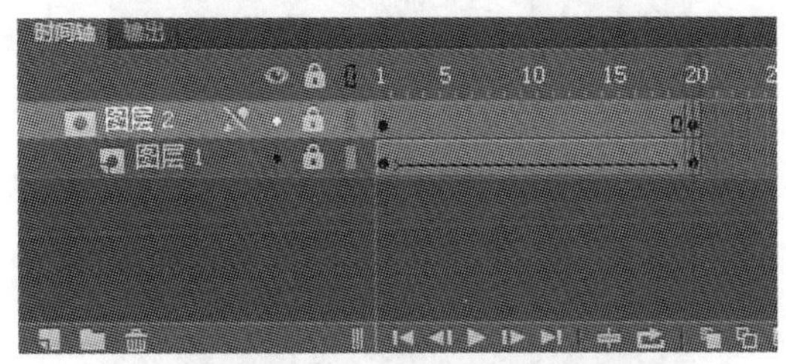

图 6-50　创建传统补间动画

⑪ 选择图层 1 中的补间，调整补间的属性，如图 6-51 所示。

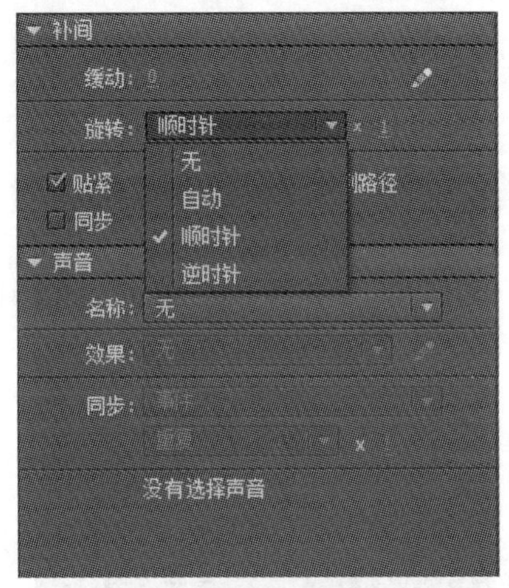

图 6-51　调整补间属性

⑫ 建立图层 3，并使用多角星型工具绘制五角星。笔触设为黑色、0.2，填充色设为红色，如图 6-52 所示。

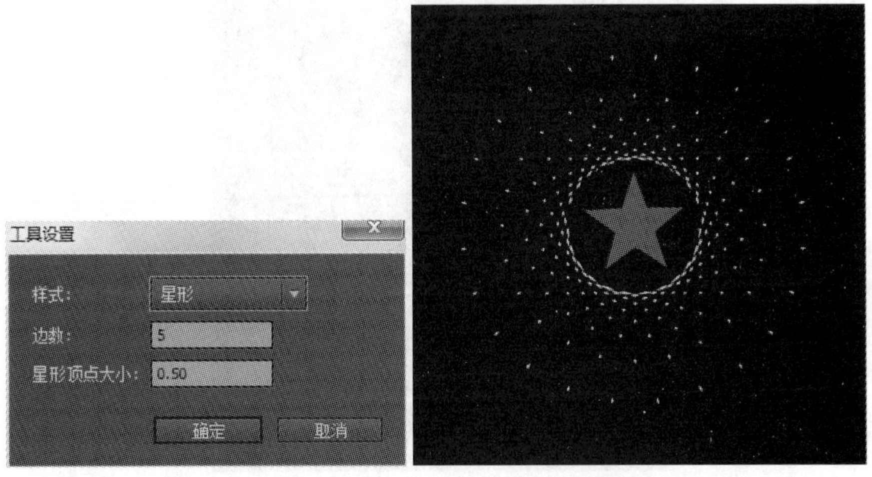

图 6-52　绘制五角星

⑬ 选择直线工具，将五角星的各顶点连接起来，如图 6-53 所示。

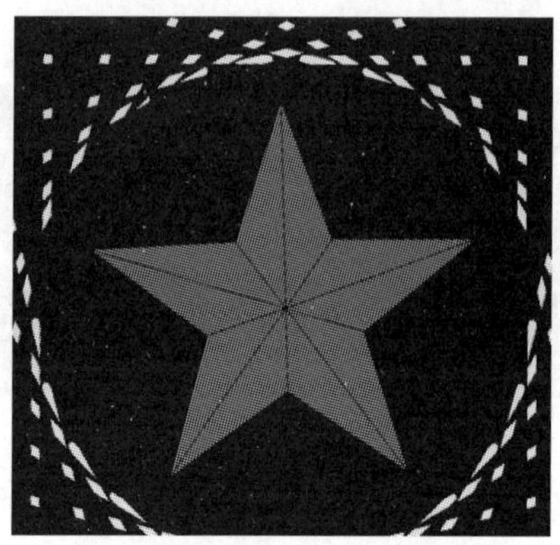

图 6-53　连接顶点

⑭ 设置填充色为暗红色，并使用颜料桶工具对五角星进行填充颜色，如图 6-54 所示。

图 6-54　填充颜色

⑮ 保存，使用快捷键“Ctrl＋Enter”进行测试，如图 6-55 所示。

图 6-55　最终效果

3. 望远镜动画制作

制作效果：如图 6-56 所示。

图 6-56　制作效果

具体操作步骤如下：

① 打开文档“望远镜动画素材”。

② 将背景图片拖入舞台，并使其和舞台对齐，为其添加 100 帧普通帧，修改“图层 1”名称为“背景”，如图 6-57 所示。

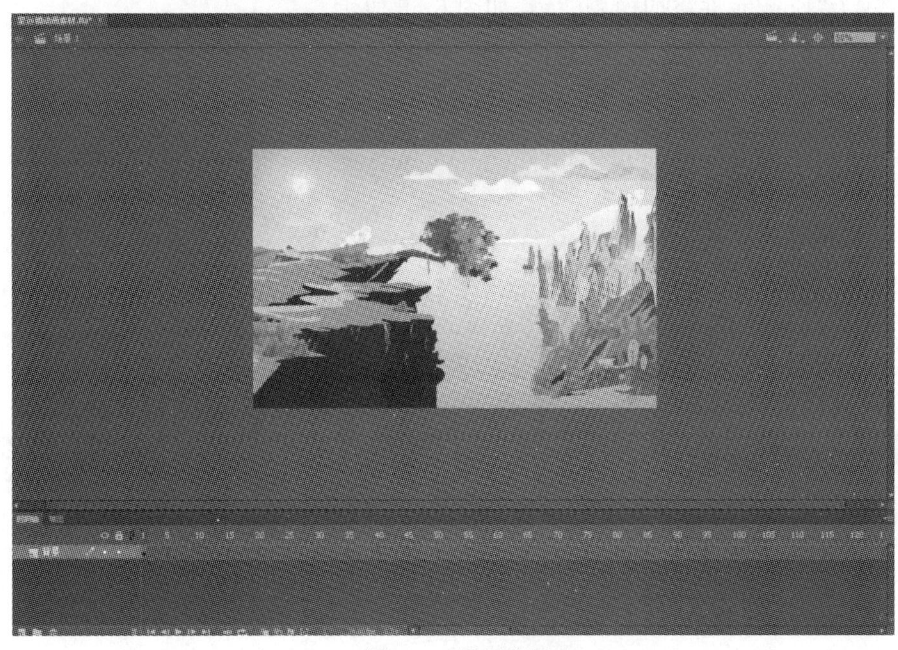

图 6-57　设置背景

③ 选择背景图片，按 F8 键，将其转换为“影片剪辑”元件。

④ 插入图层 2，修改名称为“Boy”，并将 Boy 元件拖入舞台，调整其位置和大小，如图 6-58 所示。

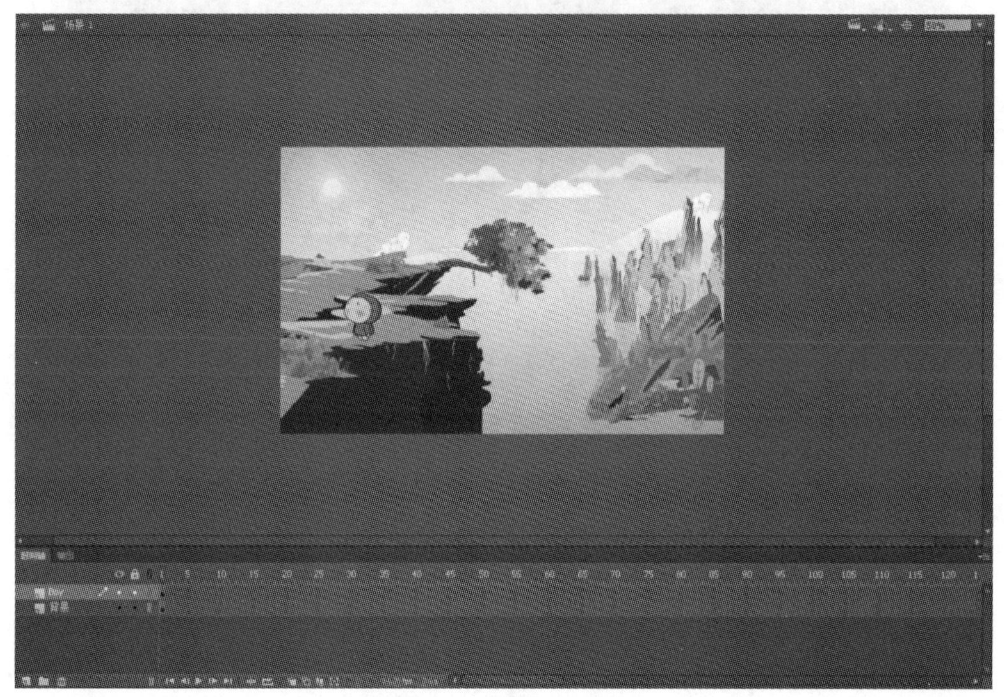

图 6-58　调整人物

⑤ 为“Boy”元件添加模糊滤镜，如图 6-59 所示。

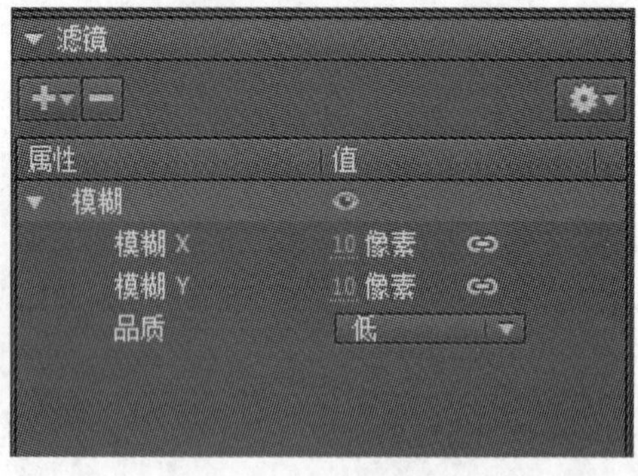

图 6-59　设置模糊滤镜

⑥ 插入图层 3，选择“椭圆工具”，在图层 3 绘制正圆，如图 6-60。

图 6-60　绘制正圆

⑦ 在图层 3 单击鼠标右键，在弹出的快捷菜单中选择命令“遮罩层”，将图层 3 转换为遮罩层，并将背景层和 Boy 层置于遮罩层之下，取消图层锁定，如图 6-61 所示。

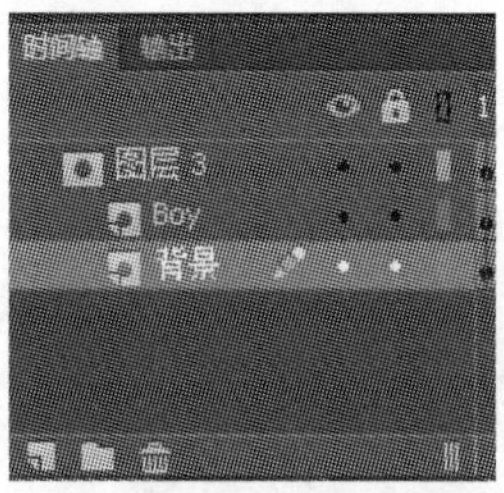

图 6-61　设置遮罩

⑧ 在图层 3 的第 15、30、45、60 帧分别插入关键帧，并调整正圆的位置，然后在图层 3 中添加补间形状动画，如图 6-62 所示。

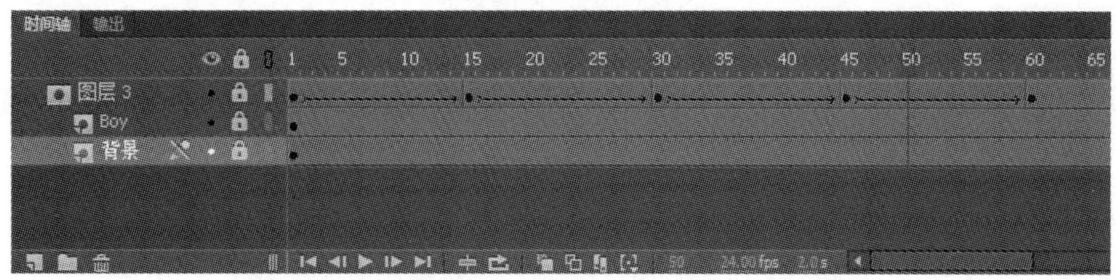

图 6-62　创建补间形状动画

⑨ 在背景层和 Boy 图层中的第 50 和 60 帧插入关键帧。同时将图层 3 隐藏。选择 Boy 图层中的第 80 帧中的对象,将其模糊滤镜删除,选择背景层中的第 80 帧中的对象,为其添加模糊滤镜,如图 6-63 所示。

图 6-63　修改滤镜

⑩ 为背景层和 Boy 图层中的第 50 到 60 帧之间添加传统补间,如图 6-64 所示。

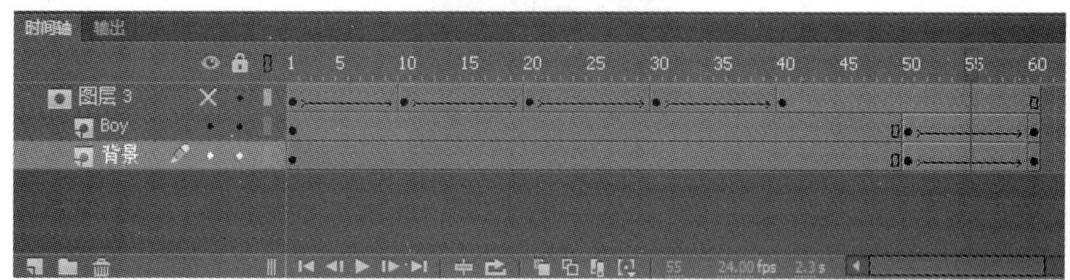

图 6-64　添加传统补间

⑪ 锁定图层，保存文件，使用快捷键“Ctrl＋Enter”测试影片，如图 6-65 所示。

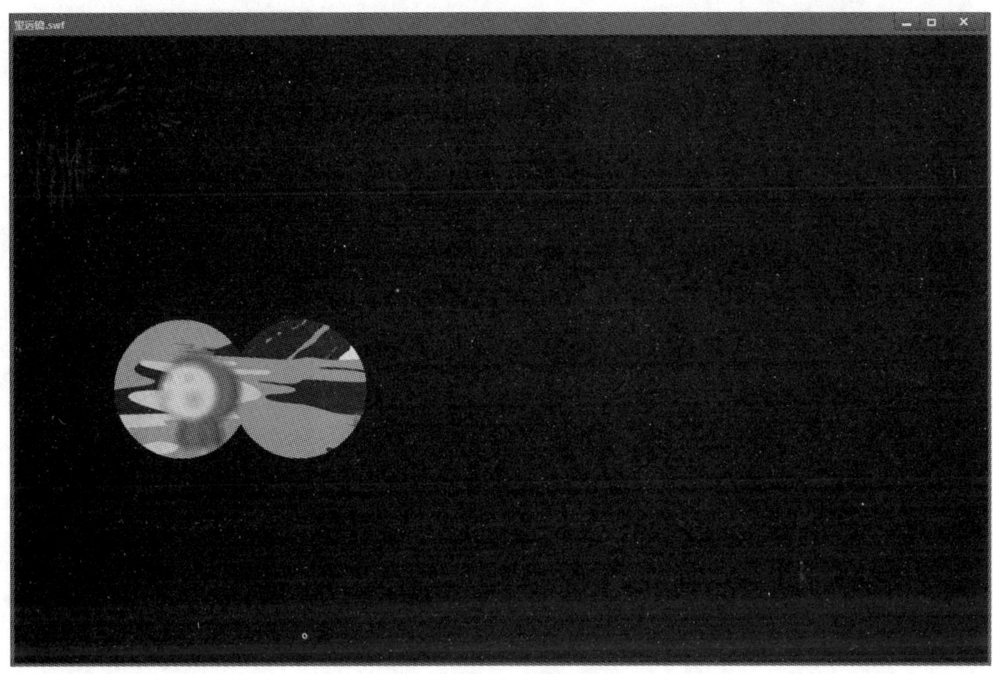

图 6-65　测试影片

本章小结

本章重点介绍了 Flash 中特殊动画的制作原理及制作方法，主要包括引导动画、遮罩动画、骨骼动画的制作、场景的设置及应用。

课后练习

1. 利用遮罩层动画制作探照灯动画效果。

参考步骤：

① 选择适合的图片导入到舞台。

② 将新建图层命名为“探照灯”，并在该图层中绘制完成探照灯形态。

③ 再次新建图层，并命名为“光束”，并在该图层中完成光束效果的绘制。

④ 将“光束”图层设置为步骤①中导入到舞台图片的遮罩层，并制作出探照

灯来回摆动的效果，最终效果如下图所示。

ActionScript 3.0 编程

【学习目的】

本章介绍了 Flash 中的脚本动画，通过学习 ActionScript 3.0 编程，读者可以制作出更加复杂的动画，进一步熟悉 ActionScript 编程语言的特点。

【学习重点】

- 掌握 ActionScript 3.0 语言的编程知识。
- 通过脚本语言制作复杂的动画。
- 学会制作交互式动画。

Flash 是一个功能非常强大的动画制作软件，用户不仅可以利用它制作简单的逐帧动画和补间动画，还可以使用其自带的动作脚本语言，创建复杂的交互式动画。

目前，国内有很多基于 ActionScript 2.0 开发的文件，但是 Flash CC 不支持 ActionScript 2.0 开发程序且主要面向移动平台，不善于开发交互式动画。而 Flash CS6 在支持 ActionScript 3.0 和简单 3D 的基础上兼容 ActionScript 2.0，用 Flash CS6 开发交互式动画，能够让大家更好地掌握 ActionScript 3.0 编程。因此，本章以 Flash CS6 为开发平台，为大家介绍 ActionScript 3.0。

7.1 ActionScript 3.0 和 Action 面板

7.1.1 ActionScript 3.0

动作脚本（ActionScript 3.0）是最新且最具创新性的 ActionScript 版本，它是针对 Flash Player 运行环境的编程语言，可以实现程序交互、数据处理以及许多其他功能。

ActionScript 3.0 一直以来都是 Flash 软件中的一个重要模块，在 Flash CS6 中，对这一模块的功能进一步增强，其中包括重新定义 ActionScript 的编程思想，增加大量的内置类，提高程序的效率等。

在 Flash CS6 中,使用动作脚本非常方便,可以在"动作"面板中直接输入脚本,也可以从弹出的菜单或工具箱列表中直接调用语句、函数及运算符等元素。在编写过程中,系统会检查输入的动作脚本的代码,是否有语法错误并提示用户如何修改。

在 Flash CS6 中运用脚本具有如下特性:

① 自由编写脚本模式。用户可以在"动作"面板中直接输入脚本,也可以从弹出菜单或工具列表中调用语句、函数及运算符等元素。

② 点语法。在 Flash CS6 中,用户可以使用点运算符获取和设置一个对象的属性和方法,包括影片剪辑实例的变量。

③ 数据类型。Flash CS6 的动作脚本支持 String、Number、Boolean、Object 和 MovieClip,用户能够在动作脚本中使用不同类型的数据。

④ 自定义函数。用户可以根据需要自己定义函数,让函数返回一个值,以便在脚本中重用代码块。

⑤ 内置预定义对象。在 Flash CS6 中已经内置了很多已定义的类对象,可以通过这些对象构造出更多的数据对象或利用这些对象访问、管理某些类型的信息。

⑥ 剪辑动作。可以使用 onClipEvent 动作直接给编辑区中的影片剪辑实例分配动作,如 mouseMove、enterFrame 和 load 等事件,利用它们可以创建更高级的交互。

⑦ 调试器。Flash CS6 在调试方面进行了改进,使用调试器可以查看和修改正在测试的动画的模式,在 Flash 独立播放器或浏览器中播放的动画的变量和属性值,以便发现动作脚本中的问题。

⑧ 新的面向对象编程模型。Flash CS6 引入了几个新的语言元素,如 class、extends、public、get、set、import 等。这些元素采用比以前更为标准的方式来实现面向对象的编程,代表了对核心动作脚本语言的重大改进。

⑨ XML 支持。使用预定义的 XML 对象可以把 ActionScript 3.0 转换为 XML 文档,然后传递到服务器端应用中,也可以利用 XML 对象把 XML 文档载入 Flash 动画中,并加以解释。使用预定义的 XML Socket 对象可以创建不间断的服务器连接,为实时应用传递 XML 数据。

⑩ 提供上下文敏感帮助。Flash CS6 包含有"动作"面板中可用的每个动作的上下文敏感帮助。在编写脚本的过程中,可以获得与正在使用的动作有关的信息。

ActionScript 3.0 相比早期的 ActionScript 版本具有以下特点：

① 使用全新的字节码指令集，并使用全新的 AVM2 虚拟机执行程序代码，使性能显著提高，其代码的执行速度比旧式 ActionScript 代码快 10 倍以上。

② 具有更加先进的编译器代码库，严格遵循 ECMAScript(ECMA272)标准，相对于早期的编译器版本，可执行更加深入的优化。

③ 使用面向对象的编程思想，可最大限度地重用已有代码，方便创建拥有大型数据集和高度复杂的应用程序。

④ ActionScript 3.0 的代码只能写在关键帧上或由外部调入，而不能写在元件上。

7.1.2 “动作”面板

在 Flash 中，用户可以通过“动作”面板来创建与编辑脚本。要向 Flash 文档添加动作，必须将其附加到按钮、影片剪辑或时间轴中的帧上，这时就需要使用“动作”面板。“动作”面板可以帮助用户选择、拖放、重新安排及删除动作。

① 选择“窗口”→“动作”命令，或者按 F9 键，即可打开“动作”面板，如图 7-1 所示。

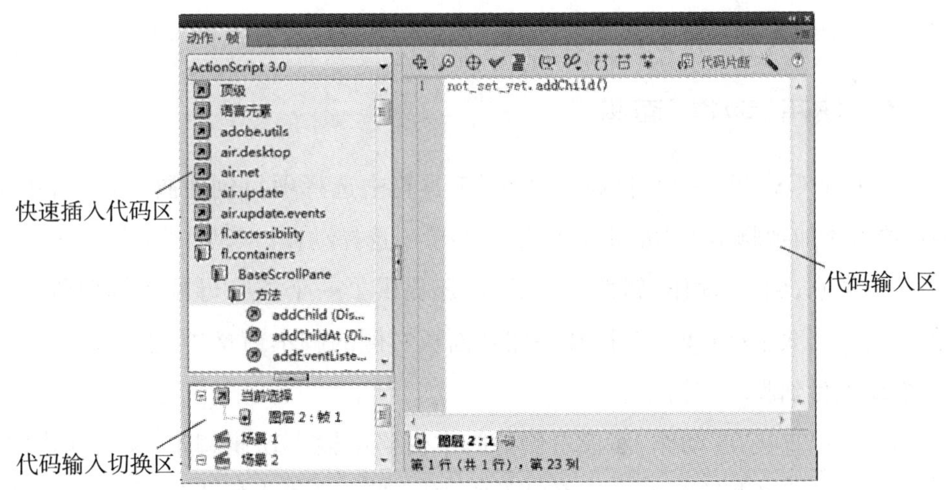

图 7-1　“动作”面板

其中 3 个板块功能如下：

- “代码输入区”中可以将程序代码直接输入。
- “代码输入切换区”可以查看或者快速切换到具有代码的帧。
- “快速插入代码区”可以通过双击某函数在“代码输入区”中的光标显示位置插入该函数。

② 右击舞台中的按钮、影片剪辑实例或关键帧，在弹出的快捷菜单中选择“动作”命令，也可打开“动作”面板。

默认激活的“动作”面板为帧的“动作”面板。如果在舞台上选择按钮或是影片剪辑，激活“动作”面板，“动作”面板的标题就会随着所选择的内容而发生改变，以反映当前选择。

在“动作”工具箱内导航，可以执行下面的操作：

- 选择“动作”工具箱中的第一项，只需要按 Home 键。
- 选择“动作”工具箱中的最后一项，只需要按 End 键。
- 选择“动作”工具箱中的前一项，只需要按↑键或←键。
- 选择“动作”工具箱中的下一项，只需要按↓键或→键。
- 展开或折叠文件夹，只需要按 Enter 或空格键。
- 向脚本插入一项，只需要按 Enter 或空格键。
- 翻到项目的上一页，只需要按 Page Up 键。
- 翻到项目的下一页，只需要按 Page Down 键。
- 用项目的首字符搜索“动作”工具箱的某个项目，只需键入首字符。该搜索不区分大小写，可多次键入某个字符循环搜索所有该字符开头的项目。

7.1.3 使用“动作”面板

在 Flash CS6 里，用户可以在“动作”工具箱中选择项目创建脚本，也可单击“将新项目添加到脚本中”按钮，从弹出的菜单中选择动作。“动作”工具箱把项目分为几个类别，例如，动作、属性和对象等，还提供了一个按字母顺序排列所有项目的索引。当双击项目时，它将被添加到面板右侧的脚本窗格中，也可以直接单击并拖动项目到脚本窗格中。

用户可以直接在“动作”面板右侧的脚本窗格中输入动作脚本，编辑动作，输入动作的参数或者删除动作。也可以添加、删除脚本窗格中的语句或更改语句的顺序，这和用户在文本编辑器中创建脚本十分相似。还可以通过“动作”面板来查找和替换文本，查看脚本的行号等。另外，用户还可以检查语法错误，自动设定代码格式并用代码提示来完成语法。

使用“动作”面板添加动作的操作步骤如下：

① 单击“动作”工具箱中的某个类别，显示该类别中的动作。

② 双击选中该动作，或者将其拖放到脚本窗格中，即可在脚本中添加该动

作，如图 7-2 所示。

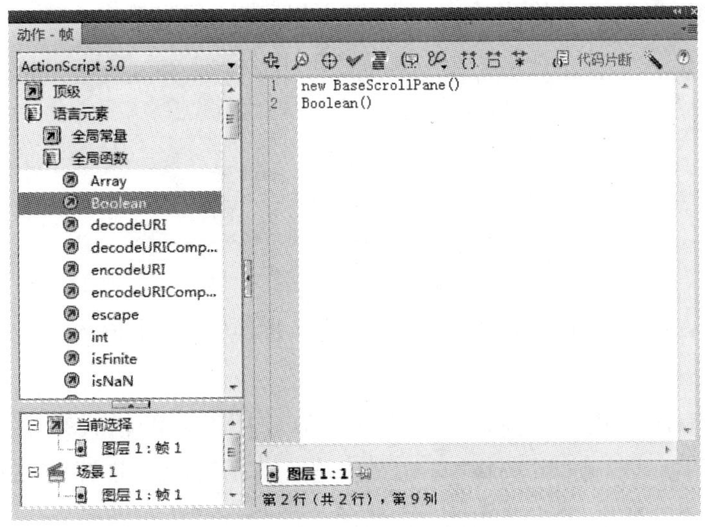

图 7-2　在窗格中添加动作

7.1.4　"动作"面板选项菜单

在"动作"面板中，单击右上角的 按钮，将打开"动作"面板选项菜单。

下面具体介绍这些命令：

① 重新加载代码提示。如果通过编写自定义方法来自定义"脚本助手"模式，则可以重新加载代码提示，无需重新启动 Flash CS6 程序。

② 固定脚本。选择这个命令将会规定当前编辑的脚本，在确定舞台中有多少动作需要编辑时，固定的脚本将一直存在脚本窗格里。

③ 关闭脚本。它用于解除对脚本的规定，选择这个命令将关闭当前编辑脚本。

④ 关闭所有脚本。它用于将当前所有输入的脚本窗口关闭。

⑤ 转到行。执行这个命令后，在打开的"转到行"对话框中，输入跳转到的语句行，单击"确定"按钮后就可在"脚本"中找到并显示指定的行，如图 7-3 所示。

图 7-3　转到行

⑥ 查找和替换。选择这个命令后在弹出的"查找和替换"对话框中，如图 7-4 所示，输入查找的内容，单击"查找下一个"按钮，即可快速定位到要查找的字符

串。如果选中“区分大小写”复选框,则会对查找的字符串进行大小写的区分,单击“全部替换”按钮,则替换当前窗口中找到的所有匹配字符串。

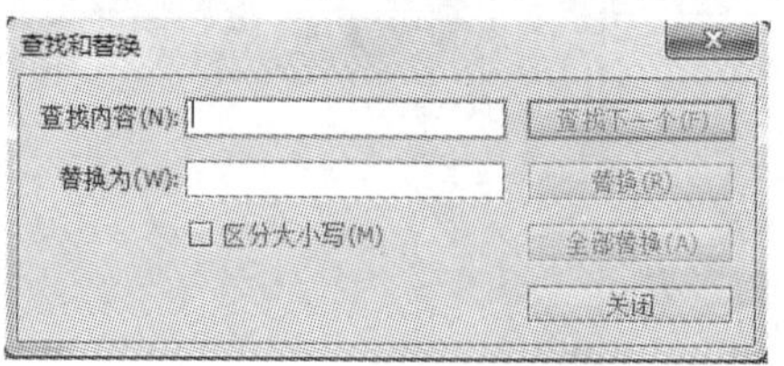

图 7-4　查找和替换

⑦ 再次查找。它用于重复查找在“查找和替换”工具中输入的最后一个搜索字符串。

⑧ 自动套用格式。选择这个命令后可以使用设置的格式来规范输入的脚本。设置套用格式选项,可选择“自动套用格式选项”命令,打开“自动套用格式”对话框,如图 7-5 所示,选择套用格式,然后单击“确定”按钮即可。

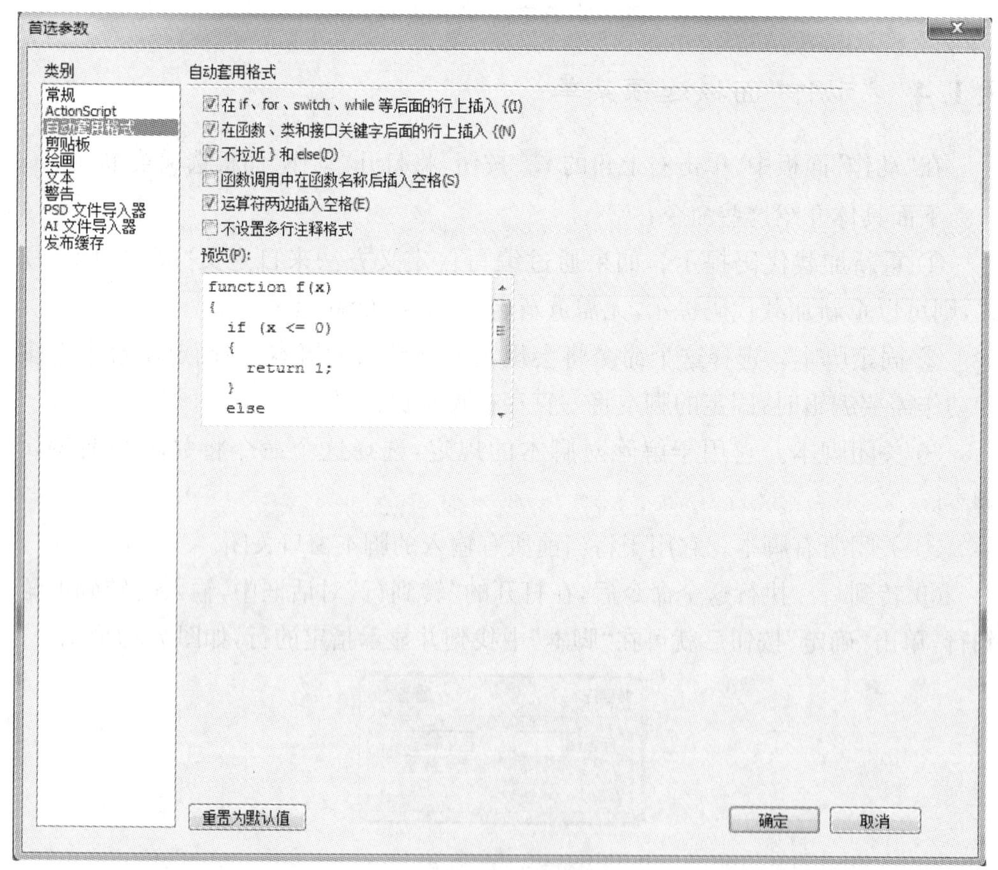

图 7-5　自动套用格式

⑨ 语法检查。通过这个命令可以检查添加到脚本窗格中的语法是否正确。如果语法错误,则会显示一个输出错误的对话框,并提示语法错误,需编者修改。

⑩ 显示代码提示。通过这个命令可以在输入代码时显示代码提示。

⑪ 导入脚本。使用此命令可以将外部文件创建编辑好的脚本文件导入到脚本窗格中。

⑫ 导出脚本。使用此命令可将脚本窗格中添加的动作语句作为文件输出。

⑬ 脚本助手。使用此命令可切换到脚本助手模式，如图 7-6 所示。

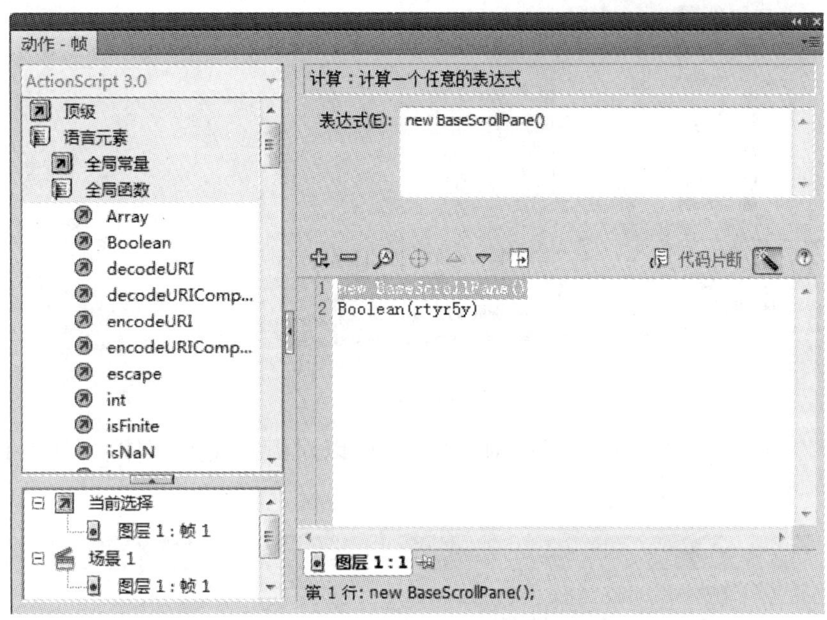

图 7-6　脚本助手

⑭ 使用"脚本助手"。从"动作"工具箱中可以选择项目来编写脚本。单击某个项目一次，面板右上方会显示该项目的描述。双击项目则在"脚本"窗格中将该项目添加到面板右侧的滚动列表中。在脚本助手模式下，可以添加、删除语句或者更改"脚本"窗格中语句的顺序，还可以在"脚本"窗格中上方的文本框中输入动作的参数。

⑮ Esc 快捷键。它用于快速将常见的语言元素和语法结构输入到脚本中。例如，在脚本窗格中按"Esc+G+P"组合键时，"gotoAndPlay()"函数将插入到脚本中。选择该选项后，所有的 Esc 快捷键都会出现在"动作"工具箱中。

⑯ 隐藏字符。它用于查看脚本中的隐藏字符。隐藏的字符有空格、制表符和换行符。

⑰ 行号。它用于在脚本窗格中显示或隐藏语句的行号。Flash CS6 默认显示行号，如图 7-7 所示。

⑱ 自动换行。它可以使输出的动作语句进行换行操作。

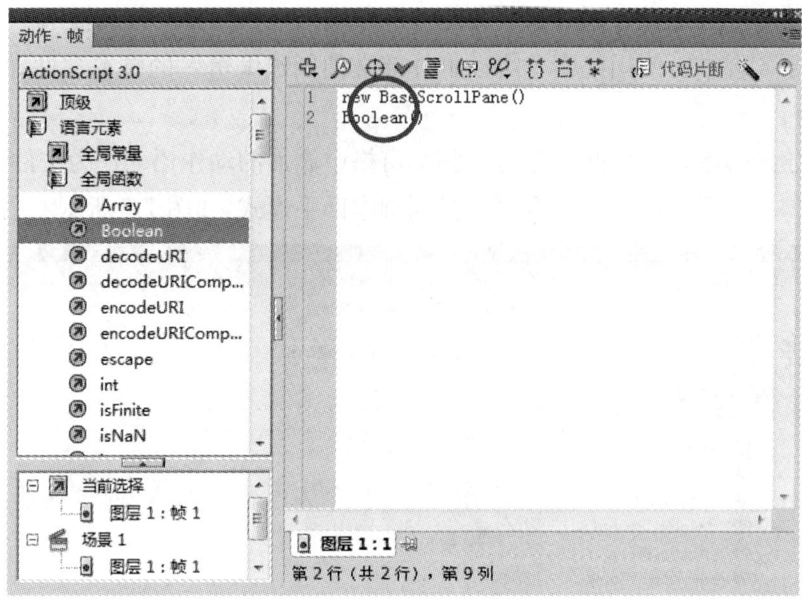

图 7-7　行号

⑲ 首选参数。在“首选参数”对话框里,可以对脚本文本字体、语法颜色等选项进行设置,如图 7-8 所示。

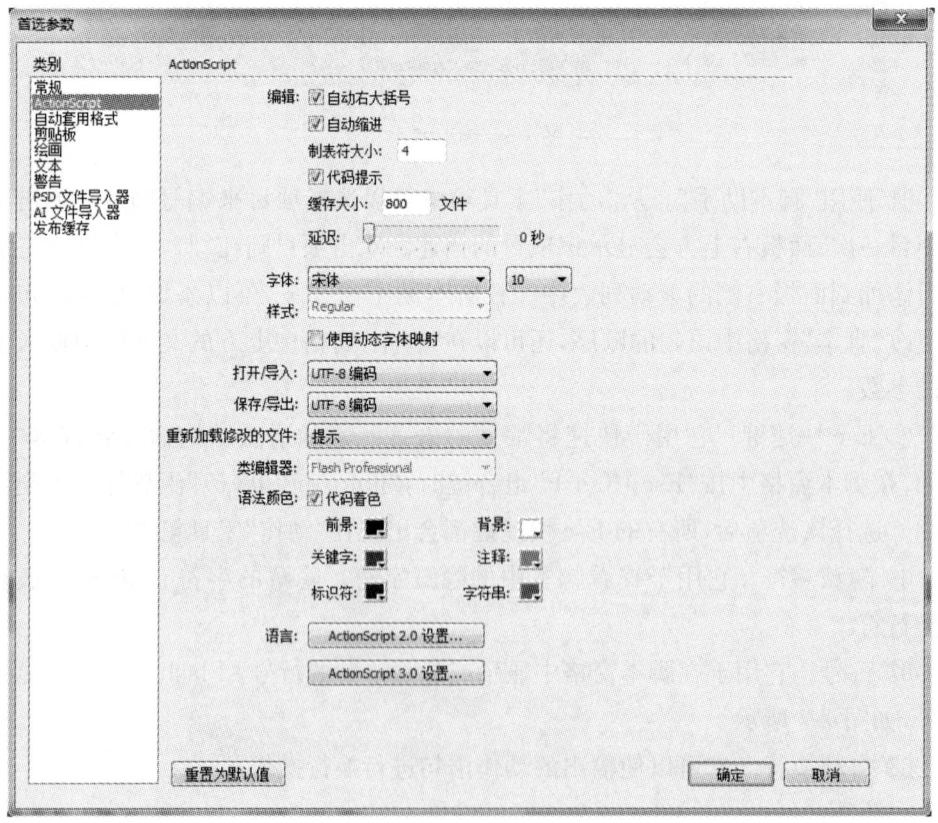

图 7-8　“首选参数”对话框

⑳ 帮助。通过这个命令，激活“帮助”面板，可以帮助用户解决在编辑过程中遇到的困难。

Flash CS6 面板管理可以优化工作区。Flash 允许将面板组合在一起，形成选项卡式面板集。通过将最常用的面板组合在一起，可以使屏幕变得整洁。

7.1.5　设置“动作”面板参数

用户可以通过设置“动作”面板的工作参数，来改变脚本窗格中的脚本编辑风格。可以使用 Flash 首选参数的“ActionScript 3.0”部分设置“动作”面板的首选参数，从中更改相应设置，例如缩进、代码提示、字体和语法颜色，或者恢复默认设置。

设置“动作”面板的参数，可以通过如下操作：

① 从“动作”面板的选项菜单中选择“首选参数”命令；或选择“编辑”菜单中的“首选参数”命令，然后单击“ActionScript”选项卡，如图 7-8 所示。

② 从弹出的“首选参数”对话框中设置以下任意首选参数：

• 编辑。选择“自动缩进”复选框会在“脚本”窗格中自动缩进动作脚本，在“制表符大小”框中输入一个整数可设置专家模式的缩进制表符大小（默认值是 4）。在编辑模式下，选择“代码提示”复选框可打开语法、方法和事件的提示。移动“延迟”滑块可设置在显示代码提示之前 Flash 等待的时间（以秒为单位），默认为 0。

• 字体。从弹出菜单中选择字体和大小来更改脚本窗格中文本的外观。

• 使用动态字体映射。检查以确保所选的字体系列具有呈现每个字符所必需的字形。如果没有，Flash 会替换上一个包含所必需的字体系列。

• 编码。指定打开、保存、导入和导出 ActionScript 3.0 文件时使用的字符编码。

• 重新加载修改的文件。设置何时查看有关脚本文件是否修改、移动或删除的警告。有以下 3 个选项：

↳“总是”。在发现更改时不显示警告，自动重新加载文件。

↳“从不”。在发现更改时不显示警告，文件保留当前状态。

↳“提示”。在发现更改时显示警告，可选择是否重新加载文件，该选项为默认选项。

• 语法颜色。请选择脚本窗格的前景色，并选择关键字（例如 var、if、continue、on）、内置标示符（例如 play、stop、gotoAndPlay）、注释以及字符串的颜色。

• 语言。打开“ActionScript 3.0 设置”对话框。

7.1.6 使用代码提示

用“动作”面板时，Flash 可检测到正在输入的动作并显示代码提示，即包含该动作完整语法的工具提示，或者列出可能的方法或属性名称的弹出菜单。

默认情况下，启用代码提示。通过设置首选参数，可以禁用代码提示或确定它们出现的速度。如果在首选参数中禁用了代码提示，在输入代码时可手动打开它。

通过以下操作之一可以启用自动代码提示：

① 从“动作”面板右上角的选项菜单中选择“首选参数”的命令，然后在“ActionScript 3.0”选项卡上，选择“代码提示”命令。

② 单击脚本窗格上方的“显示代码提示”按钮 。

③ 从“动作”面板的选项菜单中选择“显示代码提示”命令，结果如图 7-9 所示。

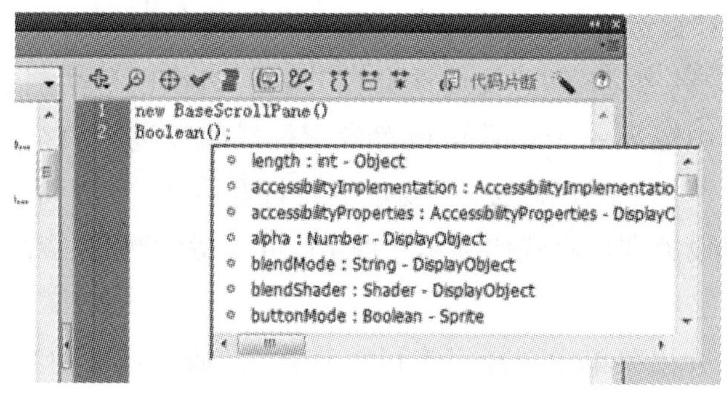

图 7-9 “显示代码提示”命令

通过执行以下操作之一，可以使代码提示消失。

① 选择需要的代码提示。

② 单击该语句之外的地方。

③ 按 Esc 键。

7.2 ActionScript 3.0 术语

为了便于以后的学习，下面介绍一些常用的动作脚本(ActionScript 3.0)术语，以方便用户在使用时查找。

1. 动作脚本专用术语

与其他编程语言一样，ActionScript 3.0 也根据其特定的语法规则使用特定的术语。下面列出一些重要的 ActionScript 3.0 术语，并做简要介绍。

① 动作。在播放过程中指示动画响应触发时间时执行某个操作的语句。例如，“gotoAndPlay”就是将播放头跳转到指定的帧或场景以继续播放动画。

② 常量。常量有数值型、字符串型和逻辑型 3 种，它们的特点如下：

• 数值型就是具体的数值。例如，129、519 和 78.9 等。

• 字符串型是用引号括起来的一串字符。例如，“Flash 8”和“奥运北京 2008”等。

• 逻辑型是用于判断条件是否成立。True 或“1”表示真(成立)，False 或“0”表示假(不成立)。逻辑型常量也叫“布尔常量”。

③ 变量。变量可以赋值一个数值、字符串、布尔值和对象等，还可以为变量赋一个 Null 值，即空值，它既不是数值 0，也不是空字符串，而是什么都没有。数值型变量都是双精度浮点型，不必明确地指出或定义变量的类型，Flash 会在变量赋值的时候自动决定变量的类型。在表达式中，Flash 会根据表达式的需要自动改变数据的类型。

④ 变量的命名规则。变量的开头字符必须是字母、下划线(_)或美元符号($)，后续字符可以是字母、数字等，但不能是空格、句号、保留字(即关键字，它是 ActionScript 语言保留的一些标示符，例如 play、stop、int 等)和逻辑常量等字符。

⑤ 变量的作用范围和赋值。变量分为全局变量和局部变量，全局变量可以在时间轴的所有帧中共享，而局部变量只在一段程序(大括弧内的程序)内起作用。如果使用了全局变量，一些外部的函数将有可能通过函数改变变量的值。

使用 var 命令可以定义局部变量，例如，var ab1 ="奥运北京"。在使用 set variable 命令或者使用赋值号“=”运算符给变量赋值时，可以定义一个全局变量，例如，BT=2008。

⑥ 测试变量的值。通过“动作”面板中的命令列表区内的“全局函数”→“其他函数”目录中的 trace 函数，可以将变量的值传递给“输出”窗口，在该窗口中显示变量的值。该函数的格式是 trace(表达式)。其中的表达式可以是常量、变量、函数和表达式。例如，在某动画的第 1 帧加入如下程序：

```
n="2008 年";
trace(n);
trace("奥运会");
trace("奥运北京"+n);
```

运行程序，调出“输出”面板。

⑦ 注释。为了便于读者理解脚本程序，可以在脚本程序中加入注释内容。注释内容的左边应加入注释符号“//”，构成注释语句。如果要加多行注释内容，

可在开始处加入"/ * "注释符号,在结束处加入" * /"注释符号,构成注释语句。注释语句在程序运行中是不执行的。

⑧ 标识符。它也被称为"识别符",是用来标明变量、属性、对象、函数或方法的名称。标识符的命名应遵守相应的规则,第一个字符必须是字母、下划线(_)或美元符号($),每个后续字符必须是字母、数字、下划线(_)或美元符号($)。例如,firstName 是一个变量名。

⑨ 关键字。它是具有特定意义的保留字。例如,"var"是一个用来声明局部变量的关键字。

⑩ 操作符。它是从一个到多个值计算出一个新值的术语。例如,"+"操作符把两个或多个值加到一起,产生一个新的值。

⑪ 数据类型。它是描述变量或 ActionScript 3.0 元素中可以包含的信息的种类。例如,String、Number、Boolean、Object 和 MovieClip 都是 ActionScript 3.0 的数据类型。

⑫ 参数。通过它可把值传递给函数。例如,下面函数 average 使用的两个值,由参数 a 和 b 来接收。

```
function average(a,b){
  return(Number(a)+Number(b))/2;
}
```

⑬ 函数。它是可以传送参数并能够返回值的可重复使用的代码。

⑭ 表达式。它是语句中能够产生一个值的任意组合,表达式由运算符和操作数组成。例如,a+10 就是表达式。

⑮ 事件。它是播放 SWF 文件时发生的动作。例如,当装载影片剪辑、播放头到达某帧、用户单击按钮或移动影片剪辑,或用户用键盘键入时,都会发生的不同事件。

⑯ 事件处理程序。它用来管理或控制某一事件。例如,"onClipEvent (enterFrame)"就是动作脚本的事件处理程序。

⑰ 目标路径。它是动画中影片剪辑的实例名称、变量和对象的层次地址。在实例面板中可以命名一个影片剪辑实例。主时间轴总是拥有一个名字_root,可以用目标路径指向影片剪辑中的动作,获取或设置变量的值。例如:

```
_root.mc_flower.play()          // _root. mc_flower 就是影片剪辑 mc_flower 的路径
```

2. 面向对象专业术语

动作脚本也是面向对象的语言,内置了一些对象及对象类别。下面就是有关面向对象的专用术语。

① 类。定义对象的类，需要创建一个构造函数。类是各种信息的集合。对象是类的实例，用户可以使用 Flash CS6 预先定义的类，也可以自己定义类。Flash 预先定义的类，都保存在动作面板命令选择区中的对象（Object）列表中。在使用过程中，一般不会再运用“类”这个概念，直接将这些预定义类称为“内置对象”。

② 实例。它是属于某个类的对象，一个类的每个实例都包含该类所有的属性和方法。例如，所有数组都是 Array 类的实例。

③ 实例名。它是用来表示创建的实例的唯一名字。例如，库中的元件名为 aa，而在舞台中，可以对该元件的两个实例命名为 aa1 和 aa2。

④ 方法。它是分配给一个对象的函数。一个函数被分配之后，可以作为对象的方法被调用。

```
d=new Date();
x=d.getDate();                //getDate 是 Date 对象方法的内置函数
```

⑤ 对象。它是属性值的集合。每个对象都有它的名称和值。

⑥ 属性。它是指用于定义对象的属性。例如，“_visible”是影片剪辑的一个属性，用来定义该影片剪辑是否可见。

7.3　ActionScript 3.0 语法

动作脚本具有一定的语法规则，用户只有遵守这些语法规则，才能正确创建、编译和运行动作脚本。下面介绍适用于所有动作脚本的一般语法规则。

1. 点语法

在很多面向对象的语言中，“.”指向关于一个对象的某个属性和方法。当然，在 Flash 中它还可以表示一个变量或影片剪辑的目标和路径。

点的左侧可以是动画中的对象、实例或时间轴，点的右侧可以是与左侧元素相关的属性、目标路径、变量或动作。下面是 3 种不同的形式：

```
mymc._visible=0;
menuBar.menul.item5;
_root.gotoAndPlay(5) ;
```

在第 1 个语句中，名为 mymc 的影片剪辑通过使用“.”语法将_visible 属性设置为 0，使得它变透明。第 2 个语句显示了变量 item5 的路径，它位于动画 menul 中，menul 又嵌套在动画 menuBar 中。第 3 语句使用_root 命令，主时间轴跳转到第 5 帧并进行播放。

2. 大括号

在很多高级语言中,“{}”是十分常用的。ActionScript 3.0 使用大括号符号{}来组织脚本元素。在下面的程序中,当鼠标被按下时,大括号之间的所有语句将被执行。

```
on(release){
    cir.setRGB(0x00cc00);
}
```

3. 分号

在 ActionScript 3.0 中使用分号作为结束标志。例如,下面的语句中就使用分号作为结束标志。

```
gotoAndPlay();
row=0;
```

如果忽略了分号,Flash 也能正确编译脚本,但最好还是使用分号作为结束标志。

4. 小括号

小括号“()”是表达式中的一个符号,简称“括号”,具有运算符的最优先级别。在定义函数时,要将所有参数都放在括号中,例如:

```
function myuser(name,age){
...
}
```

当用户调用函数时,需要使用括号将参数传递给函数。例如:

```
myuser("Linda", 18);
```

5. 大写和小写字母

在 ActionScript 3.0 中,关键字、类名、变量等都区分大小写,其他则无所谓。例如,下面语句是等价的。

```
Fly.gotoAndStop(15);
FLY.gotoAndStop(15);
```

但是,最好统一大小写,这样在使用动作脚本代码中的函数和变量名等时更容易识别。例如,下面的语句就可以验证动作脚本是区分大小写的。

```
var i=1;
var I=2;
trace("i="+i);
trace("I="+I);
```

6. 关键字

在动作脚本中保留了一些标识符作为内置对象、函数等的标识。这些标识就是关键字，用户在编写脚本代码的过程中，不能用这些关键字作为变量、函数或自定义对象的标识，而且在脚本代码中使用关键字时，必须小写。

例如，由于 "VAR myage=20;"把关键字 var 写成了大写，因此 Flash 在执行时会报错。

动作脚本中的常用关键字如表 7-1 所示。

表 7-1　动作脚本中常用关键字

break	case	continue	class	default	delete
dynamic	else	extends	for	function	get
if	implements	import	in	interface	intrinsic
new	private	public	return	set	switch
this	typeof	var	void	while	with

7. 注释

(1)单行注释

在脚本中使用字符"//"来表明其后的内容为注释内容，它们在脚本的编辑窗口中以灰色显示，注释语句不会影响 Flash 输出文件的大小，只是便于阅读和理解脚本。如下所示：

```
on (press){
myDate=new Date();                    //创建新的 Date 对象
Cu—year=myDate.getYear();             //获取当前日期中的年份
}
```

(2)多行注释

在注释行开头加/ *，在注释末尾添加 * /。如果不想让某些脚本代码运行，可以将其"注释"掉。在命令行开头添加/ *，在末尾添加 * /形成注释块，如下所示：

```
/ *
With (ball){
x+=1;
—y+=10;
}
/ *
```

7.4 设置帧动作

在 Flash 影片中,要使影片播放到时间轴中的某一帧时执行某项动作,可以为该关键帧添加一项动作。例如,在时间轴上,现在需要在第 2 帧和第 25 帧之间制作一个循环,那么,需要在第 25 帧加入"gotoAndPlay(2);"语句。

使用"动作"面板设置帧动作的步骤如下:

① 新建一个文件。

② 在层"图层 1"的第 2 帧和第 25 帧处插入关键帧,并在舞台上添加一些内容。

③ 将添加动作的帧放在一个独立的层上是一种很好的习惯。在层"图层 1"之上添加一个动作层专门放置带有程序的帧。

④ 在动作层的第 2 帧和第 25 帧处插入关键帧。

⑤ 选中第 25 帧,选择"窗口"→"动作"命令将弹出"动作"面板。

⑥ 单击动作工具箱中的"动作"域将其展开,再单击"影片剪辑"将其展开。

⑦ 双击语句 goto 向动作编辑框中添加语句 gotoAndPlay(1)。

⑧ 将参数面板中 Frame 文本框的内容设为 2。

当为帧添加了一条语句后,包含有动作的帧上面就会出现一个字母"a"。

7.5 设置按钮动作

在影片中,如果想让鼠标在单击或者滑过按钮时让影片执行某个动作,可以为按钮添加动作。在 Flash CS6 中,用户可将动作添加给按钮元件的一个实例,而该元件的其他实例将不会受到影响。

为按钮添加动作的方法与为帧添加动作的方法相同,但是,为按钮添加动作时,必须有动作套在"on"处理函数中,并添加触发该动作的鼠标或键盘事件。将"on"处理函数拖放到脚本窗格中后,在弹出的下拉列表里选择一个事件即可,如图 7-10 所示。

下面是对"on"处理函数的具体解释:

按下 on (press)。它指鼠标指针经过按钮时按下鼠标。

释放 on (release)。它指在鼠标指针经过按钮时释放鼠标按钮。

外部释放 on (releaseOutside)。它指鼠标指针在按钮之内按下按钮后,将鼠标指针移到按钮之外释放鼠标。

划过 on(rollOver)。它指鼠标指针划过按钮。

划离 on(rollOut)。它指鼠标指针移出按钮区域

拖过 on(dragOver)。它指在鼠标指针移过按钮时按下鼠标，然后移出此按钮，再移回此按钮。

拖离 on(dragOut)。它指在鼠标指针划过按钮时按下鼠标，然后划出此按钮区域。

按键 on(keyPress)。它指按下指定的键(key)。

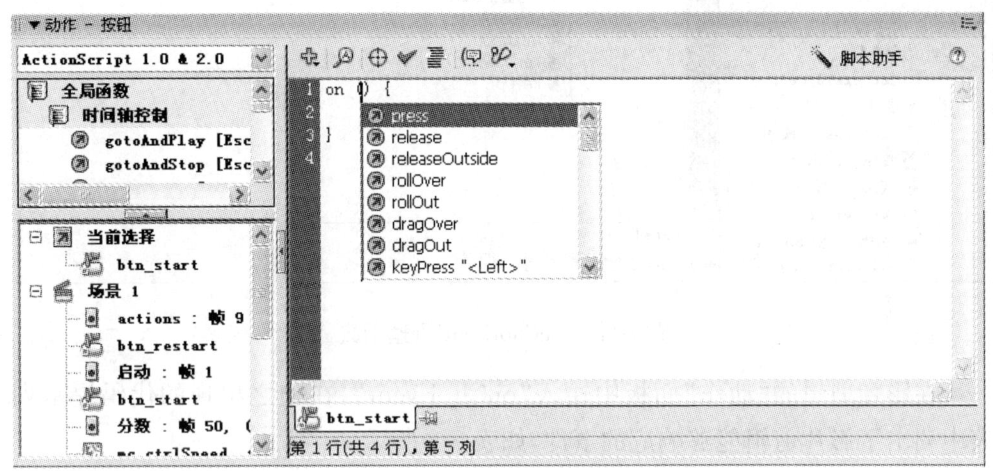

图 7-10　"on"处理函数

使用动作面板为指定按钮添加动作的步骤如下：

(1) 选择一个按钮，如果"动作"面板没有打开，选择"窗口"菜单的"动作"命令打开它。

(2) 要指定动作，请执行以下操作之一：

① 单击"动作"工具箱中的文件夹，双击某个动作将其添加到脚本窗格中。

② 把动作从"动作"工具箱拖到脚本窗格中。

③ 单击 按钮，然后从弹出的菜单中选择一项动作。

(3)在面板顶部的参数文本框中，根据需要输入动作的参数。

(4)重复步骤 2 和步骤 3，根据需要指定其他动作。

7.6　设置动画片段动作

通过为影片剪辑添加动作，可在影片剪辑加载或者接收到数据时让影片执行动作。用户可将动作添加给影片剪辑的一个实例，而元件的其他实例不受影响。

在 Flash CS6 中，用户可以使用为帧和按钮添加动作的方法来为影片剪辑添加动作。此时必须将动作套在"onClipEvent"处理函数中，并添加触发动作的剪

辑事件,将"onClipEvent"处理函数拖入脚本窗格之后,用户可以从弹出的下拉列表里选择相应事件,如图 7-11 所示。

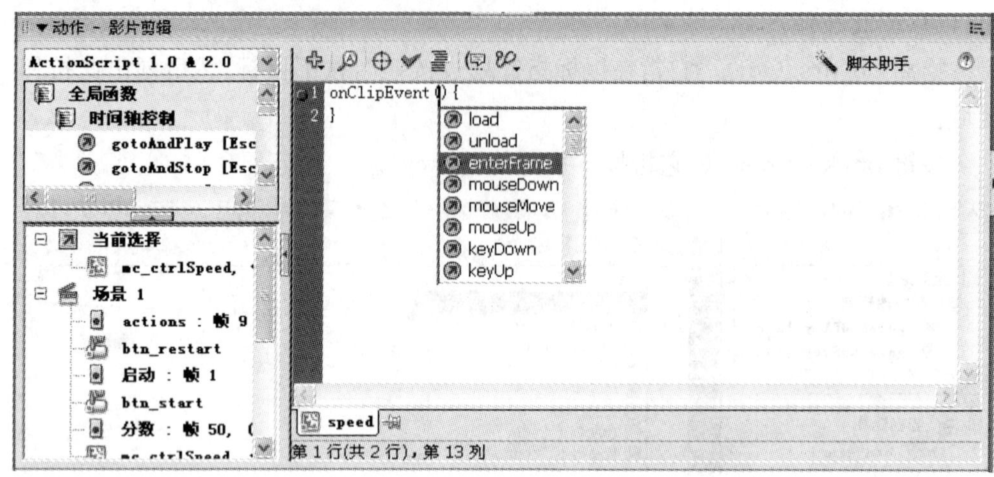

图 7-11 "onClipEvent"处理函数

在影片剪辑的"动作"面板中输入"onClipEvent",在随之出现的代码提示列表中列出了影片剪辑能够响应的事件,如表 7-2 所示。

表 7-2 影片剪辑能够响应的事件

事件处理函数	说明
Load	影片剪辑被加载并显示在时间轴中
UnLoad	影片剪辑被删除并从时间轴中消失
EnterFrame	播放关键帧进入到影片剪辑实例所在的帧
MouseMove	移动鼠标
MouseDown	按下鼠标左键
MouseUp	释放鼠标左键
KeyDown	按下键盘上的键
KeyUp	释放键盘上的键
Data	通过方法接收外部数据时引起该事件

7.7 控制主动画

在简单的动画中,Flash CS6 按顺序播放影片中的场景和帧。用户通过使用控制动画语句可以用键盘和鼠标跳到影片中的不同部分执行许多交互操作。

7.7.1 时间轴控制语句

时间轴控制语句是最基本的动作语句,用于控制播放头所在的位置。该语句位于“动作”窗口的“全局函数”→“时间轴”控制目录下。

(1) gotoAndPlay。它用于将播放头转到场景中指定的帧,并从该帧开始播放。例如:

```
gotoAndPlay (5); //将播放头转到当前场景中的第5帧,并开始播放。
gotoAndPlay (“场景2”,25);//将播放头转到场景2的25帧,并开始播放。
gotoAndPlay (“背景”,“circle”);
//将播放头转到场景“背景”中的帧标签为circle所在的帧,并开始播放。
mymc.gotoAndplay(currentframe+4);
//将影片剪辑元件mymc的播放头转到当前帧加4帧的位置,并开始播放。
```

(2) gotoAndStop。它用于将播放头转到场景中指定的帧并从该帧停止播放。使用方法与gotoAndPlay命令基本相同。例如:

```
gotoAndStop (10)        //将播放头转到当前场景中的第10帧,并停止播放。
on (press) {
gotoAndStop("sound");
}
```

//当在按钮上按下鼠标时,它用于将播放头转到当前场景帧标签为sound的帧,并停止播放。

(3) nextFrame/prevFrame。它用于将播放头跳转到下/上一帧并停止。例如:

```
prevFrame();   //将播放头转到上一帧并停止播放,若当前帧为第一帧,则播放头不移动
on(release){
nextFrame();
}              //单击按钮时,播放头转到下一帧并停止
```

(4) nextScene/prevScene。它用于将播放头跳转到下、上一个场景并停止。例如:

```
prevScene():   //将播放头转到上一个场景的第一帧并停止
on(release){
  nextScene();
}              //单击此按钮时,播放头转到下一帧并停止
```

(5) stop。它用于停止当前正在播放的SWF文件。例如:

```
stop():   //将播放头移至添加该语句的帧时,停止SWF文件的播放
```

(6) play。它表示在时间轴中向前移动播放头。该语句的使用方法与 stop()语句基本相同。例如:

```
on(release){
mc.play();
} //当单击按钮时继续播放影片剪辑元件
```

(7) stopAllSounds。它用于停止 SWF 文件中当前正在播放的所有声音,但不停止动画的播放。但是对于同步方式不同的声音来说,当播放头移动过所在的帧时,可能会恢复播放。例如:

```
stopAllSounds();      //当动画播放至指定帧时,停止 SWF 动画中所有声音
  on(release){
 stopAllSounds() ;
}                     //当单击按钮时,停止 SWF 动画中当前的所有声音
```

7.7.2 浏览器/网络语句

浏览器/网络中的语句或函数主要用于控制动画的播放窗口以及共享和加载资源。

(1)fscommand。该函数用于使 SWF 文件与 Flash Player 或 Web 浏览器进行通信。并可以将消息传递给 Macromedia Director、VB、VC++和其他可承载 ActiveX 控件的程序。例如:

```
fscommand("fullscreen",true);   //设置 Flash Player 为全屏播放方式
fscommand("fullscreen",false);  //设置播放器始终按影片的原始大小绘制影片
fscommand("showmenu",false);    //设置 Flash Player 的时间上下文菜单不可用
on(release){
 fscommand("quit") ;
}                               //当单击按钮元件时,退出播放窗口
```

(2)getURL。它用于将特定 URL 的文档加载到窗口中,或将变量传递到位于所定义 URL 的另一个应用程序。例如:

```
on(release){
 getURL("HTTP://WWW.sina.com",_oarent} ;
}              //当单击按钮元件后,一个新 URL 加载到空的浏览器窗口中
```

(3)loadMovie。该函数用于在播放原始 SWF 文件的同时将 SWF 文件或 JPEG 文件加载到 Flash Player 中,例如:

```
on(release){
  loadMovie ("跳动的小球.swf",_root.my_mc} ;
}        //单击按钮元件后,将动画文件"跳动的小球.SWF"加载至当前动作的实例 my_mc 位置
```

(4)unloadMovie。该函数用于删除用 loadMovie 函数调用的 SWF 文件。

例如:

```
on(release){
  unloadMovie("_root.my_mc");
}                 //单击按钮元件后,删除加载至实例 my_mc 的 SWF 文件
```

(5)loadMovieNum。该函数用于在播放原来加载的 SWF 文件的同时,将 SWF 文件或 JPEG 文件加载到 Flash Player 中的某个级别。例如:

```
on(release){
   loadMovieNum (http://www.sina.com/背景.jpg,1);
}             //将图片文件"背景.jpg "加载到 Flash Player 的级别 1 中。
```

(6)loadVariablesNum。该函数用于从外部读取数据,并设置 Flash Player 级别中变量的值。例如,从文本文件、CGI、脚本、ASP、PHP 或 Perl 脚本生成的文本中读取数据,并设置 Flash Player 级别中变量的值。

```
on(release){
  loadVariablesNum("说明.txt",2);
    }  //将来自文本文件中的信息加载到 FlashPlayer 中级别 2 处的 SWF 文件的主时间轴上
           的文本字段中。文本字段的变量名必须与"说明.txt"文件中的变量名匹配。
```

7.8 控制动画片段

影片剪辑控制语句用于控制对象的播放、复制和删除等,位于动作窗口的"全局函数"→"影片剪辑"控制目录中。

(1) on。它用于当发生"鼠标事件"或者"按键事件"时,执行事件后面大括号中的语句。例如:

```
on(press){
trace(my_mc,_x)
}                      //当鼠标经过按钮并且按下鼠标时显示实例 my_mc 的_x 坐标
on(release){
ball.setRGB(0xooooFF)
```

```
}                          //单击按钮元件后，将实例 ball 的颜色变为蓝色
on(rollOver){
stopAllSounds();
}                          //当鼠标滑过按钮时，停止播放所有的声音
on (releaseOutside){
getURL(http://www.sina.com,"blank");
}
                    //当鼠标按下按钮后，将鼠标移出再释放鼠标时，打开一个新的链接窗口
on (rollOver{
getURL(http://www.sina.com.,"blank");
}                          //当鼠标滑过按钮时，打开一个新的链接窗口
on (dragOut){
gotoAndPlay("endsound")
}
                  //当鼠标按下按钮后并将鼠标移出时，播放头转到当前场景的 endsound 帧
on (dragOver){
gotoAndPlay(8);
}                          //当鼠标按下按钮后，将鼠标移出再移回时，播放头转到第 8 帧
on (keyPress"<home>"){
gotoAndPlay("home")
}                          //当换下[home]键时，播放头转到 home 帧
```

(2) duplicateMovieClip。它用于在动画播放时创建影片剪辑实例。例如：

```
on (press){
duplicateMovieClip("hua","hua1",1);
  setProperty("hua1",_x,random(300)+80);
  setProperty("hua1",_y,random(350)+70);
}            //在按钮上按下鼠标，在新的位置复制实例 hua，并指定名称为 hua1
```

(3) getProperty。它用于返回实例的指定属性值。例如：

```
on (press){
star_x=getProperty("my_mc",_x)  //单击按钮元件后，输出实例 my_mc 的水平轴坐标的值
```

(4) onClipEvent。它是事件处理函数，可触发特定影片剪辑实例定义的动作。例如：

```
onClipEvent (load){
setProperty ("my_mc",_visible,false);
}
                                    //影片剪辑一旦被实例化，设置实例 my_mc 不可见
```

```
onClipEvent(enterFrame){
setProperty("flower", _visible,0);
}          //当播放至实例所在的帧时,设置实例 flower 为不可见
onClipEvent(mouseDown){
getURL(http://www.sina.com.,_top);
}          //当按下鼠标时,打开相应的链接窗口
```

(5) removeMovieClip。它用于删除原来使用 duplicateMovieClip()创建的指定影片剪辑。例如:

```
{
  duplicateMovieClip("person_mc","second_mc",1);
  second_mc._x=55;
  second_mc._y=85;
  removeMovieClip("second_mc");
}           //单击按钮元件后,删除名为 second_mc 的影片剪辑
```

(6) setProperty。它用于设置影片剪辑的属性值。例如:

```
on(release){
      setProperty("flower",_alpha,"80");
   }     //当用户单击与此事件处理函数相关联的按钮时,将 flower 影片剪辑的_alpha 属
            性设置为 80 %
```

(7) startDrag。它用于拖动影片剪辑或按钮。鼠标移动时,影片剪辑或按钮会随着鼠标光标的位置移动。例如:

```
on (press) {
  startDrag(true);
}     //用鼠标拖动实例可以改变实例的位置
on (press) {
  startDrag("flower",true,200,200,100,100);
     //在指定上下左右边界的区域内移动实例 flower
```

(8) stopDrag。它用于释放当前鼠标拖动的对象。例如:

```
on(release) {
  stopDrag ();
  gotoAndplay("Sound");
  loadMovie("音乐.sef",myMovieClip);
}
```

(9)targetPath。它用于返回包含指定影片剪辑的目标路径的字符串。例如：

```
onClipEvent(load){
  trace(targetPath,this)
}
```

(10)updateAfterEvent。它用于在完成指定的影片剪辑后,更新显示内容。例如：

```
onClipEvent(mouseMove){
  updateAfterEvent();
}        //移动鼠标时启动动作并更新显示内容
```

7.9 变量和表达式

本节将介绍变量、运算符及表达式的应用,通过这些可以增强动画的交互功能。

7.9.1 变量

变量是程序中可以改变的值。变量是编写脚本程序最重要的数据来源,它是存储信息的容器,容器本身始终不变,但内容可以改变。在动画播放时,通过变量可以记录和保存用户操作的信息,记录动画播放时更改的值,或计算某个条件是真还是假等。

在动作脚本中首次定义一个变量时,最好赋给它一个已知的值,称为“初始化变量”。变量被赋值时,被赋的值的数据类型就是变量的数据类型。变量具体的应用,用户可以在后面的实例中体会。

(1) 变量的命名。

变量的命名必须遵循以下规则：

① 变量名必须是一个标识符。

② 变量名不能是关键字或逻辑常量。

③ 变量名在其作用范围内必须是唯一的。

此外,不应该将动作脚本语言中的任何元素用作变量名称,这样会导致语法错误或意外的结果。

(2) 变量的类型。

在 Flash CS6 的动作脚本中,给变量赋值时会自动确定变量的数据类型。例如：

```
age=18;
name="marry";
```

在表达式age=18中,变量age是数值变量。在表达式name="merry"中,系统将自动把变量name的数据类型确定为字符类型。如果声明了一个变量,但又没有给变量赋值的话,那么这个变量不属于任何类型,在Flash中它被称为"未定义型"(undefined)。

当把一个值传递给trace动作时,trace自动把该值转换为字符串,并把它传送到"输出"面板。在调试动作脚本时确定表达式或变量的数据类型,对了解它们在动画播放时起什么作用是很有用的。使用typeof操作符可以确定表达式或变量的数据类型。例如,下面的代码:

```
trace(typeof(variableName));
```

该语句将在"输出"面板中显示出变量的类型。

另外,在动作脚本中可以使用Number()函数将字符串转换为数值,使用String()函数将数值转换为字符串。例如,在下面的代码中,使用Number()函数将字符串类型数据转换为数值数据。

```
age="18";
Number(age);//把变量"age"的值转换成数值类型,它的值是18。
age=18;
String(age);//把变量"age"的值转换成字符串类型,它的值是18。
```

(3) 变量的作用域。

变量的作用域是指能够识别和引用变量的区域。在动作脚本中,将变量分为全局变量和局部变量。全局变量可在所有时间轴中共享;局部变量只在它所在的代码块内(花括号之间)有效。在动作脚本中,使用局部变量可以有效防止变量名的冲突,在函数体内使用局部变量会使函数成为可重用的独立代码段。而全局变量通常用于完成不同代码段之间数据的传递任务。例如,在一个代码块中引用另一个代码中的变量,或者是在整个动画中传递某个变量的值。

(4) 变量的声明。

声明全局变量,可以使用set Variable命令或赋值操作;声明局部变量,可以在函数体内使用var语句。局部变量作用范围只限于它所在的代码块内。

(5) 在动作脚本中使用变量。

在动作脚本中必须声明变量,然后才能在表达式中使用这个变量。如果使用一个未声明的变量,该变量的值将是NaN或undefined,脚本会产生意外的结果。

在动作脚本中可以多次更改一个变量的值。例如,在下面的例子中,x 赋值为 10,该值传递给 y,在第 3 行给 x 重新赋值 20,此时 x 的值为 20,但 y 的值仍然为 10。

```
var x=10;
var y=x;
var x=20;
```

另外,若要引用动画或影片剪辑中的变量,就需要在变量名的前面加上路径,用以指明变量的出处。例如,表达式_root. fly. n 表示在主时间轴中调用影片剪辑 fly 中的变量 n。

7.9.2 运算符及表达式

运算符(即操作符)是能够提供对常量与变量进行运算的元件。表达式是用运算符将常量、变量和函数以一定的运算规则组织在一起的式子。表达式可分为 3 种:算术表达式、字符串表达式和逻辑表达式。在 Flash CS6 的表达式中,同级运算按照从左到右的顺序进行。

使用运算符既可以在“动作”面板程序编辑区内直接输入,也可以在“动作”面板命令列表区的“运算符”目录下,双击其中一个运算符来输入,还可以单击“动作”面板内辅助按钮栏中的“将新项目添加到脚本中”按钮,再单击“运算符”菜单下的一个运算符。

字符串的比较是与字符相应的 ASCII 码的大小比较。

运算符是指能够对变量进行运算的符号。在 Flash CS6 中提供大量的运算符,如算术运算符、字符串运算符和逻辑运算符等。如果需要使用运算符,既可以在一般的函数或语句的 value 文本框中直接输入,也可以在命令列表窗口中选择 Operators 选项,在子菜单中双击一个运算符,添加到“命令”编辑窗口中。

表达式是指将运算符和运算对象连接起来符合语法规则的句子。通过把操作符和值结合在一起或通过函数调用可以建立表达式。

(1) 算术运算符和算术表达式。

算术运算符执行加、减、乘、除和其他算术运算。其中,增量或减量运算符最常见的用法是i++ 、++i或i--、--i。算术表达式是用算术运算符和括号将运算对象连接起来的符合语法规则的式子。表 7-3 列出了 ActionScript 3.0 中常用的算术运算符。

表 7-3　算术运算符

运算符	执行的运算	运算符	执行的运算
＋	加法	%	求模(求余数)
－	减法	＋＋	递增
*	乘法	－－	递减
/	除法		

(2) 比较运算符和比较表达式。

比较运算符用于比较表达式的值，然后返回一个布尔值(true 或 false)。比较运算符最常用于条件语句和循环语句中。表 7-4 列出了 ActionScript 3.0 中常用的比较运算符。

表 7-4　比较运算符

运算符	执行的运算	运算符	执行的运算
＞	大于	＞＝	大于等于
＜	小于	＜＝	小于等于

例如，如果变量 i 的值大于 50，就加载文件 bird.swf，否则加载文件 dog.swf。

```
if(i>50) {
  loadMovieNum("bird.swf",10);
}else {
  loadMovieNum("dog.swf",10);
}
```

(3) 逻辑运算符和逻辑表达式。

逻辑运算符是对布尔值(true 或 false)进行比较，然后返回第三个布尔值。表 7-5 列出了 ActionScript 3.0 中常用的逻辑运算符号。

表 7-5　逻辑运算符

运算符	执行的运算	运算符	执行的运算
&&	逻辑“与”	||	逻辑“或”
!	逻辑“非”		

逻辑运算符和操作数连在一起形成逻辑表达式。在逻辑表达式中，只有当两个操作数都为 true 时，逻辑“与”表达式才为真，否则全为假；只有当两个操作数都为 false 时，逻辑“或”表达式才为假，否则全为真。逻辑运算符通常与比较运算符结合使用，以确定 if 动作的条件。例如：

```
if( i>=10 && _framesloaded >50) {
   stop() ;
}
```

(4) 赋值运算符和赋值表达式。

使用赋值运算符(=)为可以变量赋值。用赋值运算符将变量和表达式连接起来形成赋值表达式,例如,"age=18;"。使用赋值运算符可以在一个表达式中给多个变量赋值,例如,"a=b=c=7;"。表7-6列出了动作脚本的赋值运算符。

表7-6 赋值运算符

运算符	执行的运算	运算符	执行的运算
=	赋值	+=	相加并赋值
-=	相减并赋值	*=	相乘并赋值
/=	相除并赋值	%=	求模并赋值
<<=	按位左移位并赋值	>>=	按位右移位并赋值
>>>=	右移位填零并赋值	&=	按位"与"并赋值
|=	按位"或"并赋值	^=	按位"异或"并赋值

(5) 等于运算符和等于表达式。

等于运算符(==)可以确定两个操作数的值或标识是否相等并返回一个布尔值。如果操作数是字符串、数值或布尔值,将通过值进行比较。如果操作数是对象或数组,将通过引用进行比较。等于运算符和操作数连在一起形成等于表达式。例如,if(n==100)。

如果将表达式写成:n=100,则是错误的,该表达式完成的是赋值操作而不是比较操作。完全等于运算符(===)与等于运算符(==)相似,但有区别。完全等于布尔运算符不执行类型转换。如果两个操作数属于不同类型,完全等于运算符会返回false。不完全等于运算符(!==)会返回完全等于运算符的相反值。表7-7列出了ActionScript 3.0中常用的相等运算符。

表7-7 相等运算符

运算符	执行的运算	运算符	执行的运算
==	等于	!=	不等于
===	完全等于	!==	不完全等于

提示:当在同一语句中使用两个或多个运算符时,动作脚本按照标准的等级来决定哪一个运算符优先执行。

各类运算符号的优先次序如表7-8所示。

表7-8 运算符号的优先次序

次序	类别
1	算术运算符号
2	字符串运算符号
3	关系运算符号
4	逻辑运算符号

7.10　函　　数

函数的使用使 Flash 的交互性大大地加强。它用来对常量和变量进行某种运算，产生的值可控制动画的进行。

7.10.1　函数的定义

函数是一个动作程序的代码块，它可以在.swf 文件中的任意位置重复使用。函数是用来对常量、变量等进行某种运算的方法，如复制影片剪辑和产生随机函数等，Flash 中的函数跟其他编程语言中函数的定义和作用基本相同。

使用函数，可以方便地进行参数的传递。例如，当某些按钮的功能相同时，如果不使用函数，就必须为它们一一编写脚本。如果使用函数，就可以先将脚本代码写在函数中，然后在其他地方调用该函数，这样非常方便。即使代码全部改变，也只需要将函数中的参数改变即可。

函数一般使用在表达式中，所有的函数都必须在函数名之后跟一对小括号。函数可以没有参数，也可以有一个或多个参数。例如，play()参数就没有参数；gotoAndPlay([scene], frame)函数就有参数。scene 为一个可选字符串，它指定播放头要转到的场景的名称，frame 表示将播放头转到的帧编号的数字，或者表示将播放头转到的帧的标签的字符串。

在 Flash 中，用户不仅可以调用系统自带的内置函数，还可以自己定义函数。自定义函数和内置函数的使用方法基本一样，它们最大区别在于，自定义函数除了可以返回一个值之外，还可以进行其他操作。

7.10.2　内置函数的使用

内置函数也称“预定义函数”，是 ActionScript 3.0 在内部集成的函数，也就是 Flash 已经完成了函数定义的过程，用户可以直接调用这些函数。如果要调用在 MovieClip 中定义的函数，则必须要写明函数的路径。

在“动作”面板的动作编辑区直接输入函数时，只要写出正确的函数名称并给予响应的参数即可。此时如果写入了正确的函数名，就会有代码提示功能，提示用户该函数后面的参数类型，如图 7-12 所示。

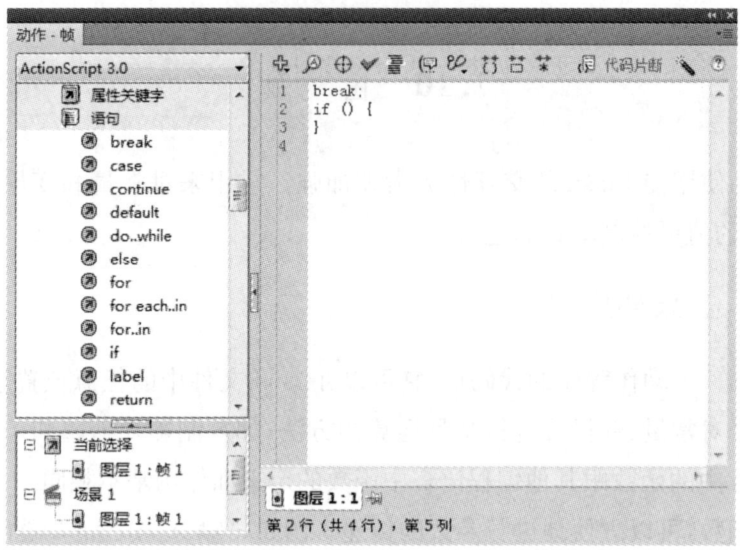

图 7-12　参数类型

平常所说的动作工具箱中的函数就是 Flash 自带的预定义函数,如图 7-13 所示。

图 7-13　预定义函数

7.10.3　自定义函数

函数的命名规则如下:

① 函数名必须以英文字母开头,而不能以数字或者其他特殊的符号开头。

② 定义函数时应根据实际需要混合使用大小写字母和数字。

③ 不能使用 ActionScript 3.0 中的关键字对象或者属性作为函数名,如果名称相同,则可能造成冲突。

④ 每个函数名都以 2 个或 3 个字母的缩写开始。

⑤ 函数名不能包含控制或者据点,但是名称中间可以使用下划线。

1. 自定义函数

自定义函数是完成一些特定任务的程序，在程序中可以通过调用这些函数来完成具体的任务。自定义函数有利于程序的模块化。通过“function(){ }”可以定义自己需要的函数。例如，在舞台工作区内创建一个输入文本框，其变量名为“TEXT”。在舞台中加入一个按钮元件实例(名称为“AN1”)。在第 1 帧输入如下程序：

```
function example1(n){
        var temp;
        temp=n*n*n*n;
        return temp;
    }
    AN1.onPress=function(){
        _root.TEXT=example1(TEXT);          //计算平方
    }
```

然后，单击“控制”→“测试影片”命令，测试该程序。程序运行后，在文本框内输入一个数，再单击按钮，即可在该文本框内显示输入数的平方值。例如，在输入文本框中输入 2，然后单击按钮元件，输入文本框中会显示 16(2 的 4 次方是 16)。

函数的返回值：函数中的 return 用来指定返回的值，在命令选择区中选择 return 命令，return 命令的参数是函数所要返回的变量，这个变量包含着所要返回的值。

注意：并非所有的函数都有返回值，有的函数可以通过共享一些变量来传递值。

调用函数的方法：上面例子中的“_root.TEXT＝example1(TEXT)”，直接将文本变量 TEXT 的值作为参数传递给 example1(n)函数的参数 n。通过函数内部程序的计算，可将函数的返回值直接返回到文本变量_root.TEXT 中。

2. 数学（Math）对象

数学(Math)对象的常用方法在“动作”面板内命令列表区中的“ActionScript 3.0 类”→“核心”→“Math”→“方法”目录下。数学对象不需要实例化，其方法可以像使用一般函数那样来使用(注意前面应加“Math”)。

3. “转换”全局函数

“转换”全局函数可以从“动作”面板命令列表区的“全局函数”→“转换函数”目录下找到。

(1) Boolean 函数。

格式:Boolean (expression);

功能:将 expression 的值转换为逻辑值。expression 可以是数字、字符串或表达式。

(2) Number 函数。

格式:Number (expression);

功能:将 expression 的值转换为数值。expression 可以是字符串、逻辑值或表达式。

(3) String 函数。

格式:String (expression);

功能:将 expression 的值转换为字符串。expression 可以是数字、逻辑值或表达式。

下面自定义并调用一个简单的函数,新建 Flash 文档并将以下代码添加到该文档的第 1 帧中。

```
function traceHello (name :string ) :void{
  trace ("雨中花朵,"+"name"+"!");
}
traceHello("依然美丽!");        //按下 F2 键打开"输出"面板,输出:雨中花朵,依然美丽!
```

上述代码创建了一个名为 traceHello()的用户自定义函数,该函数具有一个参数 name,并会输出一条信息。如果要调用此函数,可以从定义函数的同一个时间轴调用 traceHello,并传入一个字符串值。

在动作脚本中使用 function 语句定义函数,和变量一样,后面定义的同名函数将会覆盖前面定义的同名函数。但是,如果函数参数的个数不同,即使名称相同,Flash 也认定它们是两个不同的函数,在面向对象编辑的理论中,这种定义函数的方式叫做“方法重载”。

例如:

```
//从两个数中找出最大数的函数
function max(a,b){
  if (a>=b){
    return a;
  }else {
    return b;
  }
}
```

```
//从3个数找出最大数的函数
function max (a,b,c) {
  if (a>=b) {
    if (a>=c) {
      return a;
}
} else {
if (b>=c) {
  return b;
} else {
    return c;
      }
    }
}
```

上面的例子 max(a,b) 与 max(a,b,c)是不同的两个函数。

在动作脚本中,还可以在表达式中直接使用 function 语句来完成一个函数功能,而不必去定义一个带有函数名的函数,如下所示:

```
x=function ( ) {return (3 * 3);}
trace (x);                          //按下F2键打开"输出"面板,输出:9
```

7.11　在脚本中控制动画流向

在 ActionScript 3.0 中可以使用流程控制语句来控制动画程序的执行顺序。而 Flash 中动画依靠的是时间轴,在没有脚本的情况下,动画会从时间轴第一帧播放到最后一帧,然后重复播放或停止。为了能更好地控制动画,就必须使用脚本语句。而要使动画具有逻辑判断的功能,就必须使用流程控制语句。下面介绍适用于所有 ActionScript 3.0 的一般语法规则。

7.11.1　条件控制语句

1. if 语句

(1) 格式。

if(条件表达式){
　语句体}

(2) 功能。

如果条件表达式的值为 true,则执行语句体;如果条件表达式的值为 false,则退出 if 语句,继续执行后面的语句。

(3)举例。

```
//name、password 均为动态文本框的变量名称
if(name=="flash"&&password=="123457"){
  gotoAndPlay("hello");
 }
```

2. if…else 语句

(1) 格式。

```
if(条件表达式){语句体 1
      }else{语句体 2}
```

(2) 功能。

如果条件表达式 1 的值为 true,则执行语句体 1;如果条件表达式的值为 false,则执行语句体 2。

(3) 举例。

```
//hello、wrong 均为时间轴上关键帧的帧标签的名称。
 if(name=="flash"&&password=="123457"){
  gotoAndPlay("hello");
 }else{
      gotoAndPlay("wrong");
     }
```

3. if…else if 语句

(1) 格式。

```
if(条件表达式 1){
  语句体 1
    }else if(条件表达式 2){
  语句体 2}
```

(2) 功能。

如果条件表达式 1 的值为 true,则执行语句体 1;否则判断条件表达式 2 的值。如果其值为 true,则执行语句体 2;如果其值为 false,则退出 if 语句,执行 if 后面的语句。

(3) 举例。

```
if(name=="flash"&&password=="123457"){
  gotoAndPlay("hello");
mytextfield="hello,flash";
  }else if(name=="flash"&&password! ="123457"){
mytextfield="sorry,flash wrong password";
    }else if(name! ="flash"){
  mytextfield="invalid name!";
}
```

4. 流程图

if 语句流程图如图 7-14 至图 7-16 所示。

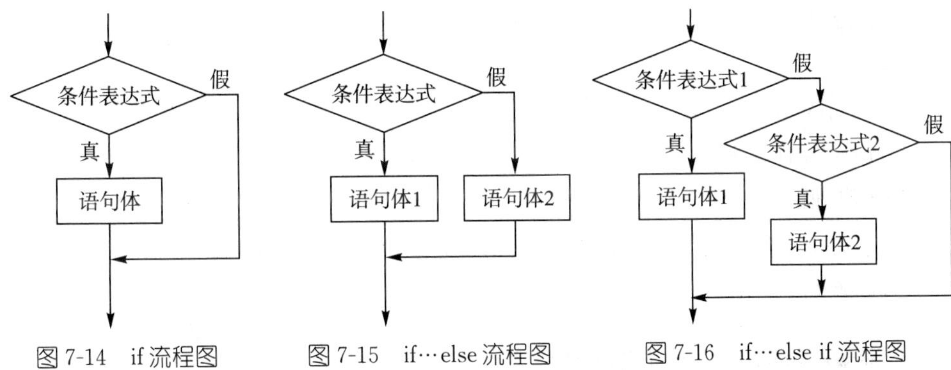

图 7-14　if 流程图　　图 7-15　if…else 流程图　　图 7-16　if…else if 流程图

7.11.2　循环控制语句

1. while 循环语句

(1) 格式。

```
while(条件表达式){
    语句体}
```

(2) 功能。

当条件表达式为 true 时，执行语句体，否则退出循环。

(3) 举例。

```
//fish 主场景中 mc 的角色
i=5;
while(i>0){
    duplicateMovieClip("fish", "fish"+i,i);
    setProperty("fish"+i,_x,i*50);
    i--;
}
```

(4) 程序图。

while 语句流程图,如图 7-17 所示。

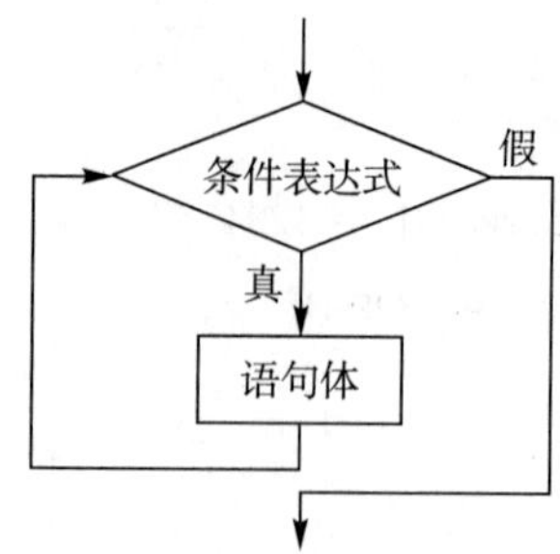

图 7-17　while 流程图

2. do…while 循环语句

(1) 格式。

```
do{
  语句体
}while(条件表达式)
```

(2) 功能。

当条件表达式的值为 true 时,执行语句体,否则退出循环。

(3) 举例。

```
//flower 是主场景中 mc 的角色(实体)
i=7;
do{
  duplicateMovieClip("flower","fl"+i,i);
  setProperty("fl"+i,_y,random(200)+30);
  i--;
}while(i>0)
```

(4) 流程图。

do…while 流程图如图 7-18 所示。

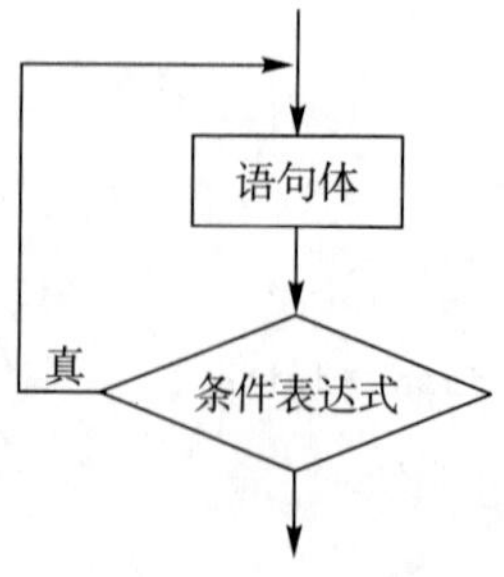

图 7-18　do…while 流程图

3. for 语句

所有的 while、do…while 循环语句都可以用 for 语句代替，并且运行效率会更高。但 Flash 5 以前的版本不能识别 for 语句。

(1) 格式。

```
for(表达式 1;条件表达式;表达式 2){
    语句体}
```

(2) 功能。

for 括号内由三部分组成，它们都是表达式，分别用分号隔开，其含义如下：

① 表达式 1：一个在开始循环序列前要计算的表达式，通常为赋值表达式。此参数还允许使用 var 语句。

② 条件表达式：计算结果为 true 或 false 的表达式。在每次循环迭代前判断该条件，当条件的计算结果为 false 时退出循环。

③ 表达式 2：一个在每次循环迭代后要计算的表达式。通常为使用++(递增)或--(递减)运算符的赋值表达式。

(3) 举例。

下面例子实现的是为数组赋初值。

```
//将 1、10、20、30、40、50、70、70、80、90 存入数组 a[i]中
for(i=0;i<10;i++){
  a[i]=i*10;
  trace(a[i]);
}
```

4. for…in 语句

for…in 语句是最特殊的循环语句，因为 for…in 语句是通过判断某一对象(Object)的属性或某一数组的元素来进行循环的。它可以实现对对象属性或数组元素的引用，通常 for…in 语句的内嵌语句主要对这些所引用的属性或元素进行操作，其格式及功能如下。

(1) 格式。

```
for(变量 in 对象){
    语句体}
```

(2) 功能。

变量：作为迭代变量的变量名，引用数组中对象或元素的每个属性。

对象：要重复对象的名称。

(3) 举例。

```
myobject=(name:"jane",pass:"777777");
  for(propertyName in myobject){
    trace("名称:"+propertyName+"、名称值:"+myobject[propertyName]);
}
```

输出结果如下：

名称:name、名称值:jane

名称:pass、名称值:777777

5. break 和 continue 语句

(1) break 语句。

break 语句经常在循环语句中使用,用于强制退出循环。例如:

```
//程序是计算 0 到 100 的数值之和,break 语句是强制退出循环
//程序实际只计算了 0 到 30 的数值之和。
for(i=0;i<100;i++){
  s=s+i;
  if(i==30){
    break;
  }
}
trace(s);
```

(2) continue 语句。

continue 语句强制循环回到开始处。例如:

```
//程序是计算 0 到 20 的数值之和,continue 语句是强制循环回到开始处
//程序实际只计算了 0 到 20 的数值(除去 5、10、15、20)之和
for(i=0;i<20;i++){
  if(i&5==0){
    continue;
  }
  s=s+i;
}
trace(s);
```

7.11.3 多项选择控制语句

(1) 格式。

```
switch(表达式){
```

```
case 测试值 1;
    描述式 1;
break;
case 测试值 2;
    描述式 2;
break;
…
case 测试值 n;
    描述式 n;
break;
default;
描述式 n+1;
```

(2) 功能。

这是多项选择控制语句。通过计算表达式的值，判断与哪个 case 后面的值匹配，如果匹配，则执行该 case 后面的语句体，直到遇见 break 退出 switch 多分支结构。如果没有遇到匹配的值，则执行 default 后面的语句体。

(3) 举例。

```
d=new Date();
x=d.getDay();
switch(x) {
case 0
  today="星期日";
  break;
case 1
  today="星期一";
  Break;
case 2
  today="星期二";
  break;
case 3
  today="星期三";
  break;
case 4
  today="星期四";
  break;
case 5
  today="星期五";
  break;
```

```
case 6
  today="星期六";
  break;
}
trace("今天是:"+today);
```

输出结果是:今天是:星期二

实现该段程序的效果可以用另一种更好的方法实现,程序如下:

```
d=new Date();
x=d.getDay();
w=new Array("星期一","星期二","星期三","星期四","星期五","星期六","星期日");
today=w[x-1];
trace("今天是:"+today);
```

上机训练

1. 下雨

目标:通过这个实例来说明如何应用脚本控制等相关知识制作下雨的效果。

制作效果:如图 7-19 所示。

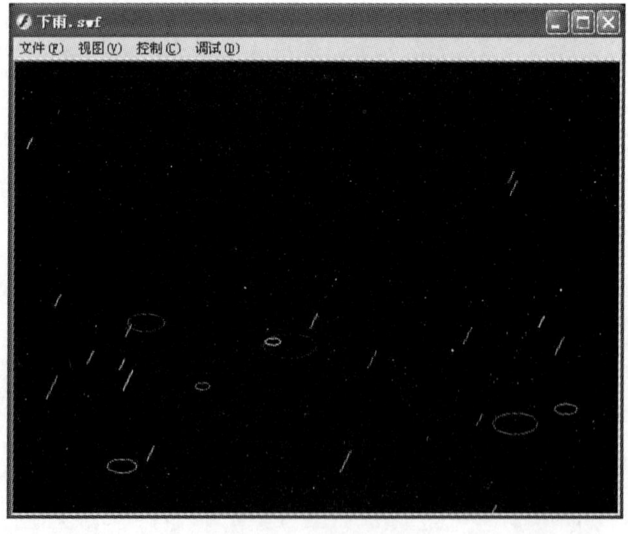

图 7-19　制作效果

具体操作步骤如下:

(1) 创建电影文件。

首先选择“文件”→“新建”命令创建一个空白电影文件,然后选择“修改”菜单中的“文档”命令打开“文档属性”对话框，将画面尺寸设置为 300×300 像素，背景色为黑色。

（2）制作一个雨滴落下的影片剪辑。

① 选择“插入”菜单中的“新建元件”命令（或按“Ctrl＋F8”组合键），在弹出对话框中选择“影片剪辑”选项，并将其命名为“xiayu”。

② 单击时间轴上第 1 帧，使用“工具”面板上的“钢笔”工具，选择“笔触颜色”为白色，在影片的顶部绘制一个雨滴。

③ 单击第 10 帧，按 F7 键插入关键帧，将上述绘制的雨滴向舞台下方移动一段距离。

④ 单击第 11 帧，按 F7 键插入空白关键帧，用工具面板上“椭圆”工具，设置笔触颜色为白色，在雨滴的下方绘制一个无填充的椭圆。

⑤ 单击第 15 帧，按 F7 键插入空白关键帧，用工具面板上“椭圆”工具，设置笔触颜色为黑色，在上一关键帧的椭圆形位置周围再绘制一个稍大无填充的椭圆，形成向外扩散的涟漪效果。

⑥ 分别在时间轴的第 1～10 帧添加动作补间动画，第 11～15 帧添加形状补间动画。

（3）组合主场景。

① 返回主场景，在图层 1 的第 1 帧处单击，将元件“xiayu”拖放到舞台中。单击“xiayu”的实例，将实例名命名为“rain”。

② 新建图层 2，单击图层 2 的第 1 帧，按 F9 键打开“动作”面板，输入如下代码：

```
rain.duplicateMovieClip("yu"+i, i);
mc=_root["yu"+i];
mc._x=Math.random()*300;
mc._y=Math.random()*300;
mc._alpha=Math.random()*70+40;
i++;
```

③ 单击第 2 帧，按 F9 键打开“动作”面板，输入如下代码：

```
if (i<40) {
  gotoAndPlay(1);
} else {
  i=1;
}
```

(4) 保存并测试电影文件。

按“Ctrl+Enter”键测试文件,并将文件保存为“下雨. fla”。

2. 飞舞的随机数

目标:通过这个实例主要实现动态文本以及 random()函数的应用。

制作效果:在工作舞台上有一群不断往上飞舞的气泡,气泡的颜色在不停变化,同时每个气泡中间随机出现黄色的不同代码的数字,如图 7-20 所示。

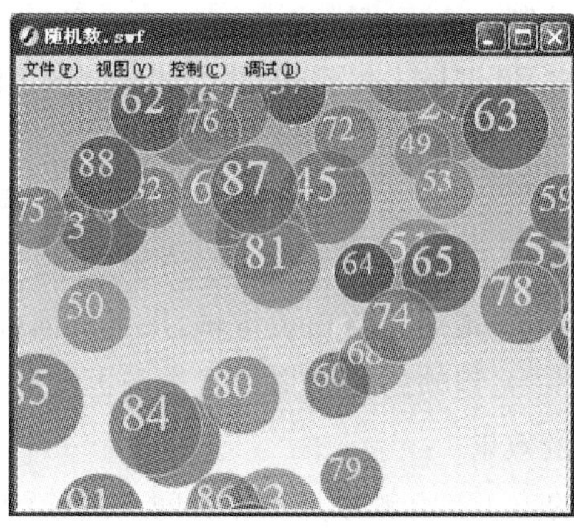

图 7-20　制作效果

具体操作步骤如下:

(1) 创建电影文件。

首先选择“文件”菜单中“新建”命令,创建一个空白电影文件,然后选择“修改”菜单中的“文档”命令打开“文档属性”对话框,将画面尺寸设置为 400×300 像素,其余内容根据需要进行相应设置。

(2) 创建影片剪辑元件“ball”。

选择“插入”菜单中的“新建元件”命令,弹出“新建元件”对话框,在“名称”选项中输入元件的名称为“ball”,指定元件的类型为影片剪辑,单击“确定”按钮。按“Shift+F9”键,打开“混色器”面板,设置填充颜色为放射状,然后选择“椭圆”工具,绘制如图 7-21 所示的图形。

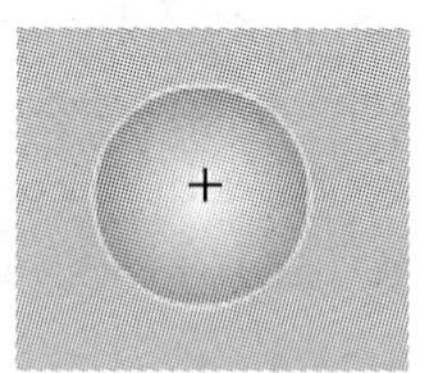

图 7-21　绘制图形

(3) 创建影片剪辑元件“move”。

① 在图层 1 的第 1 帧中拖入库面板中的“ball”元件,在 25 帧处按 F7 键插入关键帧,然后在第 10 帧和第 18 帧按 F7 键插入关键帧,并修改第 10 帧和第 18 帧中实例的颜色,最后在各关键帧间添加动作补间动画。

② 添加图层 2,用“文本工具”在圆的上面绘制一个动态文本框,并将动态文本框的名称设置为 random_word。在 25 帧处按 F5 插入帧,并在该层的第 1 帧添

加如下代码：

```
onEnterFrame=function( ){
  this._x+=random(5);
  this._y-=random(10);
};
```

（4）组合主场景。

① 返回主场景，添加图层 2。

② 绘制舞台的背景，单击图层 1 的第 1 帧，设置颜色为绿蓝线性填充，选择“矩形工具”，绘制覆盖舞台的无边框矩形，选择填充工具为矩形填充渐变的颜色。

③ 首先单击图层 2 的第 1 帧，拖入剪辑元件“move”，放在舞台的下方，在“属性”面板指定实例名称为“a1”。

④ 单击图层 2 的第 1 帧，按 F9 键，打开“动作”→“帧”面板，添加如下的动作语句：

```
a1._visible=false
var n=1;
onEnterFrame=function( ){
if(n<100) {
  n++;
  duplicateMovieClip("a1","a1"+n,n);
  _root["a1"+n].random_word.text=random(100)+1;
  setProperty (this["a1"+n],_x,random(400));
  setProperty (this["a1"+n],_y,random(270)+30);
  setProperty(this["a1"+n],_alpha,random(30)+70);
  bb=random(50)+70;
  setProperty (this["a1"+n],_xscale,bb);
  setProperty (this["a1"+n],_yscale,bb);
  trace(n);
  }else{
    n=1;


}
}
```

（5）保存并测试电影文件。

按“Ctrl+Enter”键测试文件，并将文件保存为“飞舞的随机数.fla”。

3. 时钟

目标:通过这个实例掌握图层的创建及时间函数的应用。

制作效果:如图 7-22 所示。

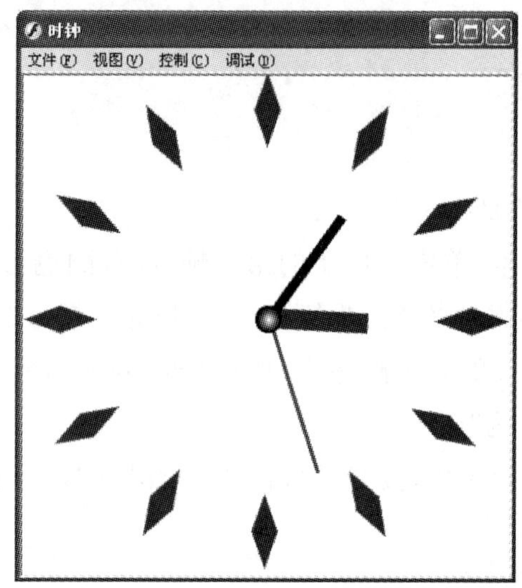

图 7-22　制作效果

具体操作步骤如下:

(1) 创建电影文件。

首先选择“文件”菜单中“新建”命令创建一个空白电影文件,然后选择“修改”菜单中的“文档”命令打开“文档属性”对话框,舞台大小设置为 300×300 像素,设置背景颜色为白色,其余内容根据需要进行相应设置。

(2) 创建“刻度”元件。

按“Ctrl+F8”键,创建影片剪辑元件“刻度”,在舞台中间绘制一个小菱形作为时钟的刻度。

(3) 创建秒针、分针、时针影片剪辑元件。

按“Ctrl+F8”键,创建影片剪辑元件“针”。选择工具,设置笔触颜色和填充颜色为红色,绘制红色的小矩形。

(4) 编辑主场影。

① 回主场景,添加 2 个图层并分别命名为“钟面”和“中心”。

② 布置场景。按“Ctrl+L”组合健,打开“库”面板,单击“钟面”层,拖入图形元件“刻度”调整大小后放在舞台的顶部中间,在属性面板将其命名为“ck”,并将变形中心移到舞台中心。继续 3 次将库面板中的“针”拖入到舞台上,分别设置实例的大小和颜色如效果图所示,并分别命名为“h”“m”和“s”。

③ 单击该层的第 1 帧，输入如下代码：

```
for(i=1;i<=11;i++)
{
duplicateMovieClip("ck","ck"+i,i);
setProperty("ck"+i,_rotation,i*360/12);
  }

_root.onEnterFrame=function()
{
  myd=new Date();
  second=myd.getSeconds();
  s._rotation=second*360/60;

  minute=myd.getMinutes();
  m._rotation=minute*360/60;

  hour=myd.getHours()%12;
  h._rotation=hour*360/12+minute/60*360/12;
}
```

④ 在图层“中心”绘制一个放射状填充的正圆，作为时钟的中心转轴，并将前面拖进的 3 个实例的变形中心调整到该层正圆的中心。

(5) 保存并测试电影文件。

按“Ctrl+Enter”键测试文件，并将文件保存为“时钟.fla”。

4. 跟随鼠标的桃花

目标：通过这个实例掌握实例与鼠标的位置关系的处理。

制作效果：如图 7-23 所示。

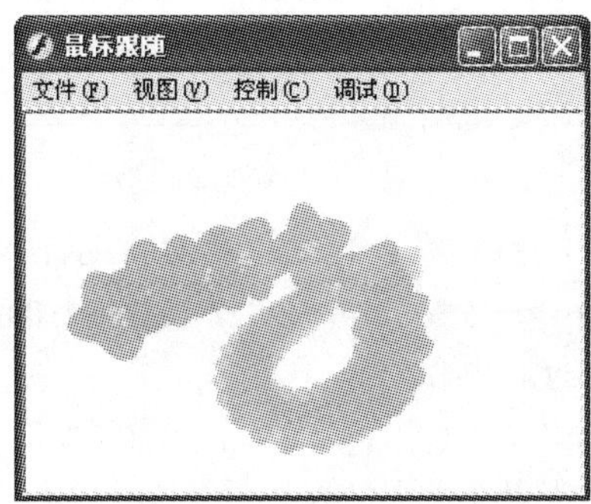

图 7-23　制作效果

具体操作步骤如下：

(1) 创建电影文件。

首先选择“文件”菜单中“新建”命令，创建一个空白电影文件，然后选择“修改”菜单中的“文档”命令打开“文档属性”对话框，舞台大小设置为 300×200 像素，设置背景颜色为白色。

(2) 制作桃花的影片剪辑。

按“Ctrl+F8”组合键新建名称为“flower”的影片剪辑元件，在“库”面板中右击“flower”元件，在弹出的快捷菜单中选择“链接”命令，在系统弹出的如图 7-24 所示的“链接属性”对话框中添加名称为“hua”的标识符。

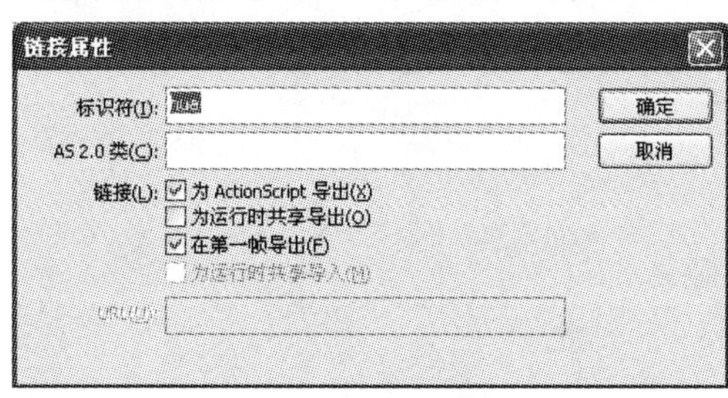

图 7-24 链接属性

(3) 回到主场景。

选择前 3 帧，按 F7 键插入关键帧，按 F9 键打开“动作”面板。在第 1 帧中输入如下代码：

```
n=50;
r=12;
a=2;
c=4;
var x=new Array();
var y=new Array();
for(i=0;i<n;i++){
  x[i]=0;
  y[i]=0;
}

for(i=1;i<n;i++){
  attachMovie("hua","hua"+i,i);                //复制 hua 的影片剪辑
  this["hua"+i]._x=100+x[i-1];                 //设置每个花的初始位置
  this["hua"+i]._y=100+y[i-1];
  this["hua"+i]._xscale=102+a*(1-i);           //设置每个花的缩放比例
  this["hua"+i]._yscale=102+a*(1-i);
  this["hua"+i]._alpha=100-(100/n)*i;          //设置每个花的 alpha
}
```

在第 2 帧中添加如下代码，根据光标点在窗口的位置计算当前花的位置值。

```
  x[0]+=(_xmouse-x[0]-100)/r;          //计算第一个花的位置
  y[0]+=(_ymouse-y[0]-100)/r;
for(i=1;i<n;i++){                      //由第一个花顺推其余花的位置
  x[i]=x[i]+(x[i-1]-x[i])/c;
  y[i]=y[i]+(y[i-1]-y[i])/c;
}
for(i=1;i<n;i++){                      //确定每个花的位置及旋转角度
  this["hua"+i]._x=100+(x[i-1]+x[i])/2;
  this["hua"+i]._y=100+(y[i-1]+y[i])/2;
  this["hua"+i]._rotation=57.295778*Math.atan2(y[i]-y[i-1],(x[i]-x[i-1]));
}
```

其中，Math.atan2 是使用 Flash 的内置数学类中的一个函数 atan2 求给定值的反正切值。

在第 3 帧中添加代码，实现帧的跳转：

```
gotoAndPlay("circle");
```

在时间轴面板中选择第 2 帧，在属性面板中将其命名为“circle”，作为上面 gotoAndPlay 指令跳转的目的帧。

(4) 保存并测试电影文件。

按“Ctrl+Enter”键测试文件，并将文件保存为“跟随鼠标的桃花.fla”。

5. 吹泡泡

目标：通过这个实例掌握如何给影片剪辑添加动作。

制作效果：如图 7-25 所示。

图 7-25　制作效果

具体操作步骤如下：

(1) 创建电影文件。

① 首先选择“文件”菜单中“新建”命令创建一个空白电影文件，然后选择“修改”菜单中的“文档”命令打开“文档属性”对话框，舞台大小设置为 300×200 像

素,设置背景颜色为白色。

② 选择"文件"→"导入"→"导入到库"命令,将文件"kid. wmf"图片导入到文档的库中。

(2) 制作气泡。

① 按"Ctrl+F8"组合键新建名称为"g_bubble"的图形元件,选择 (椭圆工具),在属性面板中设置笔触为 1,颜色为 #77CCFF,按住 Shift 键绘制一个正圆。打开"混色器"面板修改椭圆的填充色,选择放射状填充,设置左侧指针 RGB 值为(255,255,255),右侧指针 RGB 值为(102,204,255),再使用填充变形工具调整气泡的填充位置,如图 7-26 所示。

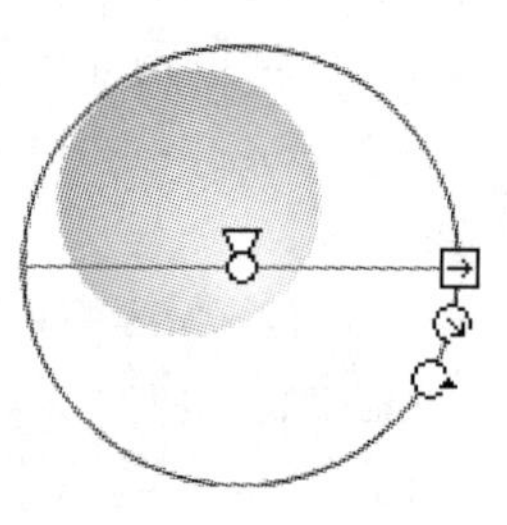

图 7-26 绘制泡泡

② 制作气泡的高光部分。使用 (矩形工具),在舞台中绘制一个无填充的小矩形,使用 (任意变形工具)调整矩形的角度,用选择工具调整矩形的两条长边的弧度,移动弯边矩形到椭圆的左上区,再删除弯边矩形的边缘和填充。

③ 按"Ctrl+F8"组合键新建名称为"mc_btmp"影片剪辑,在第 1 帧中拖入"g_bubble"元件,使其居中对齐,在第 10 帧处按 F7 键插入关键帧,在该帧中放大实例并添加代码:"stop();"。在第 1 帧处添加动作补间动画,表现气泡由小到大的补间过程。

④ 新建名称为"mc_bubble"的影片剪辑,拖入一个"mc_btmp"的影片剪辑。在"库"面板中右击"mc_bubble"元件,在弹出的快捷菜单中选择"链接"命令,在系统弹出的"链接属性"对话框中添加名称为"pp"的标识符。

⑤ 选择舞台中的实例,按 F9 键打开"动作"面板,添加如下代码:

```
onClipEvent (load) {
  a=random(20)+30
  b=random(1.5)+1;
  c=random(10)+20
}
onClipEvent (enterFrame) {
  this._x+=(a*Math.sin(this._y/c)-this._x)/3;   //设置气泡 X 坐标
  this._y -=  b;                                 //设置气泡 Y 坐标逐渐减小
  this._alpha -=  0.01;                          //设置气泡 alpha 逐渐减小
  if (this._alpha==0) {
    this.unloadMovie();                          //当 alpha 为 0,则删除气泡
  }
}
```

(3) 组合主场景。

① 在“库”面板中双击“kid. wmf”图形，进入图形的编辑模式，如图 7-27 所示。按“Ctrl＋B”组合键将图形打散后，使用橡皮擦工具删除多余的泡泡，结果如图 7-27 所示。

图 7-27　图形编辑模式

图 7-28　删除多余泡泡

② 在“图层 1”第 1 帧中拖入前面编辑的“kid. wmf”，在“属性”面板中设置实例的大小为 70×79 像素，X 和 Y 坐标为(195,120)。

③ 新建名称为“actions”的图层，在第 1 帧添加如下代码。

```
Stage.scaleMode="noScale";                        // 舞台中 SWF 文件无缩放
Stage.showMenu=false;                             // 舞台中不显示菜单
j=0;                                              // 初始化气泡个数
```

④ 在该层第 2 帧处按 F7 键添加关键帧，并添加帧动作，对复制得到的实例进行大小和位置的初始化：

```
_root.attachMovie("pp", ("pp"+j), j);                      // 复制得到气泡
_root[("pp"+j)]._xscale=random(70)+20;                     // 设置气泡的 X 缩放比例
_root[("pp"+j)]._yscale=_root[("pp"+j)]._xscale;           // 设置气泡的 Y 缩放比例
_root[("pp"+j)]._x=120;                                    // 设置气泡的初始 X 坐标
_root[("pp"+j)]._y=125;                                    // 设置气泡的初始 Y 坐标
```

⑤ 在该层的第 25 帧处按 F7 键插入关键帧，并添加如下代码，用于控制场景中的气泡数量。

```
if (j<10) {          // 如果舞台中小于 10 个气泡
j+=1;                // 气泡的数量加 1
} else {             // 否则气泡数量清空
j=0;
}
gotoAndPlay(2);      // 返回第 2 帧，气泡继续上升
```

(4) 保存并测试电影文件。

按“Ctrl＋Enter”键测试文件，并将文件保存为“吹泡泡. fla”。

6. 计算器

目标:通过这个实例掌握如何给按钮添加动作以及如何自定义函数。

制作效果:如图 7-29 所示。

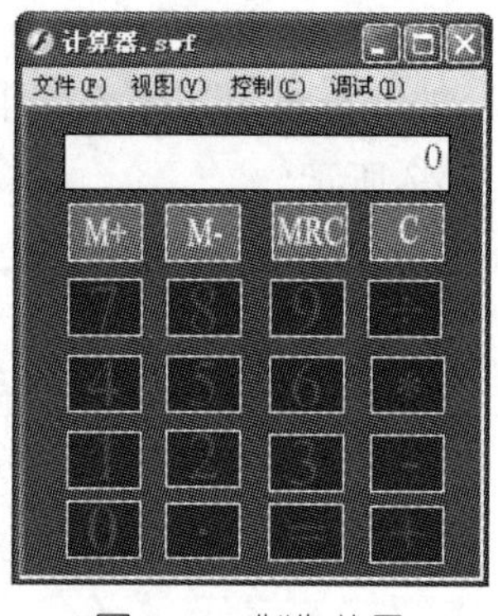

图 7-29 制作效果

具体操作步骤如下:

(1) 创建电影文件。

首先选择“文件”菜单中“新建”命令,创建一个空白电影文件,然后选择“修改”菜单中的“文档”命令打开“文档属性”对话框,舞台大小设置为 250×250 像素,设置背景颜色为蓝色。

(2) 制作计算器外壳。

按“Ctrl+F8”组合键,新建名称为“bj”的图形元件,轮廓颜色和填充颜色自定。

(3) 制作计算器按钮。

计算器包括 20 个按钮,按功能可以分为 3 类,即数字按钮 0～9(包括小数点“.”),符号按钮“+”、“-”、“×”、“÷”、“=”以及记忆按钮“M+”(与记忆数相加)、“M-”(与记忆数相减)、“MRC”(记忆数清零)和“C”(清零)。因此,可以将数字按钮和符号按钮制作成一种样式,将记忆按钮制作成另外一种样式。

① 按“Ctrl+F8”组合键,新建名称为“g_up”的图形元件,在元件编辑模式下绘制一个填充为蓝色的矩形,并居中对齐。

② 按“Ctrl+F8”组合键,新建名称“g_over”的图形元件,绘制一个与 g_up 大小相同填充色不同的矩形,并居中对齐。

③ 按“Ctrl+F8”组合键,新建名称为“0”的按钮元件,将“g_up”拖到元件的“弹起”帧,并对齐舞台中央。在指针经过帧处插入关键帧,然后右击舞台上的图形元件,在弹出的快捷菜单中选择“交换元件”命令,在弹出的对话框中选择“g_over”元件,再单击“确定”按钮。

④ 在时间轴面板中右击“弹起”帧,在弹出的快捷菜单中选择“复制帧”命令,右击“按下”帧,选择“粘贴帧”命令,将复制的第 1 帧粘贴到第 3 帧。

⑤ 在“点击”帧处按 F7 键插入关键帧。

⑥ 新建图层,选择 A (文本工具)输入数字 0,颜色设为红色,调整其宽、高值使之与按钮背景适应。

⑦ 在“库”面板中右击按钮“0”,在弹出的快捷菜单中选择“直接复制”命令,将复制的新元件命名为“1”。进入元件的编辑模式后,将“图层 2”上的数字改为“1”。

⑧ 按照相同的方法,制作按钮元件“2”～“9”以及“.”和“+”、“-”、“*”、“÷”、“=”。

⑨ 按照相同的方法制作与上述按钮颜色不同的按钮，完成按钮“MRC”、“M＋”、“M－”和“C”的制作。

(4) 计算器面板布局。

① 将“bj”元件拖放到主场景中的合适位置。新建“图层2”，将按钮拖放到主场景中的合适位置。新建“图层3”，选择 A (文本工具)绘制一个文本框，在“属性”面板中将其设置成“输入文本”，设置变量名为“display”，布局好的面板如图7-29所示。

② 在主场景中新建名称为“actions”的图层，选择该层的第1帧打开帧“动作”面板，在其中添加如下代码。

```
stop();
memory=0;
display="0";
function inputNum(num){
if(clear){
  clear=false;
  dot=false;
  display="0";
}if(display=="0" and num! =".")(
  display=num;
}
else{
  display=display+num;
}
}
function inputOper(oper){
if(operator=="+"){
  display=opernum+display;
}
if(operator=="-"){
  display=opernum-display;
}
if(operator=="*"){
  display=opernum*display;
}
if(operator=="÷"){
  display=opernum/display;
}
```

```
    clear=true;
    dot=flase;
    operator=oper;
    opernum=display;
    if(oper! ="="){
      display=oper;
      }
}
```

其中,在数字和小数点将上调用函数 inputNum,在“+”“-”“*”“÷”“=”键上调用函数 inputOper。Clear 表示是否清零,dot 表示是否有小数点,operator 代表当前的运算符,opernum 记载第一个操作数。

③ 选择按钮“0”,在“动作”面板中添加如下代码。

```
on(release){
  inputNum("0");
}
```

④ 按照步骤③的方法分别为按钮“1”~“9”和按钮“.”添加相应的代码。

⑤ 选择按钮“C”,在“动作”面板中添加如下代码:

```
on(release){
  display="0";
  dot=false;
}
```

⑥ 选择按钮“M+”,在“动作”面板中添加如下代码:

```
on(release){
  memory=memory+Number(display);
  display="0";
  }
```

⑦ 选择按钮“M-”,在“动作”面板中添加如下代码:

```
on(release){
    memory=memory-Number(display);
    display="0";
  }
```

⑧ 选择按钮“MRC”，在“动作”面板中添加如下代码：

```
on(release){
  display=memory;
  memory=0;
  clear=true;
  }
```

(5) 保存并测试。

保存后测试成功，一个简单的计算器就制作成功了。

7. 打字游戏

目标：通过这个实例掌握键盘事件的响应和处理方法。

制作效果：如图 7-30 所示。

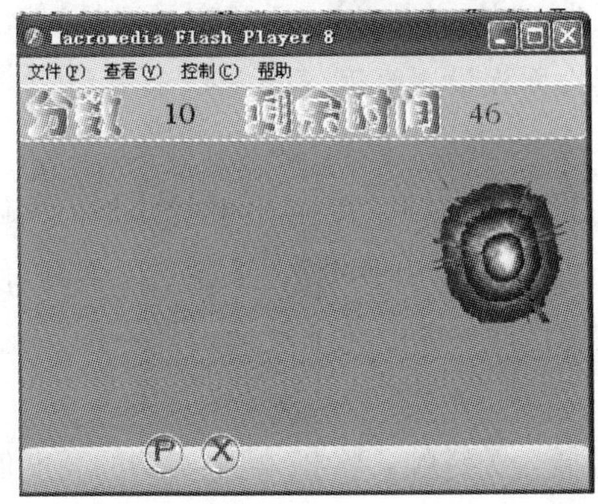

图 7-30　制作效果

具体操作步骤如下：

(1) 创建电影文件。

首先选择“文件”菜单中“新建”命令，创建一个空白电影文件，然后选择“修改”菜单中的“文档”命令，打开“文档属性”对话框，舞台大小设置为 400×280 像素，设置背景颜色为＃00CCFF，帧频为 25 fps。

(2) 制作文字图形。

场景中要用到很多标签说明游戏的进程,如游戏的名称、得分等。为了使这些文字更具表现力,可以创建对应的图形元件,并在元件中处理。

① 按"Ctrl+F8"组合键新建名称为"g_title"的图形元件,选择 A (文本工具),设置字体为"华文琥珀",大小为 35,打开"混色器"面板,选择线形填充,设置左侧的颜色指针 RGB 值为(255,255,255),右侧指针 RGB 值为(123,30,187)。最后在舞台上添加文本"打字游戏",并调整居中对齐。

② 选择文本后两次按"Ctrl+B"组合键打散文字,再选择 (墨水瓶工具),设置线条颜色为白色,线宽为 1,为文字加边框。

③ 按照相同的方法,继续创建游戏的提示语"准备"、"开始"、"剩余时间"、"分数"、"start"、"restart"和"game over",分别放置在图形元件"g_ready""g_go""g_remain""g_score""g_star""g_restart"和"g_over"中。为了便于管理这些元件,可以在"库"面板中新建 Word 文件夹放置这些元件。

(3) 制作文字显示动画。

为了进一步包装影片剪辑,使文本提示更具有震撼力,下面制作两个文字显示动画。

按"Ctrl+F8"组合键新建名称为"mc_ready"的影片剪辑元件,在第 1 帧中添加前面创建的"g_ready"图形元件,使实例居中对齐,分别在第 10 帧、第 21 帧和第 27 帧处按 F7 键插入关键帧。

① 在第 10 帧处设置实例的 Alpha 值为 10%,并用 (任意变形工具)使其向中心收缩。选择第 21 帧处的实例,在属性面板设置亮度值为 100%,并将第 27 帧中的实例的 Alpha 设置为 0%。在第 27 帧处插入空白关键帧。

② 分别在第 28 帧、第 33 帧处按 F7 键插入关键帧。在第 28 帧处添加前面创建的"g_go"图形元件,并设置实例的 Alpha 为 10%,并用 (任意变形工具)使其向中心收缩。选择第 33 帧处的实例,在属性面板的颜色下拉列表框中选择无,并向外等比例放大实例。

③ 在第 37 帧、第 40 帧处分别按 F7 键插入关键帧。将 37 帧中实例的亮度值设为 100%,第 40 帧中的实例的 Alpha 设置为 0%。

④ 最后在各关键帧之间添加动作补间动画,在最后一帧添加代码:"stop();"。

⑤ 用相同的方法制作一段简单的补间动画处理图形元件"g_over"的显示。

(4) 制作爆炸效果。

① 按"Ctrl+F8"组合键新建名称为"g_explode"的图形元件,在元件的第 1 帧中放置"爆炸. emf"使爆炸中心与元件的中心重合,并打散图片删除图片背景。

② 按“Ctrl+F8”组合键新建名称为“mc_explode”的影片剪辑元件，在元件的第一帧中添加一个“g_explode”元件，在第 10 帧处按 F7 键插入关键帧，在此帧中使用 (任意变形工具)将图形元件适当放大，并在属性面板中设置 Alpha 为 80%。选择第 1 帧，在属性面板中添加动作补间动画。

③ 新建两个图层，在时间轴上选择“图层 1”所有帧，右击并在弹出的快捷菜单中选择复制命令。在“图层 2”的第 4 帧右击，在弹出的快捷菜单中选择“粘贴”命令。同样在“图层 3”中以第 8 帧为起点粘贴帧，时间轴如图 7-31 所示。

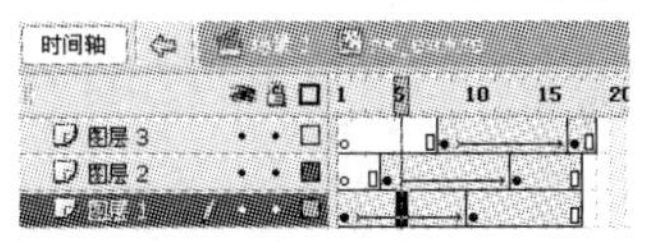

图 7-31　时间轴

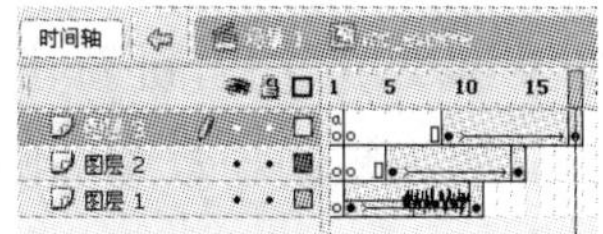

图 7-32　添加 stop( )代码

④ 选择图层 1 第 1 帧，在属性面板的声音下拉列表框中选择 explode 声效，并删除“图层 2”和“图层 3”多余的帧。

⑤ 为了不使初始显示实例时出现爆炸图形，应当再进行处理。选择所有图层上的帧，使其向后移动一帧，并在“图层 3”第 1 帧处添加代码“stop();”，时间轴面板如图 7-32 所示。

⑥ 在“库”面板中新建名称为“爆炸”的文件夹，放置爆炸所涉及的“g_explode”、“mc_explode”、“explode”和“爆炸.emf”元件。

(5) 制作下落按键。

游戏开始后，天空将下起“按键”雨，这些按键除了文本标签不一样外，背景是一样的。在影片剪辑中可以放置一个动态文本，通过赋予不同的值来生成不同的按键。

① 按“Ctrl+F8”组合键新建名称为“mc_key”的影片剪辑元件，在图层 1 的第 1 帧中绘制一个渐变空心椭圆，在椭圆的内部用线条拉弯的方法绘制高光区域。

② 新建图层 2，选择文本工具，在属性面板中设置字体为“Copperplate Gothic Bold”，字号大小为 80，颜色为 #0077CC，在背景上添加动态文本，并设置文本的名称为“random_word”。

(6) 制作控制按钮。

① 按“Ctrl+F8”组合键新建名称为“btn_start”的按钮元件，在“弹起”帧中添加前面创建的“g_start”图形元件，使其居中对齐。

② 在“指针经过”帧处按 F7 键插入关键帧，使用 (任意变形工具)调整实例的大小，在“按下”帧和“点击”帧处按 F7 键插入关键帧。

(7) 制作控制元件。

① 按“Ctrl+F8”组合键新建名称为“mc_timer”的影片剪辑元件,用于消耗一场游戏的时间,在第 25 帧处按 F7 键插入空白关键帧,并添加如下代码:

```
_root.timer--;
gotoAndPlay(1);
```

② 按“Ctrl+F8”组合键新建名称为“mc_ctrlSpeed”的影片剪辑元件,在第 1 帧中添加代码:“stop();”,并在第 10 帧处按 F5 键添加帧。

③ 按“Ctrl+F8”组合键新建名称为“mc_timeslot”的影片剪辑元件,在第 1 帧中添加代码,用于复制场景中的随机气泡。

```
if(1){
  _root.bubble.duplicateMovieClip("bubble"+_root.i,_root.i++);
  _root["bubble"+_root.i].random_word.text=_root.getword();
  _root["bubble"+_root.i]._x=20+random(10)*40;
  _root.speed.play();
}
```

④ 在该层第 51 帧处按 F7 键添加关键帧,并添加如下代码:

```
gotoAndPlay(1);
if(_root.timer==0){
  for(j=1;j<=_root.i;j++){
    _root["bubble"+j].removeMovieClip();
    _root.gotoAndStop(51);
  }
}
```

(8) 组合主场景。

① 回到主场景,将“图层 1”改名为“启动”。在第 1 帧中添加“g_title”图形元件和“btn_start”按钮,并添加一个“游戏时间”静态文本,调整位置如图 7-33 所示。为“btn_start”按钮实例添加动作:

```
on (press) {
  _root.timer=_root.seltime.value;
  gotoAndPlay(5);
}
```

② 选择“窗口”菜单中的“组件”命令打开“组件”面板,从面板中拖出一个

ComboBox 组件放置在“游戏时间”文本的右侧。

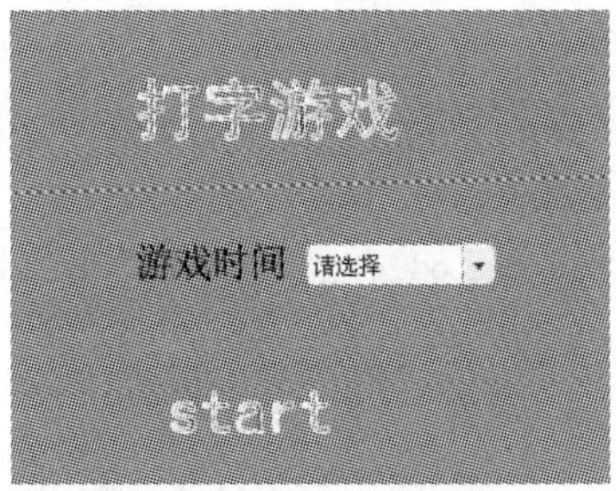

图 7-33　添加静态文本

③ 单击选择刚添加的组件，在“属性”面板中切换到“参数”选项卡。单击“data”选项，将弹出“值”对话框，输入如图 7-34 所示的数值。继续单击“labels”项，在弹出的对话框中输入“请选择，50 秒，100 秒，200 秒”，继续在“rowCount”项中输入数值 5，并命名组件为“seltime”，结果如图 7-35 所示。

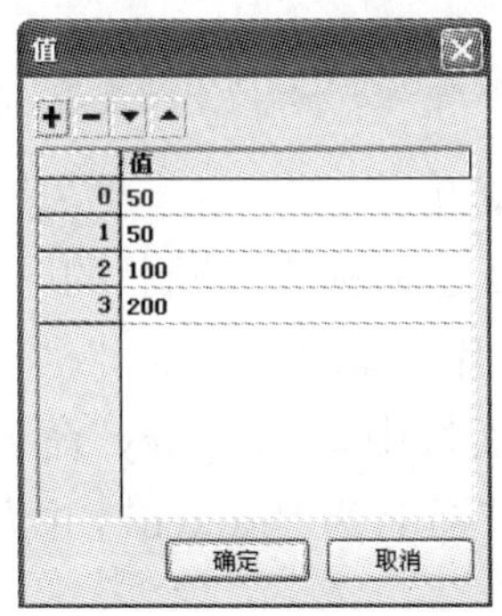

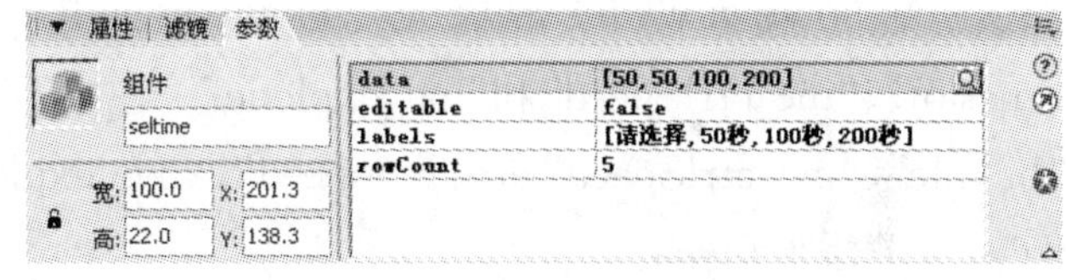

图 7-34　值的输入　　　图 7-35　“rowCount”项中输入数值

④ 在“启动”图层第 5 帧处按 F7 键插入关键帧，拖入一个“mc_ready”影片剪辑，调整使其居中对齐，最后在该层第 50 帧处按 F7 键添加空白关键帧。

⑤ 新建名称为“actions”的图层，在第 9 帧处按 F7 键插入关键帧，并在该帧添加“mc_timer”，同时添加帧代码如下：

```
var i=1;
var score=0;
var timer;
function getword(){
  wa=new Array("A","B","C","D","E","F","G","H","I","J","K","L","M","N","O","P","Q","
            R","S","T","U","V","W","X","Y","Z");
  return wa[random(27)];
}
function start_move(obj){
```

```
    obj._y+=5;
  }
  myListener=new Object();
  myListener.onKeyDown=function(){
    if(String.fromCharCode(Key.getCode())==_root["bubble"+_root.i].random_word.
    text&&_root["bubble"+root.i]._y<=250)
    {
      _root["bubble"+_root.i]._visible=false;          // 击中的字符不可见
      _root.broken._x=_root["bubble"+_root.i]._x;      // 击中时播放爆炸实例的 X 值
      _root.broken._y=_root["bubble"+_root.i]._y;      // 击中时播放爆炸实例的 Y 值
      _root.broken.play();                             // 播放爆炸动画
      _root.score+=10;                                 // 击中的成绩数加 10
      _root["bubble"+_root.i].random_word.text=0;     // 清空图形显示文本
    }
  }
  Key.addListener(myListener);                         // 将键盘侦听者注册给键盘
```

上面的代码主要实现了用户通过键盘与主程序的交互。

⑥ 在“actions”图层第 50 帧处按 F5 键插入帧,再新建名称为“控制”的图层,在该层第 50 帧处按 F7 键插入关键帧,添加几个影片剪辑“mc_key”、“mc_timeslot”、“mc_ctrlSpeed”和“mc_explode”。在“属性”面板中将“mc_key”命名为“bubble”,“mc_ctrlSpeed”命名为“speed”,“mc_explode”命名为“broken”,并为实例“speed”添加动作:

```
onClipEvent(enterFrame){
  _root.start_move(_root["bubble"+_root.i]);
}
```

⑦ 新建名称为“边框”的图层,在该层第 50 帧处按 F7 键插入关键帧,并用绘图工具在场景的上下边缘添加渐变色边框,如图 7-36 所示。

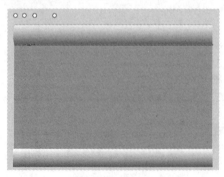

图 7-36　制作边框

⑧ 新建名称为“分数”的图层，在第 50 帧处拖入前面创建的“g_score”和“g_remain”图形元件，并分别在图形元件的右侧添加动态文本，如图 7-37 所示。

图 7-37　添加动态文本

⑨ 设置“分数”文本后的动态文本变量名为 score，“剩余时间”文本后的动态文本变量名为 timer。

⑩ 在“分数”图层的第 50 帧处添加动态脚本“stop();”，使播放头停留在该帧反复播放，使气泡不断向下飘落。

⑪ 继续在“actions”图层第 51 帧处按 F7 键插入空白关键帧，添加一个“mc_over”元件放置在舞台上方，添加“btn_restart”按钮在舞台下方，并放置一个“得分”静态文本框，在它的右侧添加一个变量名为 score 的动态文本框，舞台将如图 7-38 所示。

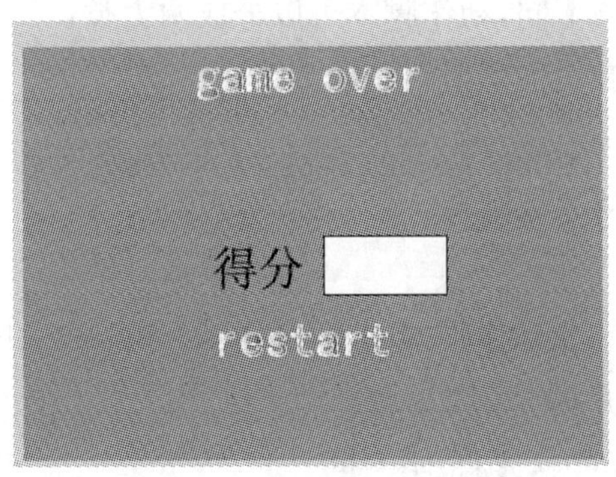

图 7-38　“得分”静态文本框

⑫ 为“btn_restart”按钮添加如下对象脚本，使单击该按钮播放头调到场景第 1 帧。游戏重新开始。

```
on (press) {
  gotoAndPlay(1);
}
```

(9) 保存并测试动画。

至此完成动画的创建，时间轴面板将如图 7-39 所示，保存并测试动画。

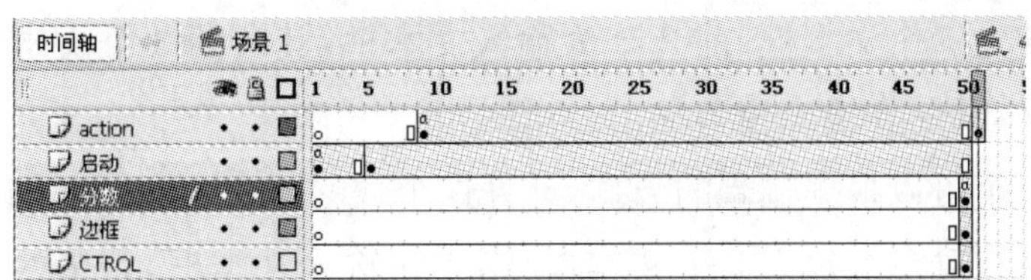

图 7-39　测试动画

本章小结

本章主要介绍了 ActionSript3.0 的编程基础知识以及简单交互动画的制作基础。通过本章内容的学习,可以制作出能够与用户交互的复杂动画作品。

课后练习

一、填空题

1. ____________只有一种事件,即该帧载入时,其中的动作脚本得到执行,而__________一般有 8 种事件,相对交互性更强。

2. 按照所处位置的不同,动作脚本可以分成两大类:________和________。

3. 在动作脚本中有 3 种类型的变量范围:________、________和________。

二、选择题

1. 变量名必须遵从的规则有:(　　)。

A. 必须是标识符

B. 不能是关键字或动作脚本文本,如 break、false、null 或 undefined

C. 可以以数字开头

D. 在自己的范围内必须是唯一的

2. Flash 动作脚本用于循环的语句有(　　)。

A. while 语句　　B. if…else 语句

C. do…while 语句　　D. for 和 for…in 语句

3. 对于影片剪辑,下列对象动作脚本的形式适用的有(　　)。

A. onClipEvent(mouseUp)　　B. on(Release)

C. on(Up)　　D. onClipEvent(mouseDown)

三、操作题

1. 编写一个可以根据输入的数据,计算两个数的和、差和积的程序。(提示:可在舞台上建立 5 个文本框,前 2 个为输入文本框,其余的 3 个文本框为动态文本框。用 trace 语句在输出窗口显示。)

2. 编写一个可以根据输入的数据,计算这个数的正弦、余弦、正切和余切的程序。(提示:可在舞台上建立 5 个文本框,第 1 为输入文本框,其余的 4 个文本框为动态文本框。可以省略 4 个动态文本框,用 trace 语句在输出窗口显示。)

3. 制作一个可以通过单击按钮来控制声音播放与停止的动画。要求当鼠标移动到按钮上时，会显示出相应的提示文字，提示文字应动态出现。（提示：可制作影片剪辑的动画，结合控制功能的要求制作相应的按钮。）

4. 制作一个可以通过单击按钮来改变椭圆颜色的程序，要求每单击一次，椭圆颜色就发生一种新的变化。（提示：可制作影片剪辑的椭圆；按钮可以用 Flash 自带的，也可以自己制作。）

5. 制作一个用两个开关按钮控制不同动画播放电影的程序，单击按钮 A 后，动画 A 播放，动画 B 关闭；单击按钮 B 后，动画 B 播放，动画 A 关闭。（提示：可制作 A、B 影片剪辑的动画；按钮可以用 Flash 自带，也可以自己制作。）

声音及视频的导入与编辑

【学习目的】

本章学习在Flash中导入和编辑声音及视频，在制作Flash动画的过程中免不了要在影片里加入一些音效和视频，尤其是在一些商业片头和动画短片中。通过导入与编辑操作，可以很方便地将声音或视频加入到图层帧中，以便在适当的时候发出声音，从而强化Flash作品的吸引力。

【学习重点】

- 声音的导入与编辑。
- 视频的导入与编辑。

8.1 声音的导入与编辑

8.1.1 支持的音频格式

Flash提供了许多使用声音的方式。声音可以独立于时间轴连续播放，或使动画和一个音轨同步播放。向按钮添加声音可以使按钮具有更强的互动性，通过声音淡入淡出还可以使声音更加优美，从而增加动画的感染力。在Flash中使用较多的是相对流行的MP3格式和WAV格式声音文件。

1. MP3格式

MP3是使用最为广泛的一种数字音频格式，因为它是经过压缩后的文件。相同长度的音乐文件，如果用MP3格式来存储，一般只有WAV文件的十分之一，体积小、传送方便，受到广大用户的青睐。所以，在Flash中多数音乐是以MP3格式出现的。

2. WAV格式

WAV是微软公司和IBM公司共同开发的PC标准声音格式，它直接保存对声音波形的采样数据，没有进行压缩，所以音质非常好，但缺点是体积很大，特别占磁盘空间。WAV格式的音乐文件在Windows系统中相当流行，如Windows系统中的启动声音、关闭声音等相关音乐都是以WAV格式存储的。用户可以根据自身的需求，选择相对合适的声音类型。

8.1.2 音频的导入

在 Flash 中，允许用户添加声音，对声音进行操作，可以为按钮单击事件添加少量的声音效果，也可以做一个自定义的音乐音轨作为背景音乐，还可以在动画中把可视元素和声音或者音轨进行同步，从而创造一个流畅的演示文稿。可以将声音看成图形的一个组件，与图形、影片片段、按钮组件类似，这样就可以很方便地将它加入到图层帧中，以便在适当的时候发出声音，从而强化 Flash 作品的吸引力。

由于 Flash 自身没有制作音频的功能，因此在实际应用中常要用其他的音频编辑工具录制一段 WAV 格式的音频文件；再用 Flash 的 Import 命令，导入格式为 WAV 的音频文件，使之成为 Flash 作品的一个元素或者一个组件；在使用音频时再加入到对应帧中即可。

1. 音频导入的基本方法

① 选择“文件”→“导入”→“导入到库”命令，弹出如图 8-1 所示的对话框，在“查找范围”中指明音频文件的路径，列表中将显示出该文件夹中的所有音频文件。

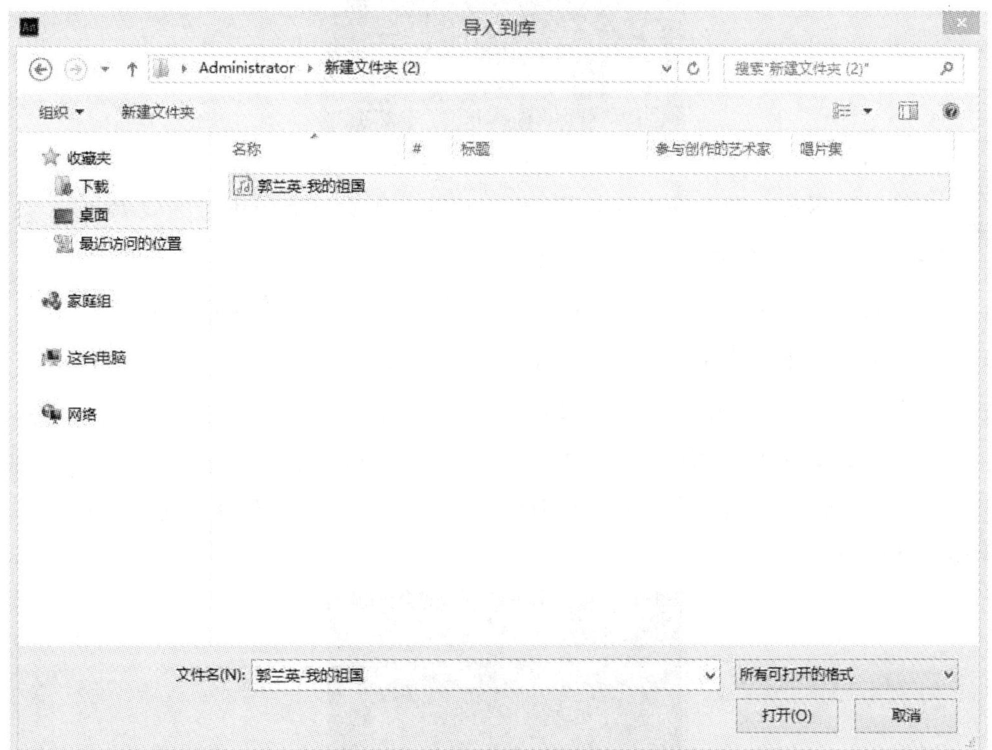

图 8-1　“导入到库”对话框

② 在弹出的“导入到库”对话框中，选择所需的声音文件，单击“打开”按钮，即可导入需要的声音文件。

③ 执行“窗口”→“库”命令，打开“库”控制面板，声音则被储存在当前文档的元件库中。

Flash 声音文件和外部图像资源一样都保存在 Flash 的库中，导入后，声音文件可以反复使用。不过，导入声音文件时使用“导入到舞台”命令只能将声音文件导入到库中，不能直接导入到舞台上或时间轴上。在库中，声音文件和其他类型的元件的使用方法相同。

8.1.3 声音属性设置

声音添加到工作区后，就可以对其属性进行设置，具体操作步骤如下：

① 声音效果设置。在效果下拉列表中提供了声音效果的选项，如图 8-2 所示。各选项含义如下：

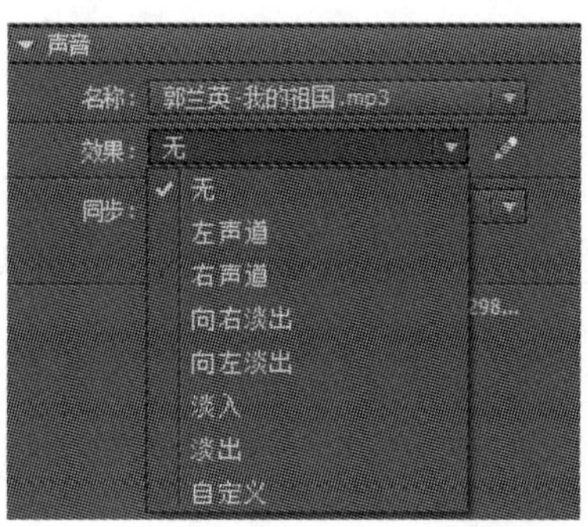

图 8-2　声音效果设置

- “无”：不对声音元件应用效果，选择此项将删除以前应用过的效果。
- “左声道”/“右声道”：只在左或右声道中播放声音。
- “从左到右淡出”/“从右到左淡出”：将声音从一个声道切换到另一个声道。
- “淡入”：在声音播放过程中逐渐增加其幅度。
- “淡出”：在声音播放过程中逐渐减小其幅度。
- “自定义”：使用“编辑封套”创建声音的淡入和淡出点。

② 同步方式。在同步下拉列表中提供了 4 种声音同步技术，如图 8-3 所示。各选项含义如下：

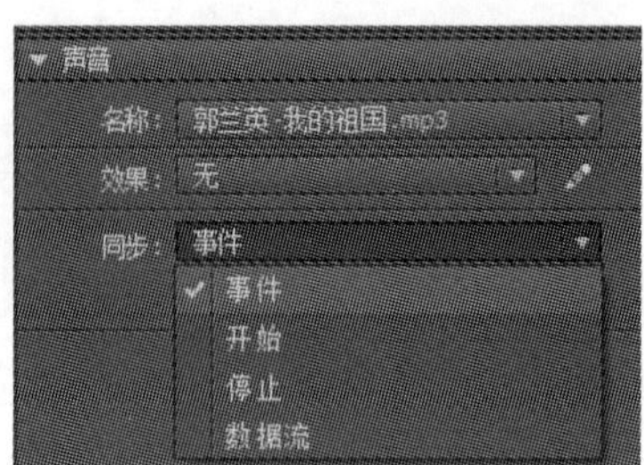

图 8-3　声音同步方式

• “事件”：当声音被指定给某个按钮里的帧或某一条时间线后，播放指针进入到特定帧时，音乐便会立即开始播放，而不管此时是否有其他音乐也在播放。由于这种方式下声音会不停地叠加上去，变得很嘈杂难听。因此使用时要注意。

• “开始”：与“事件”相似。关键差别在于，同一时间里只能有一种声音被播放。如果其他声音尚未播放完，则会被打断而重新播放。

• “停止”：当这一事件被指定给某个按钮里的帧或某一条时间轴后，播放指针进入到特定帧时，音乐便会停止播放。

• “数据流”：当声音被指定给某个按钮里的帧或某一条时间轴后，播放指针进入到特定帧时，音乐便会立即开始播放。这一事件的特点在于：播放时，声音会成为流式，也就是说，声音被分配到了每个帧里。

“数据流”和“事件”及“开始”的区别在基于网络下载动画时比较明显。前两种声音方式要等下载完成后才开始播放声音，数据流方式则不一样，只要动画开始播放，声音就会播放，与播放的帧同步。

③ 循环文本框。它用于设置声音循环播放的次数，如图 8-4 所示。

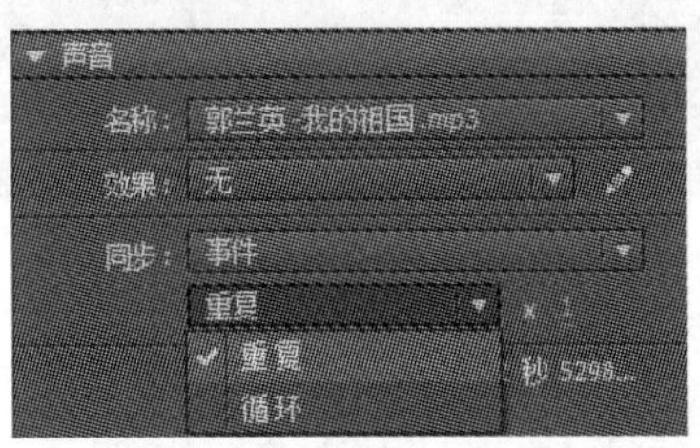

图 8-4　循环文本框

• “重复”：选择重复选项后，可在其后的文本框中输入循环的次数。如果要长时间播放声音，则可以输入较大的数值。

• “循环”：选择循环选项后，声音可以重复播放。

备注：不建议循环播放音频，如果将音频设置为循环播放，即使动画停止，声音也会继续循环播放。同时，文件的大小也会随着播放次数而倍增。

8.1.4　利用声音编辑控件编辑声音

Flash 处理声音的能力有限，但是在 Flash 内部还是可以对声音做简单的编辑的，比如，控制声音的播放音量、改变声音开始播放和停止播放的位置等。在“声音属性面板”中单击“编辑”按钮，将打开如图 8-5 所示的“编辑封套”对话框。

在“编辑封套”对话框中可以分别对左声道和右声道中的声音进行编辑。当声音文件较长，文件无法在对话框中完全显示时，可以拖动滑块以分别显示声音的不同部分。

• 单击“秒”按钮,将以秒为单位显示声音。

• 单击“帧”按钮,将以帧为单位显示声音。

• 单击“放大”或“缩小”按钮,可以放大或缩小对话框中的图像显示,对声音进行编辑时能更加精准地观察声波,对声音进行整体把握。

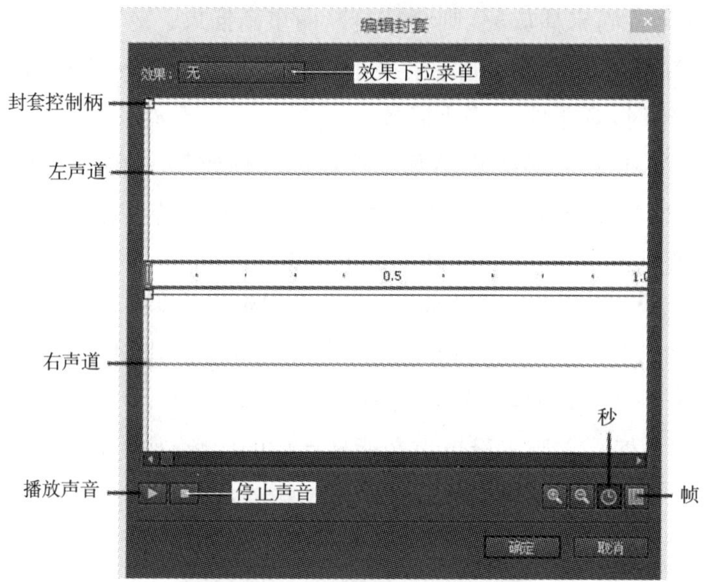

图 8-5 “编辑封套”对话框

1. 设置 Flash 自有效果

在“效果”下拉菜单中选择一种声音效果。例如,选择“从右到左淡出”效果,可以使右声道音量逐渐变小,而左声道音量逐渐变大,如图 8-6 所示。

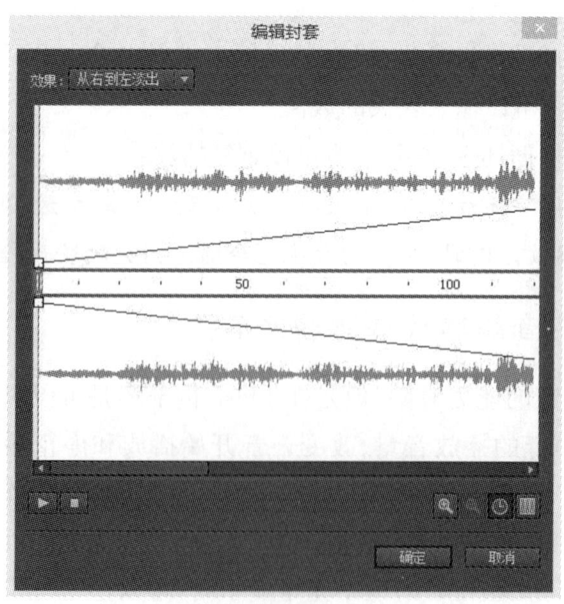

图 8-6 声音效果 1

2. 设置声音的起始点和结束点

在“编辑封套”中拖动“结束点”和“起始点”的标志，可以改变声音的起始点和结束点。通过设置声音的起始点和结束点，可以将声音文件中不需要的内容去除，达到在任意位置开始和结束的目的，如图 8-7 所示。

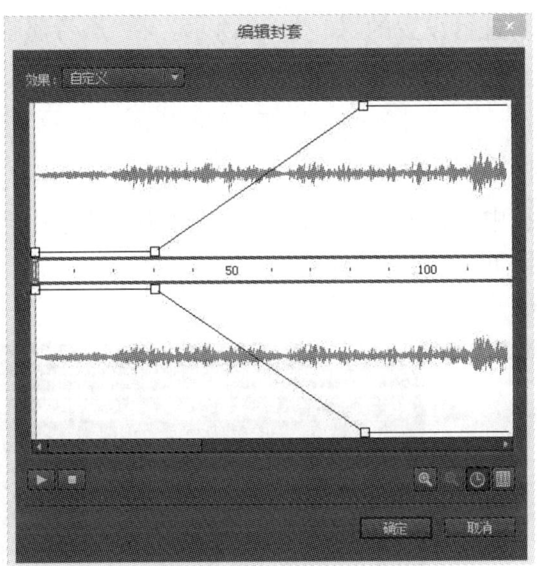

图 8-7　声音效果 2

3. 添加和删除控制柄

在“编辑封套”中的控制线上点击并拖动，可以添加新的封套控制柄。一条控制线上最多可以有 8 个封套控制柄。如果要删除控制柄，只要点击并拖动控制柄至窗格之外即可。多个控制柄的应用，可以设置多种声音混合效果，这是自带效果无法实现的，可以利用它达到意想不到的效果，如图 8-8 所示。

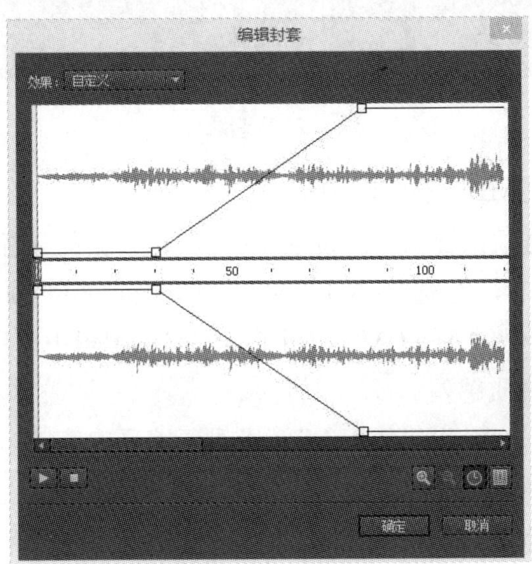

图 8-8　声音效果 3

8.1.5 声音的压缩

Flash 动画在网络上得以流行的一个重要原因就是它的体积小，这主要是由于 Flash 会对输出文件进行压缩，其中就包含对声音的压缩。压缩声音主要是在“声音属性”对话框中进行设置的，如图 8-9 所示。在“声音属性”对话框的“压缩”下拉列表框中包括默认、ADPCM、MP3、原始和语音 5 个选项，下面分别介绍各选项的设置。

1. 打开“属性”对话框

在“库”控制面板中，右击声音元件，从弹出的快捷菜单中选择“属性”菜单项，打开“声音属性”对话框，如图 8-9 所示。

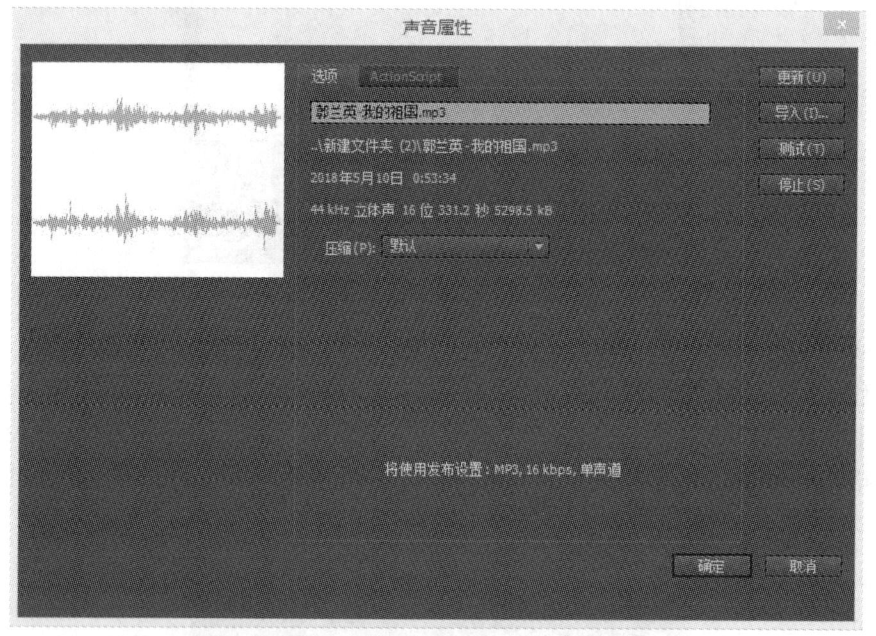

图 8-9 声音属性

2. ADPCM 和 MP3 压缩选项

ADPCM 压缩选项主要用于 8 位或 16 位声音数据的压缩设置，如单击按钮这样的短事件的声音。在选择 ADPCM 选项后，将显示“预处理”“采样率”和“ADPCM 位”3 个参数，“ADPCM 位”用于 ADPCM 编辑中使用的位数，压缩比越高，声音文件越小，音质越差。

如果选择 MP3 选项，可以使用 MP3 格式压缩导出声音，此时“声音属性”对话框如图8-10所示。参数设置如下：

• 使用导入的 MP3 品质：该选项可使用和导入时同样的设置导出 MP3 文件。如取消该选项，则可选择其他的 MP3 压缩设置。

• 预处理：选择“将立体声转换为单声道”复选框，可将混合立体声转换为单声道。该选项只有在选择的比特率为 20 kbps 或更高时才可用。

• 比特率：用于确定导出的声音文件中每秒播放的位数，其范围为 8～160 kbps。该值越大，输出的声音效果越好。导出音乐时，可将其设置为默认的 16 kbps。

• 品质：用于确定压缩速度和品质，允许在“快速”“中”“最佳”之间进行选择。根据自己需要进行选择，通常如果将影片发布到 Web 可使用“快速”设置；反之，如果要在本地运行影片，则可使用“中”或“最佳”选项。

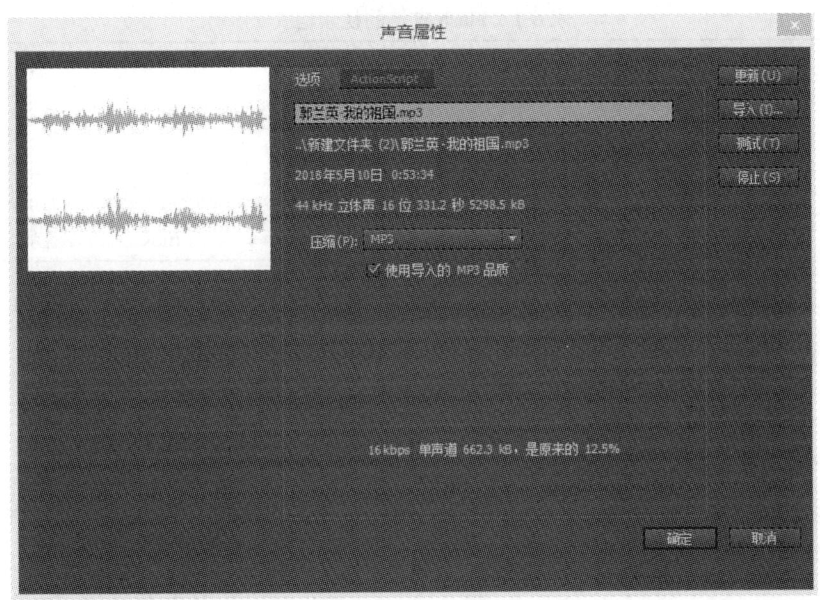

图 8-10　MP3 压缩选项

3. 将声音添加到工作区

将声音添加到工作区中，有以下两种方法：

① 选定声音图层的当前帧后，将声音从库中拖到舞台中，声音就添加到当前图层中了。此时图层的时间轴上有声波显示，如图 8-11 所示。

图 8-11　声音在图层中的显示

② 选中添加声音的当前帧，打开属性面板，在属性面板的声音选项的下拉列表中选中要添加的声音曲目，这样声音就添加到当前图层。

8.2　视频的导入与编辑

Flash 从 Flash MX 版本开始全面支持视频文件的导入和处理。Flash 在视频处理功能上更是跃上一个新的高度，Flash 视频具备创造性的技术优势，允许把视频、数据、图形、声音和交互式控制融为一体，从而创造出引人入胜的丰富体验。

8.2.1 支持的视频类型

Flash 支持的视频类型会因电脑所安装的软件不同而不同：如果电脑上安装了 QuickTime 7 或更高版本，则在导入嵌入视频时支持以下视频文件格式，如表 8-1 所示。

表 8-1 Flash 支持的视频格式 1

文件类型	扩展名
音频视频交叉	. avi
数字视频	. dv
运动图像专家组	. mpg、. mpeg
QuickTime 影片	. mov

如果系统安装了 DirectX 9 或更高版本，则在导入嵌入视频时支持以下视频文件格式，如表 8-2 所示。

表 8-2 Flash 支持的视频格式 2

文件类型	扩展名
音频视频交叉	. avi
运动图像专家组	. mpg、. mpeg
Windows Media 文件	. wmv、. asf

默认情况下，Flash 使用 On2 VP6 编解码器导入和导出视频。编解码器是一种压缩/解压缩算法，用于控制多媒体文件在编码期间的压缩方式和回放期间的解压缩方式。

如果导入的视频文件是系统不支持的文件格式，那么 Flash 会显示一条警告消息，表示无法完成该操作。而在有些情况下，Flash 可能只能导入文件中的视频，而无法导入音频。此时，也会显示警告消息，表示无法导入该文件的音频部分，但是仍然可以导入没有声音的视频。

Flash 对外部. flv(Flash 专用视频格式)的支持，可以直接播放本地硬盘或者 Web 服务器上的. flv 文件。这样可以用有限的内存播放很长的视频文件而无需从服务器下载完整的文件。

8.2.2 导入视频

下面通过实际操作介绍将视频剪辑导入 Flash 中的嵌入文件的方法。

① 新建一个 Flash 影片文档。

② 选择“文件”→“导入”→“导入视频”命令。弹出“导入视频”向导，如图8-12所示。

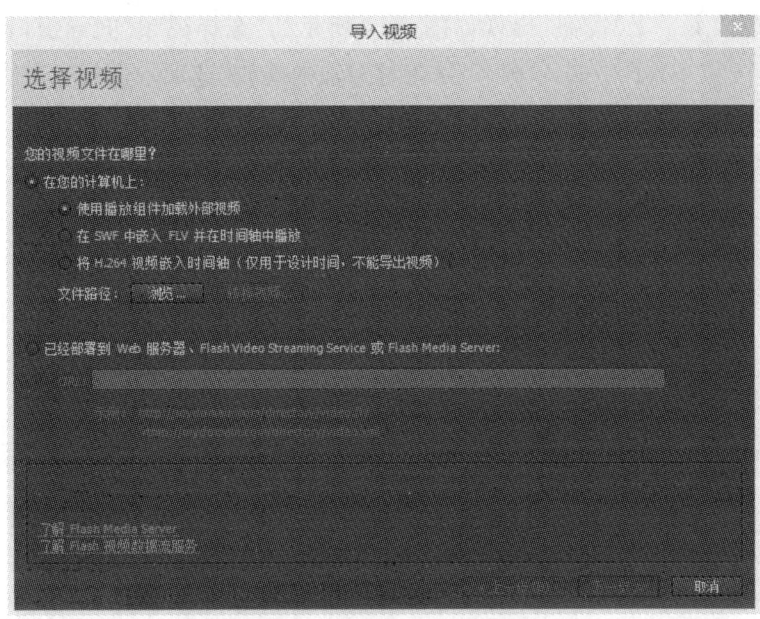

图 8-12　“导入视频”向导窗口

③ 在“文件路径”后面的文本框中输入要导入的视频文件的本地路径和文件名。或者单击后面的“浏览”按钮，弹出“打开”对话框，在其中选择要导入的视频文件，如图 8-13 所示。

图 8-13　导入素材

单击“打开”按钮，这样“文件路径”后面的文本框中自动出现要导入的视频文件路径。

④ 单击“下一个”按钮，出现如图 8-14 所示的“选择视频”向导窗口。这个窗口中有一个“在 SWF 中嵌入 FLV 并在时间轴中播放”选项。选择这种方式，视频文件将直接嵌入到影片中。

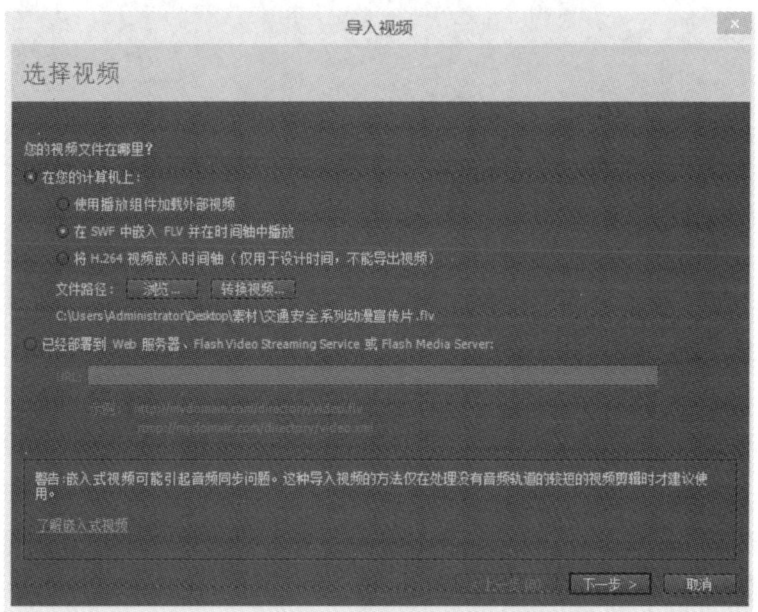

图 8-14 “选择视频”向导窗口

⑤ 单击“下一个”按钮，出现如图 8-15 所示的“嵌入”向导窗口。

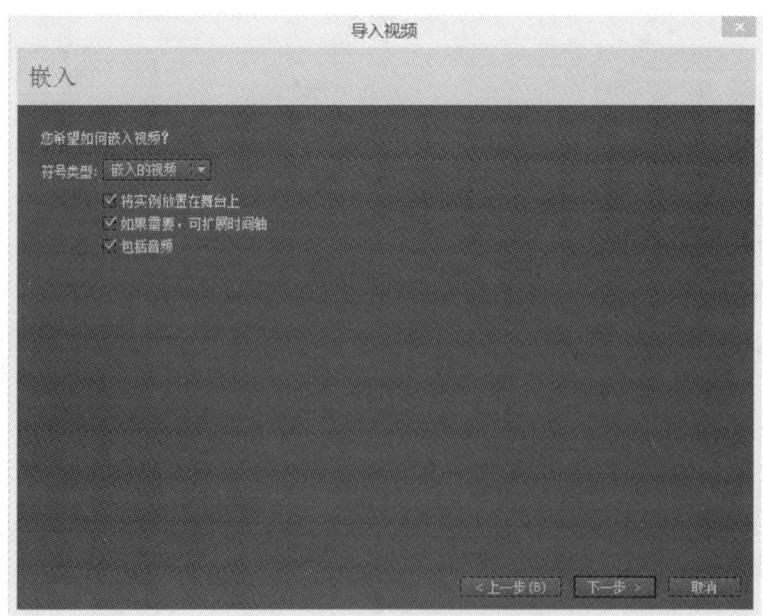

图 8-15 “嵌入”向导窗口

在这个向导窗口中，“符号类型”下拉列表中包括嵌入的视频、影片剪辑和图形。

嵌入到时间轴最常见的选择是将视频剪辑作为嵌入的视频集成到时间轴。如果要使用在时间轴上线性回放的视频剪辑，那么最合适的方法就是将该视频导入到时间轴。

嵌入为影片剪辑使用嵌入的视频时，最佳的做法是将视频放置在影片剪辑实例内，因为这样可以更好地控制该内容。视频的时间轴独立于主时间轴进行播放。

将视频剪辑嵌入为图形元件意味着，将无法使用 ActionScript 与该视频进行交互。通常，图形元件用于静态图像以及用于创建一些绑定到主时间轴的可重用的动画片段。因此，很少会希望将视频嵌入为图形元件。

另外，在“嵌入”窗口中，还可以选择是否“将实例放置在舞台上”，如果不选择，那么将存放在库中。选择“如果需要，可扩展时间轴”这个选项以后，可以自动扩展时间轴以满足视频长度的要求。

这里保持默认设置，不做任何改动。

⑥ 单击“下一个”按钮，出现如图 8-16 所示的“完成视频导入”向导窗口。

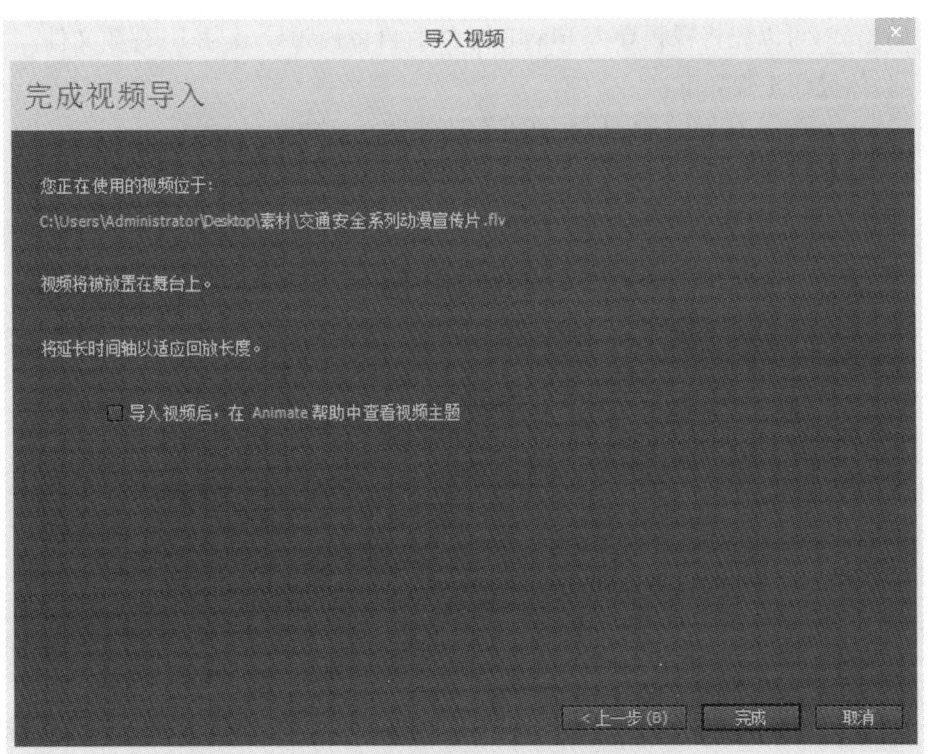

图 8-16　“完成视频导入”向导窗口

最后进度完成以后,视频就被导入到了舞台上。

另外,在 Flash 中还可以给视频加上滤镜效果。具体操作步骤如下:

① 选择舞台上的视频,执行"修改"→"转换为元件"命令,将其转换为影片剪辑元件。

② 展开"滤镜"面板,单击"+"按钮,在弹出的菜单中选择"模糊"滤镜,设置参数如图 8-17所示。

图 8-17 "滤镜"面板

③ 按"Ctrl+Enter"键测试影片。

8.2.3 导出.flv视频文件

.flv视频文件是 Flash 的专用视频格式。如果想将其他格式的视频文件转换为.flv格式,可以先将视频导入 Flash 中,然后再将视频导出为.flv视频文件。

具体操作步骤如下:

① 将视频文件导入到 Flash 库中。

② 在"库"面板中,右击视频,在弹出的快捷菜单中选择"属性"命令,弹出"视频属性"对话框,如图 8-18 所示。

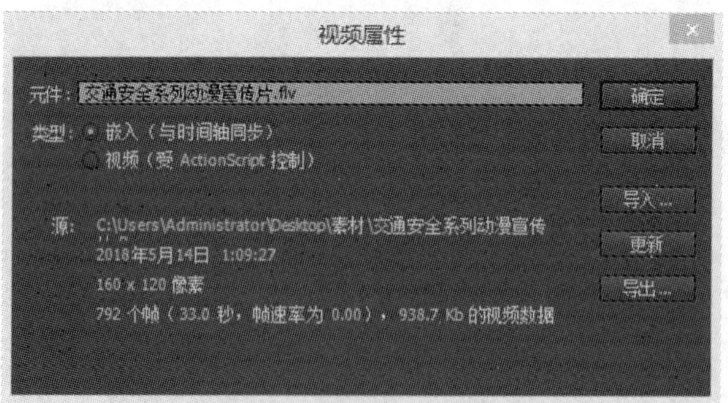

图 8-18 "视频属性"对话框

③ 单击"导出"按钮,出现"导出 FLV"对话框,如图 8-19 所示。输入要导出的视频文件名,然后单击"保存"按钮即可。

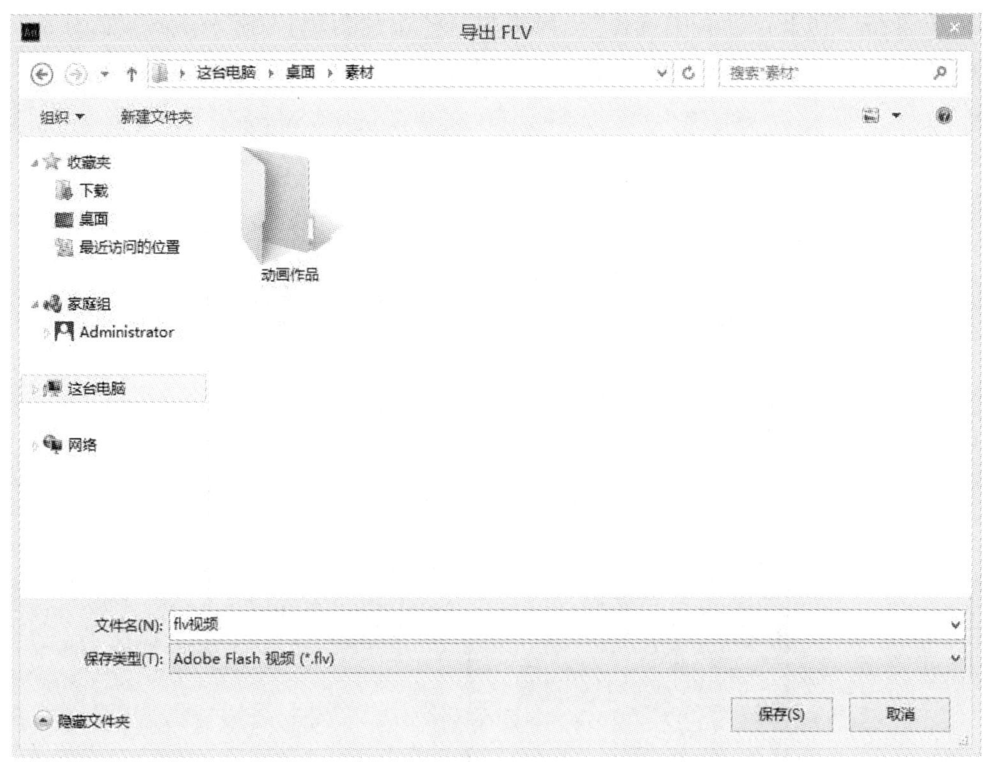

图 8-19　“导出 FLV”对话框

④ 最后，关闭“视频属性”对话框。

上机训练

1. 创建“声音控制”影片剪辑元件

具体操作步骤如下：

① 新建元件，名称为“声音控制—影片剪辑”，点击“确定”按钮。

② 把图层 1 改名为“声音”，点击此图层的第 1 帧，打开属性面板，在属性面板的“声音”下拉列表中选中声音曲目。

③ 在 2000 帧处插入普通帧，把声音在时间轴上展开。

④ 点击第 1 帧，在属性面板里把声音同步设为“数据流”。

2. 声音控制（在 Flash CS6 版本中完成）

具体操作步骤如下：

① 将图层改名为“按钮”。执行“窗口”→“其他面板”→“公共库”→“按钮”菜单命令。在“按钮”库面板中，有 3 个按钮，分别用来控制播放、暂停和停止。

② 给“播放”按钮添加命令：点击“播放”按钮，打开“动作”面板，点击“添加动

作”按钮 ，在下拉列表中选择“全局函数”→“影片剪辑控制”→“on”，如图 8-20 所示。弹出“动作提示面板”，在此面板中选第二项“release”，如图 8-21 所示。

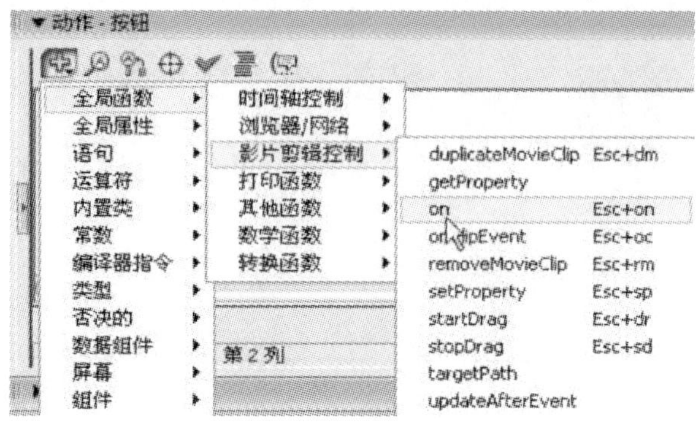

图 8-20　添加“on”

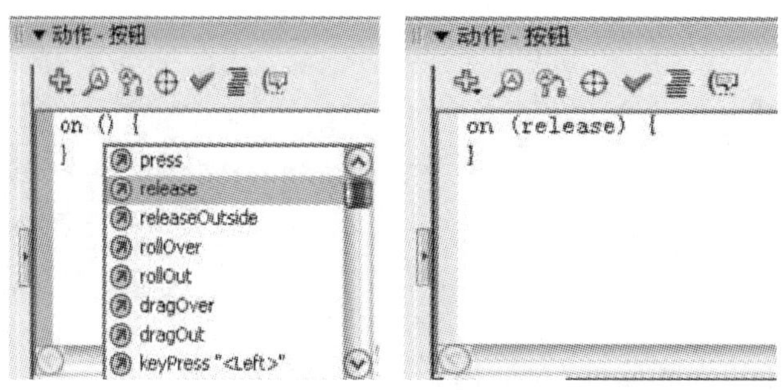

图 8-21　动作提示面板

光标移到大括号内，再点击“添加动作”按钮 ，在弹出的下拉列表中选择“全局函数”→“时间轴控制”→“play”，如图 8-22 所示。

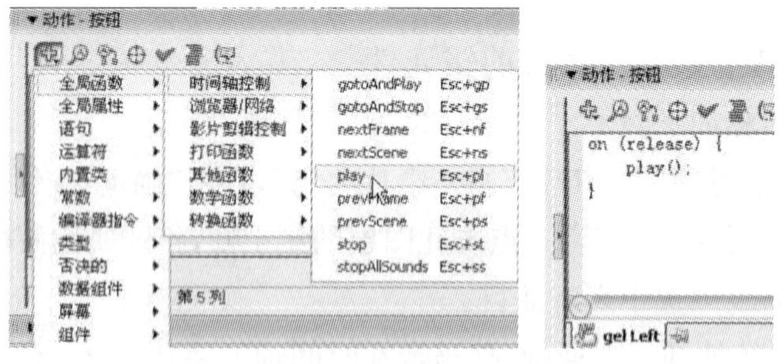

图 8-22　添加“play”

③ 给“暂停”按钮添加命令。

点击“暂停”按钮，打开“动作”面板，点击“添加动作”按钮 ，在弹出的下拉列表中点 “全局函数”→“影片剪辑控制”→ “on”，弹出“动作提示面板”，在此面板中选第二项 “release”。

把光标移到大括号内，再点击“添加动作” 按钮 ，在弹出的下拉列表中点

“全局函数”→“时间轴控制”→“stop”，“暂停”按钮上的命令添加完成，如图 8-23 所示。

图 8-23　添加“stop()”

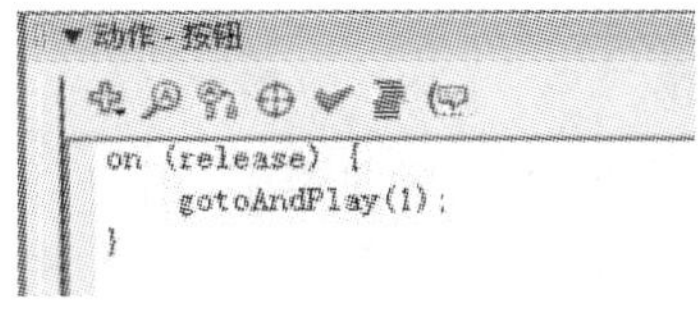

图 8-24　添加“gotoAndPlay”

④ 给“停止”按钮添加命令。

点击“停止”按钮，打开“动作”面板，点击“添加动作”按钮 ，在弹出的下拉列表中点“全局函数”→“影片剪辑控制”→“on”。弹出“动作提示面板”，在此面板中选第二项“release”。

把光标移到大括号内，再点击“添加动作”按钮 ，在弹出的下拉列表中点“全局函数”→“时间轴控制”→“gotoAndPlay”，在小括号里输入“1”，“停止”按钮上的命令添加完成，如图 8-24 所示。

⑤ 点击声音图层第 1 帧，打开“动作”面板。输入停止命令“stop( );”。

⑥ 把“声音控制”影片剪辑元件提到场景，播放测试效果。

3. 为按钮添加声音

Flash 动画最大的一个特点是交互性，交互按钮是 Flash 中重要的元素，如果给按钮加上合适的声效，一定能让作品增色不少。给按钮加上声效的步骤如下：

① 导入一个合适的声音文件。

② 打开“库”面板，用鼠标双击需要加上声效的按钮元件，进入到该按钮元件的编辑场景中，将导入的声音加入到这个元件中。

③ 新插入一个图层，重新命名为“声效”。选择该图层的第 2 帧，按 F7 键插入一个空白关键帧，然后将“库”面板中的“按钮声效”声音拖放到场景中，“声效”图层从第 2 帧开始出现了声音的声波线，如图 8-25 所示。

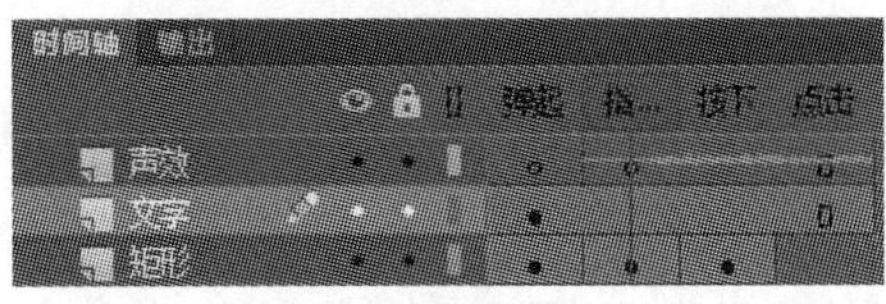

图 8-25　插入“声效”图层

④ 打开“属性”面板，将“同步”选项设置为“事件”，并重复 1 次。这里必须将“同步”选项设置为“事件”，如果还是“数据流”同步类型，那么声效将听不到。给按钮加声效时一定要使用“事件”同步类型。

课后练习

一、填空题

1. 在电影资源管理器中,用户可以查看当前电影的__________内容。

2. 库资源可以按__________、__________方式共享。

3. 用户可以使用__________、__________、__________对话框来定义源电影中资源的共享属性。

二、选择题

1. 在 Flash 中,下面关于导入视频说法错误的是(   )。

A. 在导入视频片断时,用户可以将它嵌入到 Flash 电影中

B. 用户可以将包含嵌入视频的电影发布为 Flash 动画

C. 一些支持导入的视频文件不可以嵌入到 Flash 电影中

D. 用户可以让嵌入的视频片断的帧频率同步匹配主电影的帧频率

2. 当 Flash 导出较短小的事件声音(例如按钮单击的声音)时,最适合的压缩选项是(   )

A. ADPCM 压缩选项　　B. MP3 压缩选项

C. Speech 压缩选项　　D. Raw 压缩选项

3. 标准 CD 音频采样率是(   )。

A. 5 kHz　　B. 11 kHz　　C. 22 kHz　　D. 44 kHz

4. 下面关于数字媒体的压缩类型说法错误的是(   )。

A. 数字媒体有 spatial(空间压缩)和 temporal(时间压缩)两种压缩类型

B. 时间压缩将区分各帧之间的差异,并且只保存这些差异

C. 空间压缩则应用于单个帧的数据,与周围的帧无关

D. 空间压缩可以是无损压缩,但是不可以是有损压缩

5. 如何使声音无限循环播放(   )。

A. 将声音的循环次数设为无穷大　　B. 将声音的循环次数定义成足够大

C. 不能实现　　D. 通过程序可以实现

6. 在 Flash 电影中使用了本机系统没有安装的字体时,本机用 Flash 播放器播放时(   )。

A. 能正常显示字体　　B. 能显示但是使用替换字体

C. 什么都不显示　　D. 以上说法都错误

7. 默认时 Flash 影片帧频率是(   )。

A. 10　　B. 12　　C. 15　　D. 25

8. 将声音导入库时，导入的声音文件将会(　　)。

A. 被压缩为 ADPCM

B. 是外部链接声音的状态

C. 只存储一次，并且可以在 Flash 文档中多次引用

D. 增加 Flash 文档的文件大小

9. Flash 支持声音的文件格式有(　　)。

A. . mp3　　B. . wav　　C. . au　　D. . rm

10. 在 Flash 中，有两种类型的声音(　　)。

A. 事件声音　　B. 流式声音　　C. 数字声音　　D. 模拟声音

三、判断题

1. 共享的库资源允许用户在多个目标电影中使用源电影中的资源。　(　　)

2. 事件声音的典型范例是模拟电脑打字效果的声音动画。当文字出现时，打字的声音出现，当文字结束时，打字的声音立即结束。　(　　)

3. 和使用元件一样，创建多个视频对象实例并不会增加 Flash 文件的大小。　(　　)

4. 在导入视频片断时，用户可以将它嵌入到 Flash 电影中。　(　　)

四、简答题

1. 制作一个动画并为动画添加声音文件。

2. 如何导入声音文件?

3. 如何压缩声音文件?

组件及其应用

【学习目的】

了解 Flash 的 UI 组件，学会创建表单、快捷菜单，实现查找功能。

【学习重点】

➢ Flash 的 UI 组件。
➢ 创建表单。
➢ 创建快捷菜单。
➢ 实现查找功能。

在 Flash 中，用户根据所需，为动画添加与其相应的组件，并通过 Action 脚本使其实现特定的交互效果。学好 Action 脚本和组件的基本应用，是制作 Flash 交互动画的必要前提。

本章所学习的内容就是利用 Flash 中提供的各种组件来实现动画的交互功能。在制作交互动画的过程中，合理充分地利用组件，不但有效地利用了已有资源，而且还在一定程度上提高了动画的制作效率。

9.1 Flash 的 UI 组件

Flash 提供了 UI 组件供用户使用，如按钮、窗口、滚动条等。组件实际上是一种带参数的影片剪辑，其中的参数是制作者在 Flash 中制作时进行设置的，其中的 ActionScript 方法、属性和事件可供使用者在运行时自定义组件。使用 Flash 组件，即使对 ActionScript 没有过深的理解，也可以构建复杂的交互功能。

9.1.1 组件的作用

Flash 中的组件是一种为动画制作者提供交互功能的组件。制作者可利用不同种类的组件制作出相对简单的用户界面控件，也可以利用组件制作出较为复杂的交互页面。同时制作者还可以根据制作需要，对组件的相应参数进行自定义设置，修改组件的外观和交互行为。组件不需要用户自行构建复杂的用户界面元素，浪费大量精力在类似元件的创建上，只需要通过选择相应的组件，并为其添加适当的 Action 脚本，即可轻松地实现所需的交互功能。

9.1.2　添加组件和组件属性设置

1. 添加组件

下面以在动画场景中添加 Button 组件为例，对 Flash 中添加组件的方法进行讲解，具体操作步骤如下：

① 按“Ctrl＋F7”组合键（或“窗口”→“组件”命令），打开“组件”面板，如图 9-1 所示。

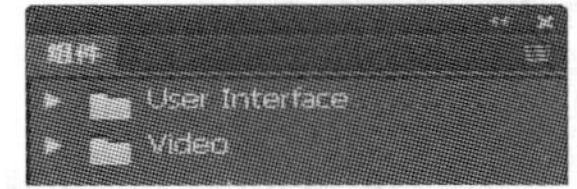

图 9-1　“组件”面板

② 在打开的“组件”面板中，单击 User Interface 左侧的“▶”按钮打开该类别。

③ 在 User Interface 类别下选中 Button 组件。

④ 按住鼠标左键，将 Button 组件拖动到场景中，如图 9-2 所示。

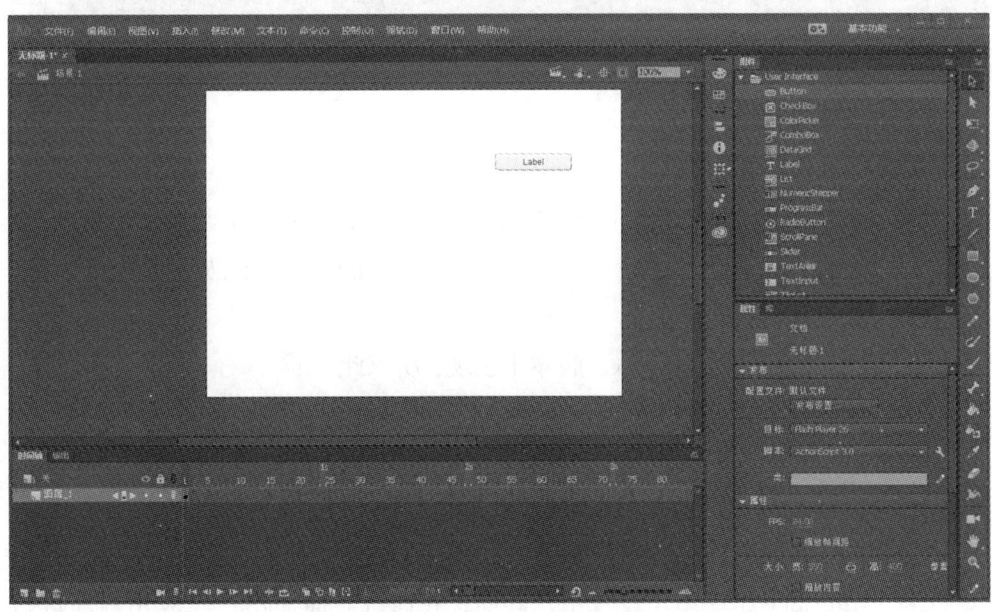

图 9-2　将按钮拖入场景

⑤ 将 Button 组件放置到适当位置后，释放鼠标左键，完成组件的添加。

2. 组件属性设置

在场景中添加组件后，还需要根据动画的实际情况对组件的属性进行设置。下面以 Button 组件为例，对 Flash 中设置组件属性的方法进行讲解，其具体操作如下：

在场景中选中添加的 Button 组件，在“属性”面板中单击“参数”选项卡，即可看到 Button 组件的对应参数,根据实际情况修改参数,如图 9-3 所示。

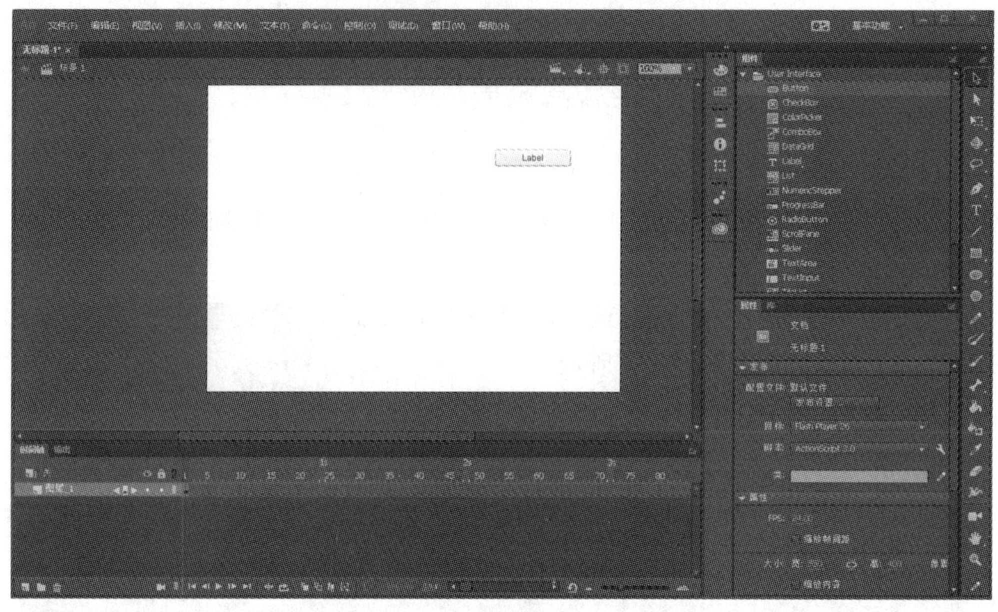

图 9-3　Button 参数设置

9.1.3　组件的类型

在 Flash 中,组件的类型包括 Media 组件(在 Flash CS5.5 版本中)、User Interface 组件(即 UI 组件)和 Video 组件,各类组件的具体功能及含义如下所述。

1. Media 组件

由于 Media 组件只在 Flash CS 版本中出现,所以此处仅作简单介绍。该组件类别包括 MediaController、MediaDisplay 和 MediaPlayback,如图 9-4 所示,主要用于对媒体流进行控制和播放。

图 9-4　Media 组件类型

2. User Interface 组件

User Interface 组件用于设置用户界面,并通过界面使用户与应用程序进行交互操作。Flash 中的大多数交互操作都是通过该组件实现的。User Interface 组件主要包括 Accordion、Button、CheckBox、ComboBox、Loader、TextArea 以及 ScrollPane 等,如图 9-5 所示。

3. Video 组件

Video 组件用于对媒体播放进行添加后退、前进、暂停等控制按钮。Video 组件包括 FLVPlayback(视频重播)、BackButton(后退按钮)、BufferingBar(缓冲条)、ForwardButton(前进按钮)、MuteButton(静音按钮)、PauseButton(暂停按钮)、PlayButton(播放按钮)、PlayPauseButton(播放暂停按钮)、SeekBar

（搜索条）、StopButton（停止按钮）以及 VolumeBar（音量条），如图 9-6 所示。

图 9-5　User Interface 组件

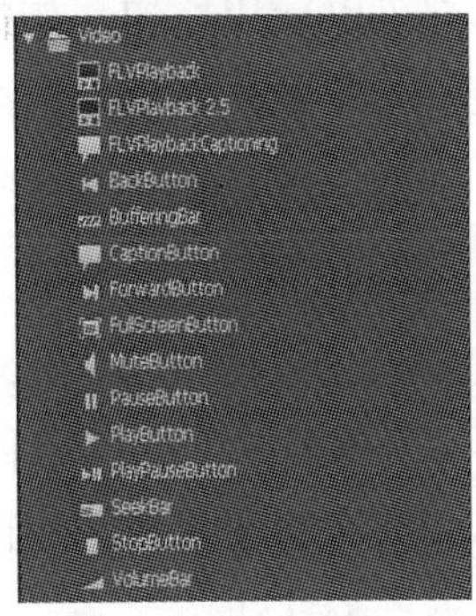

图 9-6　Video 组件

9.1.4　UI(User Interface)组件

UI(用户界面)组件是最常用的组件类型，不同的 Flash 版本中 UI 组件的数量不同。Flash CS 提供了 22 个 UI 组件，而 CC 版本精简到 17 个 UI 组件。本节全面介绍 CS 版本的 22 个 UI 组件的功能。

1. Accordion 组件

Accordion 组件创建并管理"标题"按钮，用户可以单击这些按钮并在 Accordion 的子项之间浏览。Accordion 呈纵向布局，其标题按钮横跨整个组件。一个子项与一个标题关联，每个标题均从属于 Accordion，而不从属于子项。当用户单击某个标题时，关联的子项即会显示在该标题下方，过渡到新的子项的过程使用过渡动画。

2. Alert 组件

Alert 组件能够显示一个窗口，该窗口向用户呈现一条消息和响应按钮。该窗口包含一个可填充文本的标题栏、一个可自定义的消息和若干可更改标签的按钮。Alert 组件可以通过使用 Alert. okLabel、Alert. yesLabel、Alert. noLabel 和 Alert. cancelLabel 属性更改按钮的标签，但用户无法更改 Alert 窗口中按钮的顺序，按钮顺序始终为"确定"、"是"、"否"、"取消"。Alert 窗口在用户单击其中的任何一个按钮时关闭。显示 Alert 窗口，可以调用 Alert. show() 命令。为了成功调用该命令，Alert 组件必须位于库中。通过将 Alert 组件从"组件"面板拖到舞台上并将其删除，可将该组件添加到库中，但不在文档中显示。Alert 组件的实时预览是一个空窗口。将 Alert 组件添加到应用程序时，可以使用"辅助功能"面板，使该组件的文本和按钮可由屏幕读取器访问。

3. 按钮(Button)组件

按钮是任何表单或 Web 应用程序的一个基础部分。每当需要让用户启动一个事件时,都可以使用按钮。例如,大多数表单都有"提交"按钮,也可以给演示文稿添加"前一个"和"后一个"按钮等。Button 组件是一个可调整大小的矩形用户界面按钮。可以给按钮添加一个自定义图标(这个由参数中的 icon 确定),也可以将按钮的行为从按下改为切换。在单击"切换"按钮后,它将保持按下状态,直到再次单击时才会返回到弹起状态(这由参数中的 toggle 确定)。

在"参数"面板中 Button 组件可以设置的参数有:

• icon:给按钮添加自定义图标。该参数值是库中影片剪辑或图形元件的链接标识符,没有默认值。

• label:设置按钮上文本的值,默认值是"Button"。

• labelPlacement:确定按钮上的标签文本相对于图标的方向。该参数可以是 left、right、top 或 bottom 4 个值之一,默认值是 right。

• selected:如果切换参数的值是 true,则该参数指定是按下(true)还是释放(false)按钮,默认值为 false。

• toggle:将按钮转变为切换开关。如果值为 true,则按钮在按下后保持按下状态,直到再次按下时才返回到弹起状态。如果值为 false,则按钮的行为就像一个普通按钮,默认值为 false。

4. 复选框(CheckBox)组件

CheckBox 组件为多选按钮组件,使用该组件可以在一组多选按钮中选择多个选项。复选框是任何表单或 Web 应用程序中的一个基础部分。当需要收集一组非相互排斥的 true 或 false 值时,都可以使用复选框。复选框组件是一个可以选中或取消选中的方框。当它被选中后,框中会出现一个复选标记。可以为复选框添加一个文本标签,将它放在左侧、右侧、顶部或底部。

在应用程序中可以启用或者禁用复选框。如果复选框已启用,并且用户单击它或者它的标签,复选框会接收输入焦点并显示为按下状态。如果用户在按下鼠标按钮时将指针移到复选框或其标签的边界区域之外,则组件的外观会返回到其最初状态,并保持输入焦点。在组件上释放鼠标之前,复选框的状态不会发生变化。另外,复选框有两种禁用状态:选中和取消选中,这两种状态不允许鼠标或键盘的交互操作。如果复选框被禁用,它会显示其禁用状态,而不管用户的交互操作。在禁用状态下,按钮不接收鼠标或键盘的输入。

在"参数"面板中,CheckBox 组件可以设置的参数有:

• label:设置复选框上文本的值,默认值为 CheckBox。

• labelPlacement(标签位置):确定复选框上标签文本的方向,该参数可以是 left、right、top 或 bottom 4 个值之一,默认值是 right。

• selected:将复选框的初始值设为选中(true)或取消选中(false),默认值为 false。

5. 组合框 (ComboBox)组件

ComboBox 组件为下拉列表框组件,在任何需要从列表中选择一项的表单或应用程序中,都可以使用 ComboBox 组件。例如,在客户地址表单中可以提供一个省/市的下拉列表。对于比较复杂的情况,可以使用可编辑的组合框。例如,在一个网站的用户注册页面中,为了收集用户的个人注册信息,可以使用一个可编辑的组合框来让用户输入所在的省份,下拉列表可以让用户更加方便地选择。

组合框组件由 3 个子组件组成,它们分别是:Button 组件、TextInput 组件和 List 组件。组合框组件可以是静态的,也可以是可编辑的。使用静态组合框,用户可以从下拉列表中做出一项选择;使用可编辑的组合框,用户可以在列表顶部的文本字段中直接输入文本,也可以从下拉列表中选择一项。如果下拉列表超出文档底部,该列表将会向上打开,而不是向下。当在列表中进行选择后,所选内容的标签被复制到组合框顶部的文本字段中。进行选择时既可以使用鼠标,也可以使用键盘。

在“参数”面板中 ComboBox 组件可以设置的参数有:

• data:将一个数据值与 ComboBox 组件中的每个项目相关联。该数据参数是一个数组。

• editable:确定 ComboBox 组件是可编辑的(true)还是只能选择的(false),默认值为 false。

• labels:用一个文本值数组填充 ComboBox 组件。在“参数”面板上单击“. Labels”参数后面的按钮,然后在弹出的“值”对话框中添加文本值数组。

• rowCount:设置在不使用滚动条的情况下一次最多可以显示的项目数,默认值为 5。

6. 数据格 (DataGrid)组件

DataGrid 组件是基于列表的组件,提供呈行和列分布的网格。可以在该组件顶部指定一个可选标题行,用于显示所有属性名称。每一行由一列或多列组成,其中每一列表示属于指定数据对象的一个属性。用 DataGrid 组件作为许多种数据驱动应用程序的基础。不但可以轻松地显示数据库查询(或其他数据)的格式化表格式视图,而且可以使用单元格渲染器功能建立更为复杂和可编辑的用户界面片段。DataGrid 组件可用于 Webmail 客户端、搜索结果页、电子表格应用程序。

7. DateChooser 组件

DateChooser 组件是一个允许用户选择日期的日历。它包含一些按钮,这些按钮允许用户在月份之间来回滚动并单击某个日期将其选中,可以设置指示月份和日期名称、星期的第一天和任何禁用日期以及加亮显示当前日期的参数。每个 DateChooser 实例的实时预览都反映创作过程中“属性”检查器或“组件”检查器指示的值。

8. DateField 组件

DateField 组件是一个不可选择的文本字段,它显示右边带有日历图标的日期。如果未选定日期,则该文本字段为空白,并且当前日期的月份显示在日期选择器中。当用户在日期字段边框内的任意位置单击时,将会弹出一个日期选择器,并显示选定日期所在月份内的日期。当日期选择器打开时,用户可以使用月份滚动按钮在月份和年份之间来回滚动,并选择一个日期。如果选定某个日期,则会关闭日期选择器,并会将所选日期输入到日期字段中。DateField 组件的实时预览不会反映创作时“属性”检查器或“组件”检查器指示的值,因为该组件是一个弹出组件,在创作时是不可见的。

9. 标签 (Label)组件

一个标签组件就是一行文本。标签组件将显示一行或多列纯文本或 HTML 格式的文本。这些文本的对齐和大小格式可以进行设置。Label 组件没有边框、不能具有焦点,并且不广播任何事件。

在“参数”面板中 Label 组件可以设置的参数有:

• autoSize:指明标签的大小和对齐方式应如何适应文本,默认值为 none。参数可以是以下 4 个值之一:none,标签不会调整大小或对齐方式来适应文本;left,标签的右边和底部可以调整大小以适应文本,左边和上边不会进行调整;center,标签的底部会调整大小以适应文本,标签的水平中心和它原始的水平中心位置对齐;right,标签的左边和底部会调整大小以适应文本,上边和右边不会进行调整。

• html:指明标签是(true)否(false)采用 HTML 格式。如果将 html 参数设置为 true,就不能用样式来设定 Label 组件的格式,默认值为 false。

• text:指明标签的文本,默认值是 Label。

10. List 列表框组件

List 组件为下拉列表的形式。List 组件是一个可滚动的单选或多选列表框。在应用程序中,可以建立一个列表,以便用户可以在其中选择一项或多项。例如,用户访问一个教育网站,想要查找在线学习课程,网站程序提供了一个项目列表框,一共包括 9 个科目,用户在列表中上下滚动,并通过单击选择其中一项。

在“参数”面板中，List 组件可以设置的参数有：

• data：填充到表数据的值组成的数组，默认值为空（空数组）。双击可以弹出“值”对话框，在其中可以添加列表数据的值数组。

• labels：填充列表的标签值的文本组成的值数组，默认值为空（空数组）。双击可以弹出“值”对话框，在其中可以添加列表的标签值的文本值数组。

• multipleSelection：是一个布尔值，它指明是（true）否（false）可以选择多个值，默认值为 false。

• rowHeight：指示每行的高度，以像素为单位，默认值是 20，设置字体不会更改行的高度。

11. 加载器（Loader）组件

在应用程序中，经常会遇到这样的问题：需要将公司徽标（jpeg. 文件）加载到程序界面中，或者在一个关于人事档案的表单中需要显示相片。类似于这样的问题都可以用 Loader 组件来设计完成。

Loader 组件是一个容器，它可以显示. swf或. jpeg文件，可以缩放加载器的内容，或者调整加载器自身的大小来匹配内容的大小，也可以在程序运行时加载内容，并监视加载进度。Loader 组件不能接收焦点，但是 Loader 组件中加载的内容可以接收焦点，并且可以有自己的焦点进行交互操作。

使用加载器可以继承并利用已经完成的 Flash 作品。例如，已经创建了一个 Flash 应用程序，但想扩展该应用程序，此时可以使用加载组件将旧的应用程序拖到新应用程序中，或者将旧应用程序作为某个选项卡界面的一部分。

在“参数”面板中 Loader 组件可以设置的参数有：

• autoLoad：指明内容是自动加载（true），还是等到调用 Loader. load()方法时再进行加载（false），默认值为 true。

• contentPath：一个绝对或相对的 URL，指明要加载到加载器的文件的路径。相对路径必须是相对于加载内容的. swf文件的路径。该 URL 必须与 Flash 内容当前驻留的 URL 在同一子域中。为了在独立的 Flash Player 中使用. swf文件，或者在影片测试模式下测试. swf文件，必须将所有. swf文件存储在同一文件夹中，并且其文件名不能包含文件夹或磁盘驱动器说明。

• scaleContent：指示是内容进行缩放以适应加载器（true），还是加载器进行缩放以适应内容（false），默认值为 true。

12. 菜单（Menu）组件

Menu 组件使用户可以从弹出菜单中选择一个项目，这与大多数软件应用程序的“文件”或“编辑”菜单很相似。当用户滑过或单击一个按钮状的菜单激活器时，通常会在应用程序中打开 Menu 组件，还可以对 Menu 组件编写脚本，使其在用户按下特定的键时打开。

13. 菜单栏（MenuBar）组件

使用 MenuBar 组件可以创建带有弹出菜单和命令的水平菜单栏，就像常见的软件应用程序中包含“文件”菜单和“编辑”菜单的菜单栏一样。MenuBar 组件对 Menu 组件进行了补充，方法是通过提供可单击的界面来显示和隐藏菜单，而这些菜单起到了组合鼠标和键盘交互性操作的作用。

MenuBar 组件可以通过几个步骤创建应用程序菜单。若要构建菜单栏，可以向描述一系列菜单的菜单栏指定 XML 数据提供程序，或者使用 MenuBar.addMenu() 方法一次添加数个菜单实例。

菜单栏中的每个菜单都由两部分组成：菜单和使菜单打开的按钮（称为“菜单激活器”）。这些可单击的菜单激活器作为文本标签出现在菜单栏中，并带有边框凹下和凸起的加亮显示状态，这些状态响应来自鼠标和键盘的交互性操作。单击菜单激活器之后，相应的菜单会在其下面打开。菜单会保持活动状态，直到再次单击激活器，或选择了某个菜单项或者在菜单区域外进行了单击。

除了创建显示和隐藏菜单的菜单激活器外，MenuBar 组件还在一系列菜单之间创建组行为。这使用户可以浏览许多命令选项，方法是滑过一系列激活器或使用箭头键在列表中移动。鼠标和键盘通过交互性操作的方式协同工作，使用户可以在菜单栏内的菜单之间跳转。用户不能在菜单栏上的菜单之间滚动。如果菜单超过了菜单栏的宽度，则会被遮盖。

14. 步进器(NumericStepper)组件

使用过电子图书阅读程序的读者都知道，如果想跳转到指定页数的图书页面，只需在一个文本框中输入相应的页数值，或者单击文本框旁边的上下箭头按钮，增大或减小文本框中数值。这种在程序中需要用户选择数值的情况，都可以用步进器(NumericStepper)组件来实现。NumericStepper 组件允许用户逐个通过一组经过排序的数字。该组件由显示在上下箭头按钮旁边的数字组成，当按下上下箭头按钮时，数字将根据 stepSize 参数的值增大或减小，直到松开鼠标按钮或达到最大/最小值为止。

在“参数”面板中 NumericStepper 组件可以设置的参数有：

- minimum：设置步进的最小值，默认值为 0。
- maximum：设置步进的最大值，默认值为 10。
- stepSize：设置步进的变化单位，默认值为 1。
- value：设置当前步进的值，默认值为 0。

15. 进程栏（ProgressBar）组件

在 Flash 中制作动画预载画面，精确显示动画加载进度是一个重要的内容。

通常先创建一个进度条影片剪辑元件，再通过 Action 编程来实现动画预载进度画面的制作。Flash 8 提供了一个进程栏(Progress Bar)组件，专门用来制作动画预载画面，显示动画加载进度，十分方便。

ProgressBar 组件在用户等待加载内容时，会显示加载进程。加载进程可以是确定的，应使用确定的进程栏。确定的进程栏是一段时间内任务进程的线性表示，在载入的内容量已知时使用；不确定的进程栏在要加载的内容量未知时使用。

默认情况下，组件被设置为在第 1 帧导出，这意味着这些组件在第 1 帧呈现前已被加载到应用程序中。如果要为应用程序创建动画预载画面，则需要在每个组件的“链接属性”对话框中取消对“在第一帧导出”的选择，但是对于 ProgressBar 组件应设置为“在第一帧导出”，因为 ProgressBar 组件必须在其他内容流进入 Flash Player 之前首先显示。

进程栏允许在内容加载过程中显示内容的进程。当用户与应用程序交互操作时，这是必需的反馈信息。

在“参数”面板中，ProgressBar 组件可以设置的参数有：

• conversion：一个数字，在显示标签字符串中的%1 和%2 的值之前，用这些值除以该数字，默认值为 1。

• direction：进度栏填充的方向。该值可以在右侧或左侧，默认值为右侧。

• label：指示加载进度的文本。该参数是一个字符串，其格式是“已加载%1，共%2(%3%%)”；%1 是当前已加载字节数的占位符，%2 是总共要加载的字节数的占位数，%3 是当前加载的百分比的占位符。字符“%%”是字符“%”的占位符。如果%2 的值未知，它将被替换为“??”。如果值未定义，则不显示标签。

• labelPlacement：与进程栏相关的标签位置。此参数可以是下列值之一：top、bottom、left、right、center，默认值为 bottom。

• mode：进度栏运行的模式。此值可以是下列之一：event、polled 或 manual，默认值为 event。最常用的模式是“event”和“polled”。这些模式使用 sol/roe 参数来指定一个加载进程，该进程发出 progress 和 complete 事件(事件模式)或公开 getBytesLoaded 和 getsBytes Total 方法(轮询模式)。

• source：一个要转换为对象的字符串，它表示绑定源的实例名称。

16. 单选按钮(RadioButton)组件

单选按钮是任何表单或 Web 应用程序的一个基础部分。如果需要用户从一组选项中做出一个选择，可以使用单选按钮。例如，在表单上询问客户要使用哪种信用卡付款时，就可以使用单选按钮。

使用单选按钮(RadioButton)组件可以强制用户只能选择一组选项中的一项。该组件必须用于至少有两个 RadioButton 实例的组。在任何给定的时刻，都只有一个组成员被选中,选择组中的一个单选按钮将取消选择组内当前选定的单选按钮。

可以启用或禁用单选按钮。在禁用状态下,单选按钮不接收鼠标或键盘输入的信息。

在“参数”面板中,ProgressBar 组件可以设置的参数有:

- data:与单选按钮相关的值,没有默认值。
- groupName:单选按钮的组名称,默认值为 radioGroup。
- label:设置按钮上的文本值,默认值为 RadioButton。
- labelPlacement:确定按钮上标签文本的方向。该参数可以是 left、right、top 或 bottom 4 个值之一,默认值是 right。
- selected:将单选按钮的初始值设置为被选中(true)或取消选中(false),被选中的单选按钮中会显示一个圆点。一个组内只有一个单选按钮可以有被选中的值 true,如果组内有多个单选按钮被设置为 true,则会选中最后实例化的单选按钮,默认值为 false。

17. 滚动窗格(ScrollPane)组件

如果某些内容对于要加载到的区域而言过大,可以使用滚动窗格来显示这些内容。例如,如果有一幅大图像,而应用程序中只有很小的空间来显示它,则可以将其加载到滚动窗格中。

滚动窗格(ScrollPane)组件可以实现在一个可滚动区域中显示影片剪辑、JPEG 文件和. swf文件。有了滚动条就能够在一个有限的区域中显示图像,或显示从本地位置或 Internet 加载的内容。

通过将 scrollDrag 参数设为 true 来允许用户在窗格中拖动内容,这时一个“手”形光标会出现在内容上。

在“参数”面板中,ScrollPane 组件可以设置的参数有:

- contentPath:指示要加载到滚动窗格中的内容。该值可以是本地 SWF 或 JPEG 文件的相对路径,或 Internet 上的文件的相对或绝对路径,也可以设置为“为动作脚本导出”的库中的影片剪辑元件的链接标识符。
- hLineScrollSize:指示每次按下箭头按钮时水平滚动条移动多少个单位,默认值为 5。
- gPageScrollSize:指示每次按下轨道时水平滚动条移动多少个单位,默认值为 20。
- hScrollPolicy:显示水平滚动条。该值可以为“on”、“off”或“auto”,默认值为“auto”。
- scrollDrag:是一个布尔值,它允许(true)或不允许(false)用户在滚动窗格中滚动内容，默认值为 false。

• vLineScrollSize：指示每次按下箭头按钮时垂直滚动条移动多少个单位，默认值为 5。

• vPageScrollSize：指示每次按下轨道时垂直滚动条移动多少个单位，默认值为 20。

• vScrollPolicy：显示垂直滚动条。该值可以为“on”、“off”或“auto”，默认值为“auto”。

18. 文本域(TextArea)组件

在需要多行文本字段的任何地方都可使用文本域(TextArea)组件。默认情况下，显示在 TextArea 组件中的多行文字可以自动换行。另外，在 TextArea 组件中还可以显示 HTML 格式的文本(由 html 参数控制)。如果需要单行文本字段，可以使用 TextInput 组件。

在“参数”面板中，TextArea 组件可以设置的参数有：

• editable：指示 TextArea 组件是(true)否(false)可编辑，默认值为 true。

• html：指示文本是(true)否(false)采用 HTML 格式，默认值为 false。

• text：指示 TextArea 的内容。无法在“参数”面板或“组件检查器”面板中输入回车，默认值为“ ”(空字符串)。

• wordWrap：指示文本是(true)否(false)自动换行，默认值为 true。

19. 单行文本(TextInput)组件

在任何需要单行文本字段的地方，都可以使用单行文本(TextInput)组件。TextInput 组件可以采用 HTML 格式，或作为掩饰文本的密码字段。

在应用程序中，TextInput 组件可以被启用或者禁用。在禁用状态下，它不接收鼠标或键盘输入的信息。

在“参数”面板中，TextInput 组件可以设置的参数有：

• editable：指示 TextInput 组件是(true)否(false)可编辑，默认值为 true。

• password：指示字段是(true)否(false)为密码字段，默认值为 false。

• text：指定 TextInput 的内容。无法在“参数”面板或“组件检查器”面板中输入回车，默认值为“ ”(空字符串)。

20. 树 (Tree) 组件

Tree 组件允许用户查看分层数据。树显示在类似 List 组件的框中，但树中的每一项称为“节点”，并且可以是叶或分支。默认用旁边带有文件图标的文本标签表示叶，用旁边带有文件夹图标的文本标签表示分支，并且文件夹图标带有展开箭头(展示三角形)，用户可以打开它以显示子节点。分支的子项可以是叶或分支。

21. 滚动条(UIScrollBar)组件

UIScrollBar 组件允许将滚动条添加至文本字段。用户可以在创作时将滚动条添加至文本字段,或使用 ActionScript 在运行时添加。其功能与其他所有滚动条类似。它两端各有一个箭头按钮,按钮之间有一个滚动轨道和滚动框(滑块)。它可以附加至文本字段的任何一边,既可以垂直使用,也可以水平使用。

22. 窗口(Window)组件

无论何时需要向用户提供信息或最优选择时,都可以在应用程序中使用一个窗口。例如,程序中需要用户填写登录窗口或是发生了更改并需要确认新密码的窗口等。

在应用程序中创建窗口对象可以使用窗口(Window)组件。它可以在一个具有标题栏、边框和"关闭"按钮(可选)的窗口内显示影片剪辑的内容。Window 组件支持拖动操作,可以单击标题栏并将窗口及其内容拖动到另一个位置。

Window 组件可以是模式的,也可以是非模式的。模式窗口会防止鼠标和键盘输入转至该窗口之外的其他组件。

将窗口添加到应用程序的常用方法有两种:第一种方法是将窗口组件直接从"组件"面板拖放到舞台上;第二种方法是使用 PopUpManager 类来创建窗口,这种方法可以创建与舞台上其他对象重叠的模式窗口。

在"参数"面板中,Window 组件可以设置的参数有:

- closeButton:指示是(true)否(false)显示"关闭"按钮。单击"关闭"按钮会广播一个 click 事件,但并不能关闭窗口,必须编写调用 Window. deletePopUp()的处理函数,才能实现关闭窗口。

- contentPath:指定窗口的内容。此内容既可以是影片剪辑的链接标识符,或者是屏幕、表单或包含窗口内容的幻灯片的元件的名称,也可以是要加载到窗口的 SWF 或 JPG 文件的绝对或相对 URL,默认值为" "(空字符串),加载的内容会被裁剪,以适合窗口大小。

- title:指示窗口的标题。

注意:以上所述 UI 组件是在 Flash 5.5 中默认的,在不同版本中组件会有所不同。

9.2 创建表单

表单组件经常与其他组件联合使用,一般情况下不单独使用。在后面的例子中就是表单与按钮等组件组合使用,其功能是在输入框中输入内容。这时如果按

“提交”按钮，则将从输出框中输出输入框中的内容；如果按“清除”按钮，则将清除输入框和输出框中的所有内容，以便进行下一次的输入。最终效果如图9-7所示。

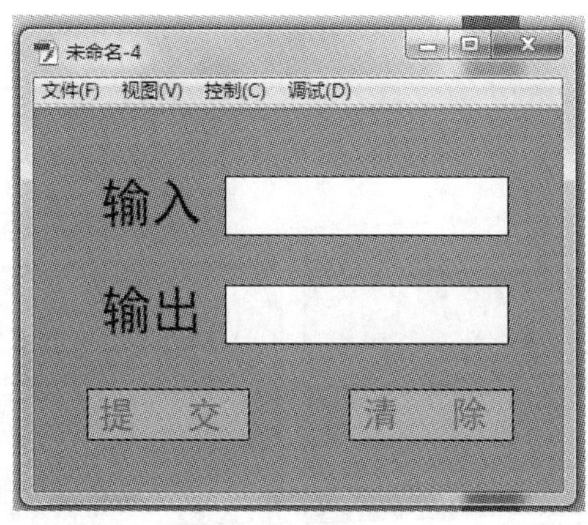

图9-7　最终效果

具体操作步骤如下：

① 启动Flash，新建一个影片，在属性中设置影片舞台大小为350×250像素，影片背景色为橙色，颜色代码为#FF6600，如图9-8所示。

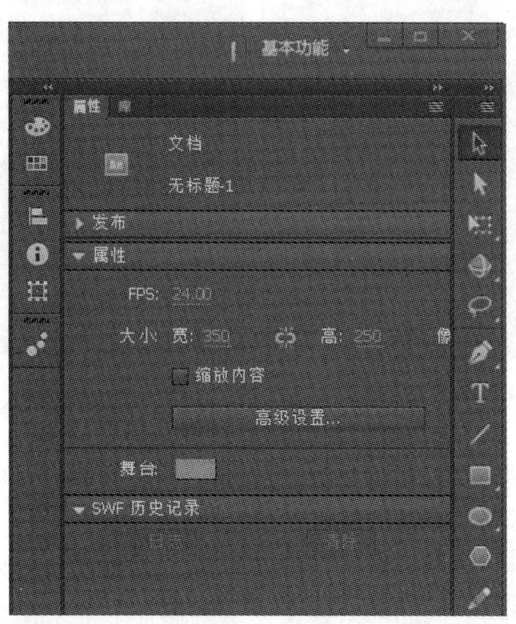

图9-8　设置舞台

② 选择工具箱中的文本工具，在舞台上部拖动，绘制一个长条形的文本框，打开“属性”面板，在“属性”面板中对此文本框进行相关属性的设置，如图9-9所示。因为此文本框要被用来输入文本，所以应该在文本框属性下拉列表中设置其

为输入文本类型,然后设置文本框中文本的字体、字号和文本颜色等属性,最后设置文本框的文本变量为“text1”,以便于使用 Action 对其中的内容进行控制,如图 9-10所示。

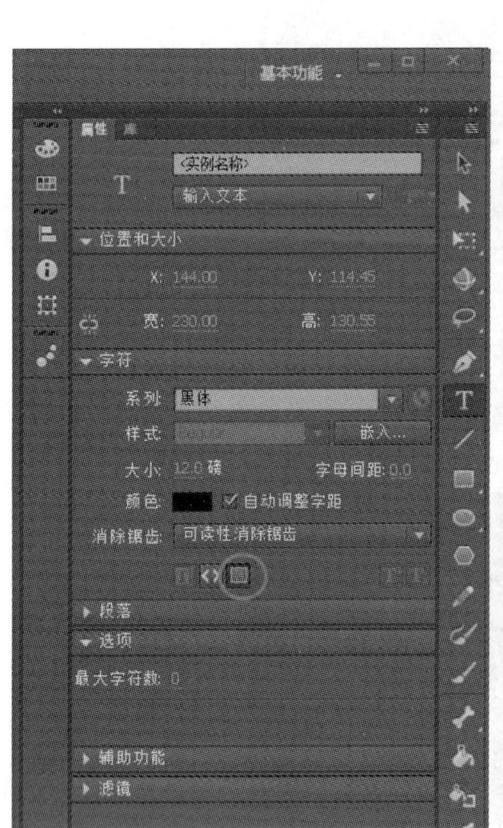

图 9-9　文本框相关属性设置

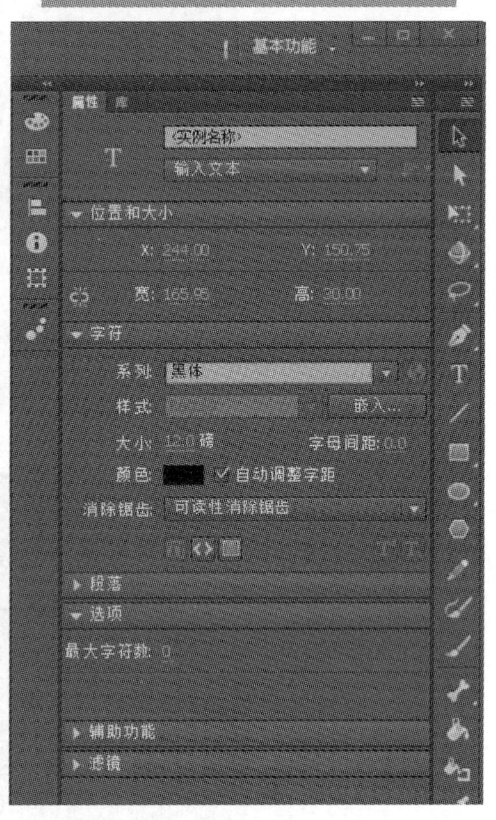

图 9-10　文本框文本变量 text1 属性设置

③ 使用文本工具在此文本框前面添加文本框提示信息:输入,表明此文本框的作用是用于输入文本。按照制作输入文本框的方法再制作一个文本框,这个文本框是用于输出文本,所以需要在“属性”面板中设置其类型为动态文本框,设置其文本框变量名为“text2”,同样给输出文本框添加上提示信息:输出。其属性设置如图 9-11 所示。

④ 接下来给表单添加两个控制按钮:“提交”和“清除”。首先新建一个按钮元件,命名为“anniu”,点开类型旁边的选项,选择“按钮”选项,如图 9-12 所示。

⑤ 进入元件的编辑区后,绘制一个简单矩形按钮,在“弹起”帧插入关键帧,

如图 9-13 所示。

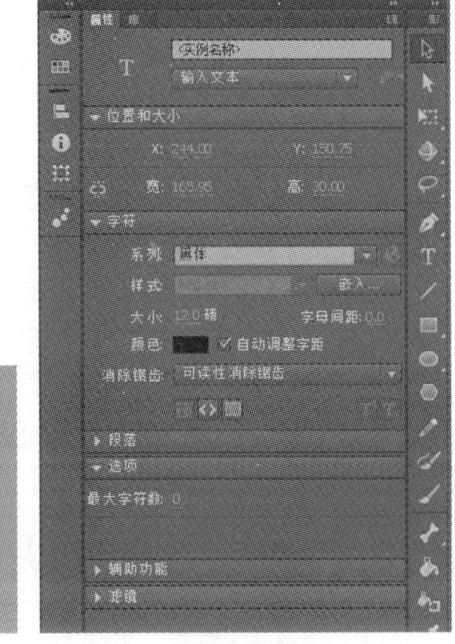

图 9-11　文本框文本变量 text2 属性设置

图 9-12　创建按钮元件

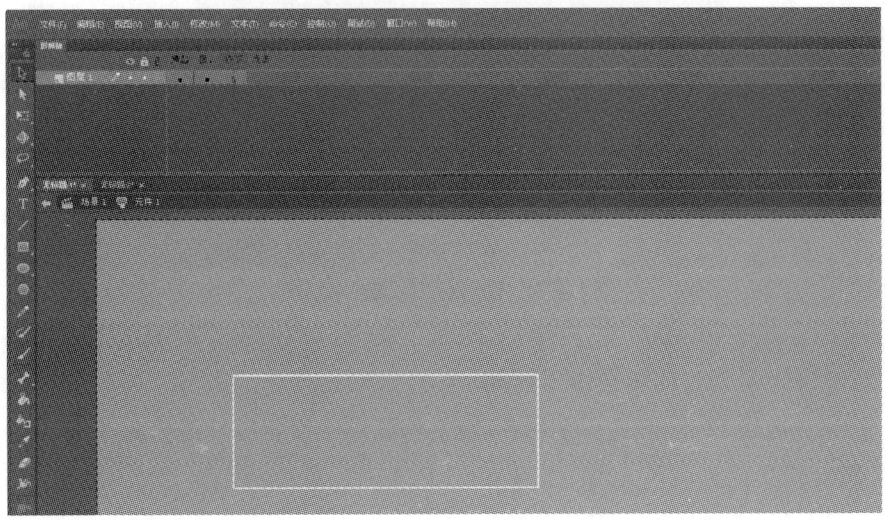

图 9-13　制作按钮的关键帧

⑥ 回到主场景中,在舞台的靠下位置分别放置一个按钮元件,并将其左右排列好。然后给左边的按钮添加提示文本:提交;给右边的按钮添加提示文本:清除,如图 9-14 所示。

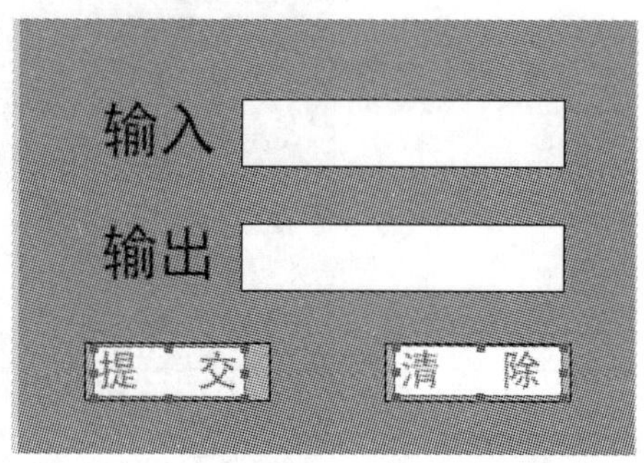

图 9-14　界面的布局

⑦ 给控制按钮添加动作。

• 给“提交”按钮添加如下动作,目的是当点击该按钮时,变量名为“text2”的文本框中将显示变量名为“text1”的文本框中的内容:

```
On (Release)
  Set Variable: "text2"=text1
End On
```

• 给“清除”按钮添加如下动作,目的是当点击该按钮时,变量名为“text1”和“text2”的文本框将显示为空。

```
On (Release)
  Set Variable: "text1"=""
  Set Variable: "text2"=""
End On
```

⑧ 最后测试影片。

9.3　创建快捷菜单

创建快捷菜单的具体操作步骤如下:

① 首先启动 Flash,新建一个影片,在文档属性中设置影片舞台大小为 550×450 像素,影片背景色为白色,颜色代码为#FFFFFF。

② 在“动作”选项中(按快捷键 F9)输入如下内容，如图 9-15 所示。

```
var empiremue=new ContextMenu();
empiremue.hideBuiltInItems();
empiremue.customItems.push(new ContextMenuItem("返回首界面", home));
empiremue.customItems.push(new ContextMenuItem("菜单一", h1));
empiremue.customItems.push(new ContextMenuItem("菜单二", h2));
empiremue.customItems.push(new ContextMenuItem("菜单三", h3));
empiremue.customItems.push(new ContextMenuItem("菜单四", h4));
empiremue.customItems.push(new ContextMenuItem("菜单五", h5));
empiremue.customItems.push(new ContextMenuItem("菜单六", h6));
empiremue.customItems.push(new ContextMenuItem("搜狐网", gotoempire));
function home() {
  _root.gotoAndStop(1);
}
function h1() {
  _root.gotoAndStop(2);
}
function h2() {
  _root.gotoAndStop(3);
}
function h3() {
  _root.gotoAndStop(4);
}
function h4() {
  _root.gotoAndStop(5);
}
function h5() {
  _root.gotoAndStop(6);
}
function h6() {
  _root.gotoAndStop(9);
}
function gotoempire() {
  getURL("http://www.sohu.com", "_blank");
}
_root.menu=empiremue;
```

```
var empiremue = new ContextMenu();
empiremue.hideBuiltInItems();
empiremue.customItems.push(new ContextMenuItem("返回首界面", home));
empiremue.customItems.push(new ContextMenuItem("菜单一", h1));
empiremue.customItems.push(new ContextMenuItem("菜单二", h2));
empiremue.customItems.push(new ContextMenuItem("菜单三", h3));
empiremue.customItems.push(new ContextMenuItem("菜单四", h4));
empiremue.customItems.push(new ContextMenuItem("菜单五", h5));
empiremue.customItems.push(new ContextMenuItem("菜单六", h6));
empiremue.customItems.push(new ContextMenuItem("搜狐网", gotoempire));
function home() {
   _root.gotoAndStop(1);
}
function h1() {
   _root.gotoAndStop(2);
}
function h2() {
   _root.gotoAndStop(3);
}
function h3() {
   _root.gotoAndStop(4);
}
function h4() {
   _root.gotoAndStop(5);
}
function h5() {
   _root.gotoAndStop(6);
}
function h6() {
   _root.gotoAndStop(9);
}
function gotoempire() {
   getURL("http://www.sohu.com", "_blank");
}
_root.menu = empiremue;
```

图 9-15 “动作”面板的动作输入

③ 测试影片,如图 9-16 所示。

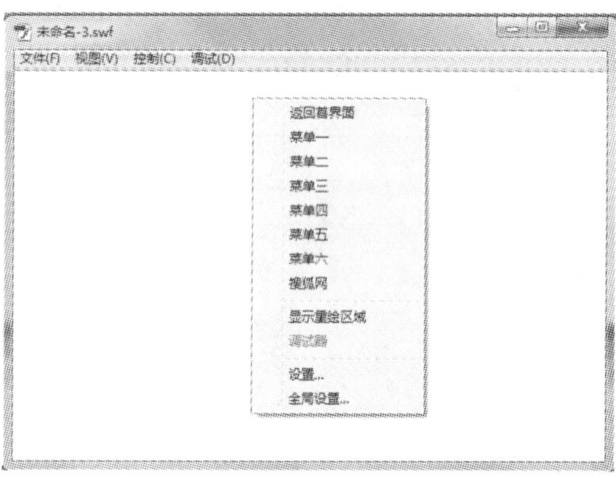

图 9-16 影片的测试

9.4 实现查找功能

本节用组件等相关知识实现在表单中查找,用户可以事先往表单中添加多条信息,然后在所添加的信息中查找特定的信息项,该实验的最终效果如图 9-17 所示。

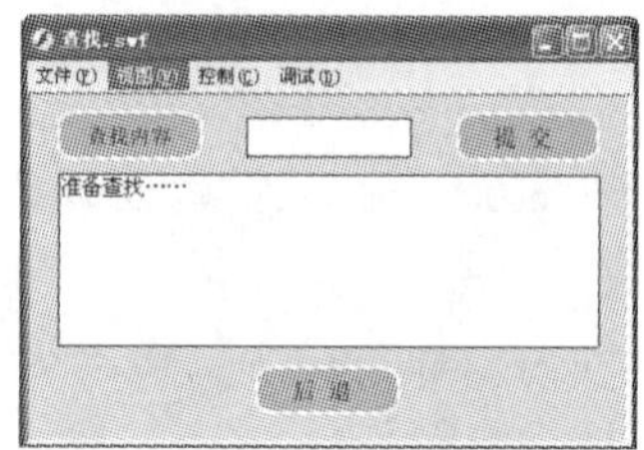

图 9-17 制作效果

具体操作步骤如下:

① 首先启动 Flash,新建一个影片,单击鼠标

右键，在文档属性中设置影片舞台大小为 400×300 像素，影片背景色为浅蓝色，颜色代码为＃DBE6EE，如图 9-18 所示。

② 制作表单中要用到 3 个按钮：“后退”按钮、“提交”按钮和“查找”按钮。这 3 个按钮的制作方法相同，只是按钮上的文字提示信息不同，这里以“后退”按钮为例来说明其制作方法。

新建一个“按钮”元件，命名为“Back”，进入元件的编辑区后，选择工具箱中的矩形工具，然后在圆角矩形半径设置的附加选项中设置圆角矩形半径为 20，笔触为 5。如图 9-19 所示，矩形轮廓线颜色为白色，填充色为灰蓝色，颜色代码为＃95AEBF，在按钮的“弹起”帧绘制一个大小适中的矩形，并给其添加文字提示信息：后退。如图 9-20 所示。

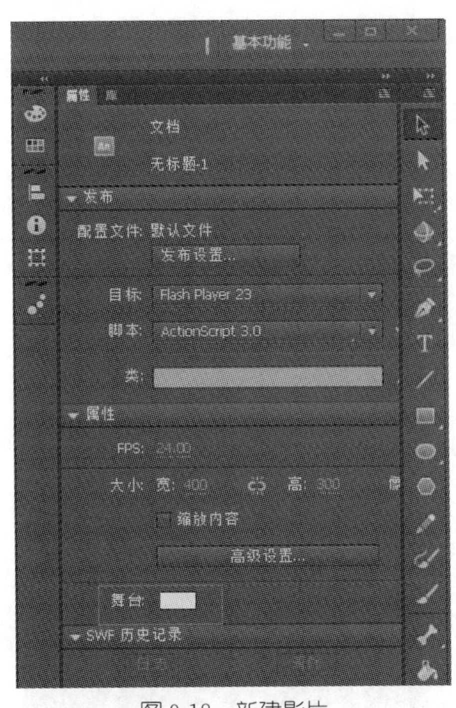

图 9-18　新建影片

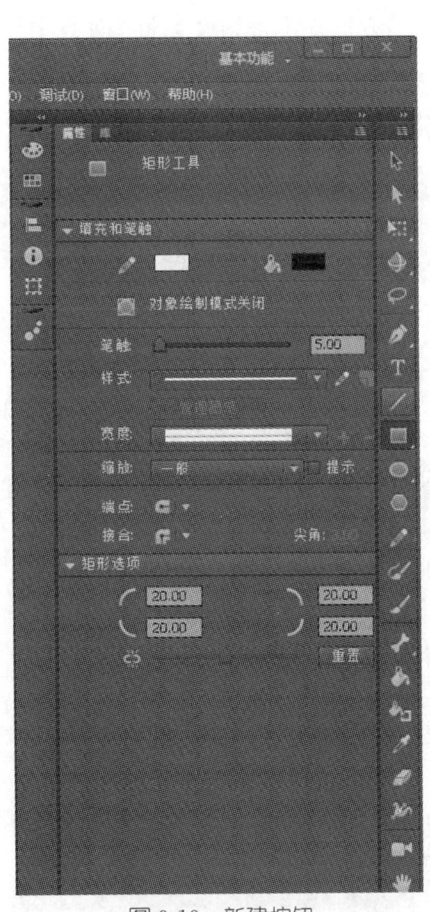

图 9-19　新建按钮

分别在按钮的后 3 帧插入关键帧，回到指针经过帧，改变按钮的填充色为浅灰色，颜色代码为＃C2D2DA，如图 9-21 所示。

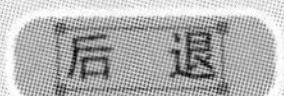

图 9-20　为按钮添加文字

图 9-21　调整按钮效果

按照上面相同的办法分别制作“提交”按钮和“查找”按钮，如图 9-22 所示。

图 9-22　制作“提交”和“查找”按钮

③ 回到主场景中，使用文本工具在舞台居中位置绘制一个长方形的文本框，在“属性”面板中设置其类型为输入文本，文本框变量名为“entered”，此文本框用来进行表单信息的添加和查询内容的输入，文本框的其他相关设置如图 9-23 所示。

④ 绘制输入文本并设置属性。同样使用文本工具在输入文本框下方绘制一个大的方形文本框，在“属性”面板中设置文本框类型为动态文本，文本框变量名为“names”，此文本框用来显示添加到表单中的信息项和显示查找结果。其他相关设置如图 9-24 所示。

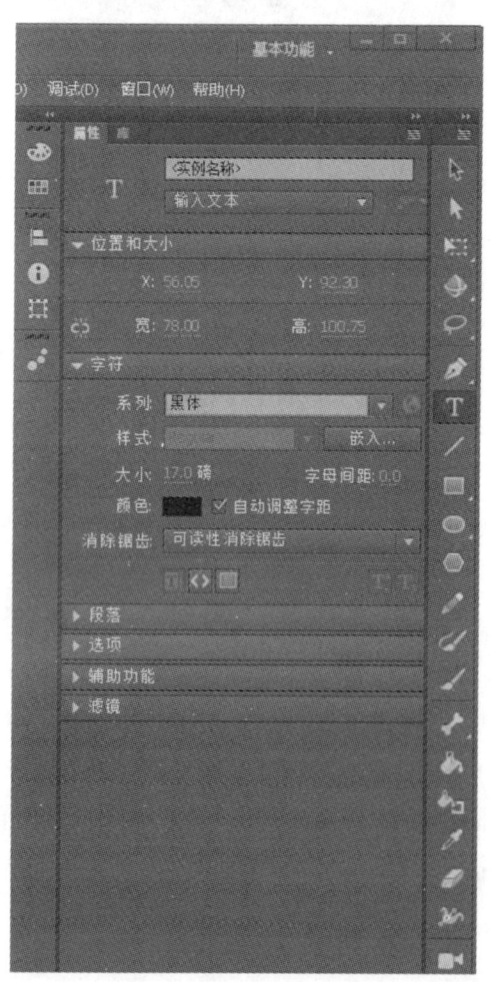

图 9-23　文本框相关设置 1

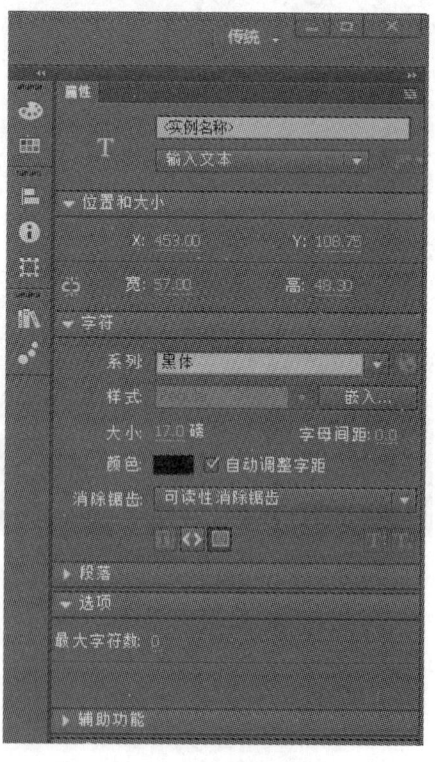

图 9-24　文本框相关设置 2

⑤ 文本框设置好后，再在舞台上布置一些提示信息和控制按钮，在第 1 帧中布置场景，如图 9-25 所示。

⑥ 第 1 帧的界面是输入表单信息界面，用户可以在最上面的"输入"按钮中输入想添加到表单中的信息，只要按下"提交"按钮就可以将信息提交到表单中，同时显示在下面的动态文本框中。最下面的"查找"按钮用来切换输入信息界面和查找界面，查找界面和输入信息界面非常类似，只不过提示信息和按钮不太相同。为了简化操作，可以在输入界面的基础上通过修改来制作查找界面。在第 2 帧插入一个关键帧，现在两帧的界面完全一样。首先，在"属性"面板中修改上面的输入文本框文本变量为"nametofind"，用来输入要查找的信息内容；其次，修改下面的动态文本框文本变量名为"searchresults"，用来显示在表单中查找到的内容。这里可以在里面输入文本"准备查找…"，用来在查找过程中提示用户目前的状态，然后改变提示信息和控制按钮，如图 9-26 所示。

图 9-25　布置按钮

图 9-26　改变提示信息和控制按钮

⑦ 在主场景中添加一个图层，给图层中的每帧都添加动作：stop()。

⑧ 回到第 1 帧，给输入界面中的"提交"按钮添加如下动作：

```
on (release) {
  namecount=Number(namecount)+1;
  set("name" add namecount, entered);
  temp=eval("name" add namecount);
  names=names add namecount add ". " add temp add newline;
  entered="";
}
```

⑨ 给"查找"按钮添加动作，跳到第 2 帧，即切换到查询界面。

```
on (release) {
  nextFrame();
  }
```

⑩ 回到第 2 帧，给“提交”按钮添加如下动作：

```
on (release) {
  Index=1;
  found=false;
  while (Number(Index)<=Number(namecount) and not found) {
  if (eval ("name" add Index) eq nametofind) {
  found=true;
  searchresults="您要找的数据在第 " add Index add newline add newline add ( Index-1)
  add ". " add (eval("name" add (Index-1))) add newline add Index add ". " add (eval("name"
  add Index)) add newline add ( Index+1) add ". " add (eval("name" add (Index+1)));
} else {
  Index=Number(Index)+1;
}
}
if (Number(found)==Number(false)) {
  searchresults="没有您要找的数据……";
}
nametofind=";
}
```

⑪ 给“后退”按钮添加如下动作：

```
on (release)
{
  prevFrame();
}
```

本章小结

本章主要归纳了 Flash 中各种组件的特性以及使用方法。通过对本章的学习，掌握使用组件构建复杂的 Macromedia Flash 应用程序的方法。通过对组件的使用，减少了创建自定义按钮、组合框和列表的程序，只需用鼠标将所需组件从“组件”面板直接拖到应用程序中，即可为应用程序添加所需功能。还可自定义组件的外观和直观感受，从而满足设计的需求。组件可以将应用程序的设计过程和编码过程分开使用。通过组件，还可以重复利用代码，也可以重复利用自己创建的组件中的代码，或通过下载并安装其他开发人员创建的组件来重复利用别人的代码。

通过对组件的使用，代码编写者可以自行创建设计人员在应用程序中能用到的功能。开发人员也可以将常用功能封装在组件中，设计人员可以自定义组件的外观和行为，只需在“属性”检查器或“组件”检查器中更改参数。

总之，在制作过程中，使用组件可以提高开发效率及质量，进而保证在较短的时间内高效的开发制作。

课后练习

一、填空题

1. Flash 打开“组件”面板的快捷键是____________。
2. Flash 中共有____________种组件类型，分别是________________。
3. Flash 默认提供了____________个 UI 组件。

二、简答题

1. 简述在 Flash 中设置组件属性的基本方法？
2. 简述 Flash 各组件类型的功能和含义。
3. 简述 Button 组件中各参数的含义。
4. 简述 List 组件中各参数的含义。

第10章 Chapter 10 输出与发布动画

【学习目的】

本章主要介绍 Flash 中输出与发布动画，以及整个动画制作完成之后的优化、输出和发布。

【学习重点】

- 优化动画。
- 测试动画。
- 发布动画。
- 输出动画。

当一部动画作品完整地制作出来以后，为方便他人观看，以及供其他用户和应用程序使用，需要将动画以其他的文件格式进行发布及输出。而在发布与输出动画之前，则需要做一些准备工作：测试动画是否达到了预期的效果，检查动画中有无出现漏洞及错误，在不同网络带宽环境中对动画的加载与播放情况进行检测，确保动画作品的最终效果与质量。另外一个准备工作是对动画作品进行优化，主要从减小文件的体积和加快动画作品的下载速度等方面进行优化。通过以上准备工作，最终达到提高动画质量和互动效果的目的。下面就对动画作品的输出与发布工作进行逐一介绍。

10.1 优化动画

Flash 动画的下载和播放速度在很大程度上取决于动画文件的大小。通常情况下，由于受到网络带宽等环境的影响，动画文件越大，其下载时间越长，播放速度越慢，并且容易产生缓冲等状态。这样不利于动画作品的传播和应用，因此为了减小动画文件的体积，加快动画的下载以及播放速度，就必须对动画作品进行相关优化。动画的优化主要包括优化动画文件、元素、文本等方面。

10.1.1 优化动画文件

动画对象在整个动画文件中占据的比重非常大，优化动画文件的方法也很多。在优化动画时应当注意以下事项：

① 在图形格式的选择方面，因为位图比矢量图的文件体积大很多，所以在选择素材时最好使用矢量图，尽量不使用或少使用位图。

② 在动画中使用两次或两次以上的对象一定要转换为元件，这样不仅便于在后面制作时直接从库中调取该对象，而且可以很好地减少动画的数据量，同时可节省制作动画的时间。

③ 与逐帧动画比较，使用补间动画更有利于减小文件的体积。所以应当尽量避免连续使用太多关键帧(逐帧动画除外)，同时删除一些没用的关键帧(空白关键帧也会增加文件的体积)。因此，在一些不影响效果的地方可以多使用补间动画。但是要尽量少用补间动画中的补间形状，因为它的数据量也是很大的。

10.1.2　优化动画元素

优化动画元素主要是对动画中的素材元素进行分配与管理，对元素的优化主要有以下 6 个方面：

① 尽可能多使用一些矢量图形，少导入素材和位图，这样能减小动画文件的大小。

② 在使用填充色方面，使用渐变色的影片文件比仅使用单色的影片文件大一些，为了更好地显示颜色，应尽量选择使用单色且最好为网络安全色。

③ 尽可能减少特殊形状的矢量线条的使用。

④ 尽可能使用矢量线条替换矢量色块，矢量线条的数据相对于矢量色块体积小很多。

⑤ 在使用声音文件的时候，应尽量使用.mid和.mp3格式而避免使用其他格式，因为这两种声音格式的文件体积相对较小。

⑥ 最好对动画中的各个元素进行分层管理，这样便于修改和优化。

10.1.3　优化动画文本

对文字的优化也是动画优化中不可缺少的一个环节，这种优化过程同样可以达到减小动画大小的目的。用户在对文字进行优化时应注意以下两点：

① 使用文字的种类和样式尽量少一些，这样可以减小动画的体积。

② 文本设置好以后尽量给它组合起来，也可以转化成元件，这样便于管理和减小体积。

③ 动画完成优化后，就应该对动画进行测试。

10.2 测试动画

在完成动画的优化以后，还有很重要的一步，就是要进行动画的测试，以防止动画在播放过程中出现错位，从而保证最终动画的播放效果。

测试是创建动画时一个必不可少的步骤，它贯穿于整个 Flash 动画的制作过程，用户在制作元件和动画片段时，应该经常进行测试，以提高动画的质量。测试动画可以在两种环境下进行，一种为影片编辑环境，另一种为影片测试环境。

10.2.1 在编辑环境中进行测试

在编辑环境中能快速地进行一些简单的测试，在影片编辑环境下，按 Enter 键可以对影片进行简单的测试，但影片中的影片剪辑元件、按钮元件以及脚本，也就是影片的交互式效果，均不能得到测试。在影片编辑模式下测试影片得到的动画速度比输出或优化后的影片慢，所以编辑环境不是用户的首选测试环境。但在编辑环境下通过设置，可以对按钮元件以及简单的帧动作（play、stop 等）进行测试。

1. 测试按钮状态

制作完的按钮元件会出现在“库”面板中，用户可以单击“播放”按钮 ▶ 。“测试”按钮在弹起、指针经过、按下和点击状态下的外观，如图 10-1 所示。

选择“控制”菜单中的“启用简单按钮”命令也可以测试按钮的状态，如图 10-2 所示。

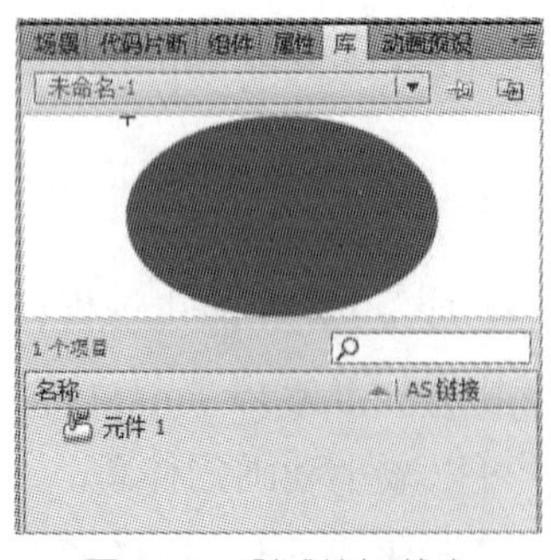

图 10-1　测试按钮状态

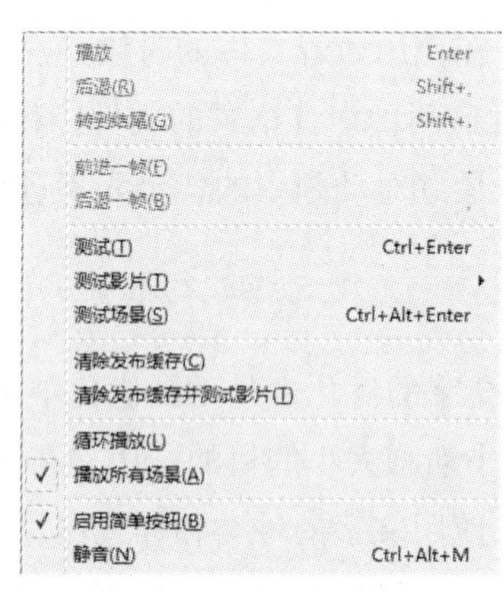

图 10-2　启用简单按钮

2. 测试简单帧动作

在编辑环境中，用户还可以测试简单的帧动作，如 gotoAndPlay、play 和 stop 等。若要测试动画中的帧动作，则必须首先选择“控制”菜单中的“启用简单帧动作”命令，如图 10-3 所示，然后按 Enter 键或单击控制器面板中的“播放”按钮。Flash CC 版本中取消了“启用简单帧动作”命令，可以直接按快捷键“Ctrl＋Alt＋F”完成操作。

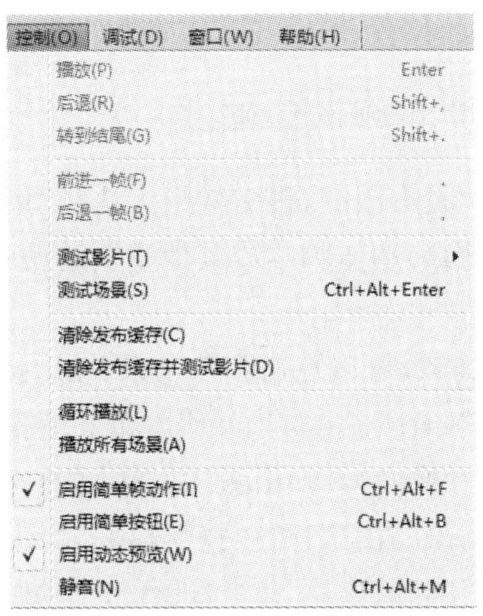

图 10-3　启用简单帧动作

3. 测试声音

在一些 MTV 和动态按钮中，需要音乐与相应的文本或动态效果同步出现，这时通常采用数据流同步声音。若要对声音进行同步效果测试，可以选择“窗口”菜单“工具栏”子菜单中的“控制器”命令，打开“控制器”面板，单击要测试声音的起始位置，然后单击控制器面板中的“播放”按钮 ▶ 和“停止”按钮 ■ 等，如图 10-4 所示。

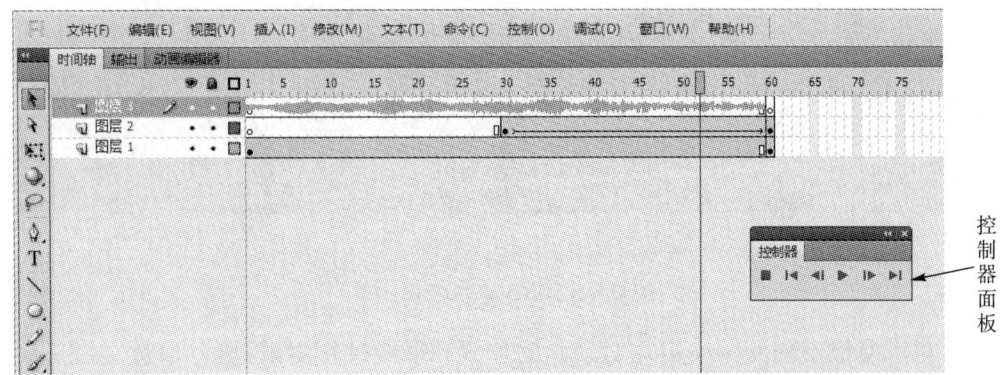

图 10-4　测试声音

提示：有一种简单的方式，单击所要测试声音的起始位置，然后按下 Enter 键直接测试，当需要停止时，只需要用鼠标单击时间轴面板中的其他位置即可。

4. 测试时间轴动画

在制作完时间轴动画(例如逐帧动画或补间动画等)后,应及时测试这部分动画片段是否存在问题(是否流畅,效果是否符合预定的要求等)。测试时间轴动画,只需要单击动画的起始位置,然后按 Enter 键即可。

10.2.2 在编辑环境外测试动画

在编辑环境中的测试是有限的,很多效果无法进行测试,无法看到动画的整体效果。若要评估影片剪辑、动作脚本或其他重要的动画元素,必须在编辑环境之外进行测试。

如果想要测试一个场景,可以点击到该场景,然后按 Enter 键直接在软件中测试(或者直接按快捷键"Ctrl+Alt+Enter"),如果想要更细致的测试,选择"控制"菜单中的"测试场景"命令,它会弹出测试窗口,进行细致测试。

如果需要进行整个动画的测试,可以按快捷键"Ctrl+Enter"进行测试,用户可以选择"控制"菜单中的"测试影片"命令,进行整个动画的测试。

"测试影片"和"测试场景"的主要区别是:使用"测试影片"命令可以完整地播放动画,使用"测试场景"命令仅能播放当前编辑的场景或元件,而不是整个动画。另外,两个测试窗口的名称也不同,如图 10-5 所示。

测试影片　　测试场景

图 10-5　测试影片和测试场景

对于模拟不同的网络带宽对动画的加载和播放进行测试,可以通过"控制"菜单中的"调试影片"命令,打开调试影片窗口,如图 10-6 所示。

如图 10-7 所示,可选择"视图"菜单中的"带宽设置""数据流图表""帧数图表""模拟下载"和"下载设置"等命令,进行不同网络条件下动画的加载和播放测试(也可以在对动画进行"测试影片"或"测试场景"时打开视图菜单选择相应的命令进行测试）。

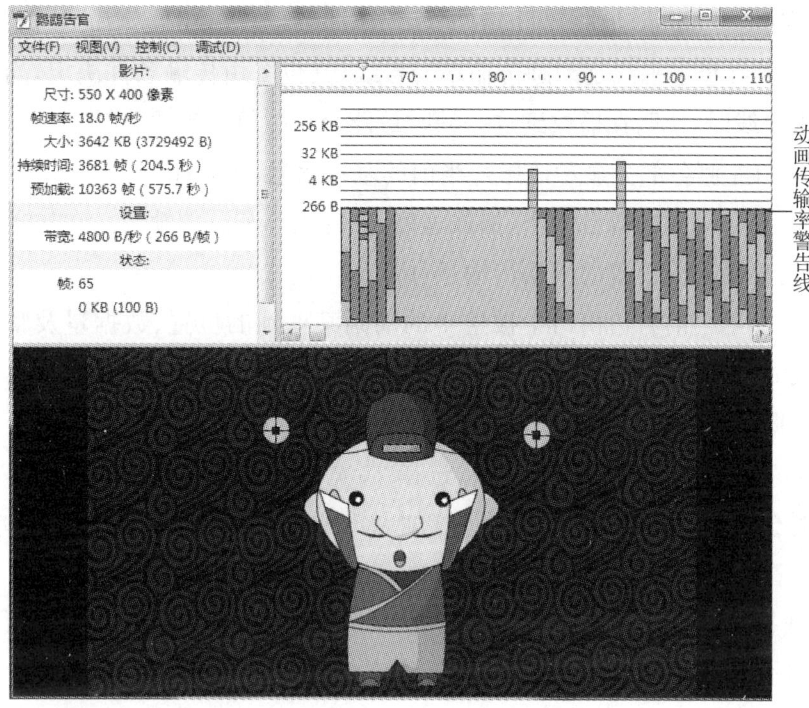

图 10-6　调试影片窗口

图 10-7　数据流图表

在带宽显示图(图 10-6)中,各部分的作用如下:

① 窗口右边显示动作各帧的数据量。矩形条越长,说明该帧的数据量越大,图 10-6 中的红色水平线是动画传输率警告线,其位置由传输条件决定,当色条高于红色水平线时,说明在播放到这一帧时可能会产生停顿现象。

② 窗口左侧各部分显示该影片当前的基本信息,具体如下:

影片:显示动画的舞台大小、播放速度、文件大小和总的帧数。

设置:显示当前设置的网络传输条件。

状态:显示当前右边窗口中被选中的动画某一帧的位置、数据量及整个动画已经下载的数据量。

在数据流图表(图 10-7)中,各部分的作用如下:

① 带宽设置。点击“视图”菜单,选择“带宽设置”(或者直接按快捷键“Ctrl+B”),这时会出现默认勾选数据流图表(如果需要也可以选择帧数图表)。在影片上方可以看见影片的图表信息,进行测试。

② 数据流图表。点击“视图”菜单,默认选择数据流图表,如图 10-7 所示。

③ 帧数图表。勾选帧数图表即显示帧数图表。

④ 模拟下载。选择模拟下载(或者按快捷键“Ctrl+Enter”),可以打开或隐藏带宽显示图下方的动画文件,如图 10-8 所示。如果隐藏了动画文件,则文档在不模拟 Web 连接的情况下就开始下载。此时就在模拟下载,等下载完成会自动测试,如图 10-9 所示。

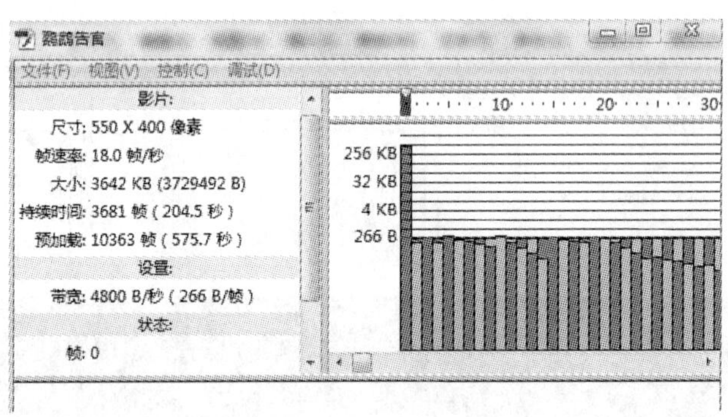

图 10-8 模拟下载

⑤ 下载设置。选择该命令,在弹出的子菜单中选择一个下载速度来确认模拟的数据流速率,如图 10-10 所示。如果要自定义一个下载速度,可以选择“自定义”,打开如图 10-11 所示的对话框,在其中自己设置一个下载速度。

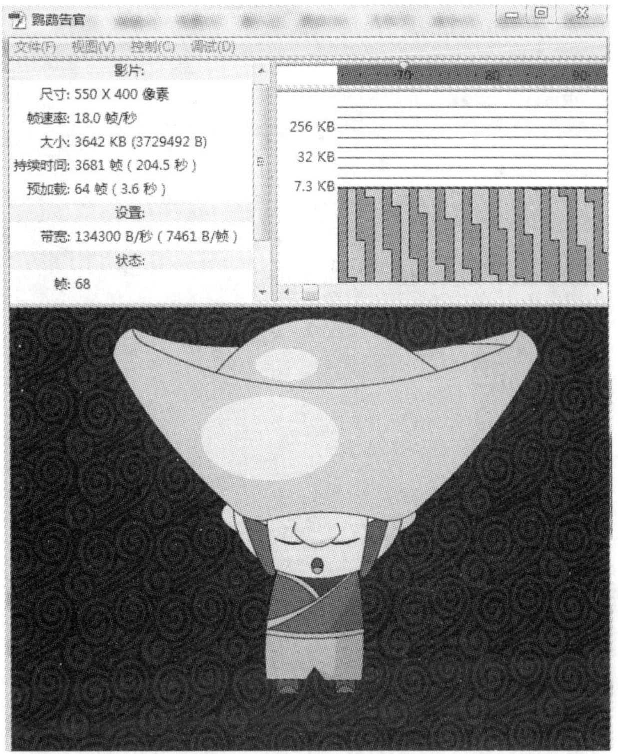

图 10-9　下载完毕自动测试

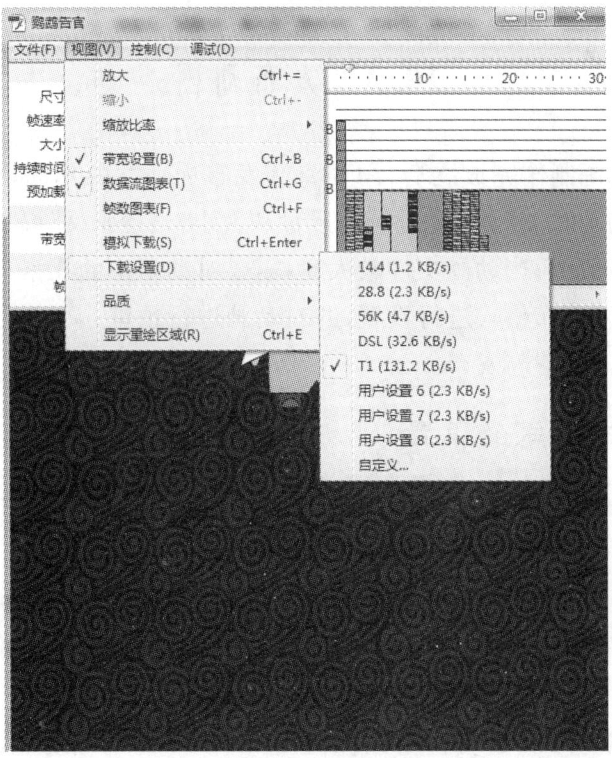

图 10-10　选择下载速度

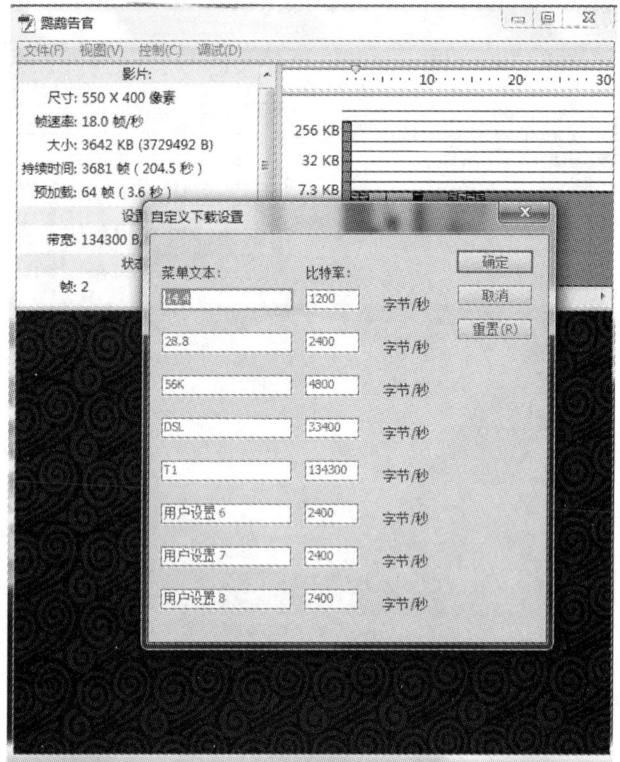

图 10-11　自定义下载速度

10.3　发布动画

当 Flash 动画制作完成之后，需要将其发布为独立的作品，以供他人欣赏。在发布 Flash 动画时，需要注意动画的质量和大小，当动画文件较小时，可以选择发布较高质量的动画；当动画文件较大时，需要对动画中的元素进行压缩。在发布动画时，需要对发布格式进行设置，并对动画进行预览。下面介绍发布动画的全过程，包括发布设置与发布。

10.3.1　发布格式的设置

在发布动画之前有必要使用“文件”菜单中的“发布设置”命令，打开“发布设置”对话框，如图 10-12 所示，系统默认勾选“Flash(. swf)”格式和“HTML 包装器”。如想发布成其他格式文件，可以勾选其他格式文件，如 GIF 图像、JPEG 图像、PNG 图像、Win 放映文件和 Mac 放映文件。下面详细介绍各个选项的具体作用。

1. Flash (. swf) 选项卡参数设置

由于扩展名为. swf 的文件可以保留 Flash 所有的动画功能，因此它是发布 Flash 动画的最佳途径。单击“高级”选项可以打开“高级”选项卡，进行 Flash 文件的参数设置，如图 10-13 所示。

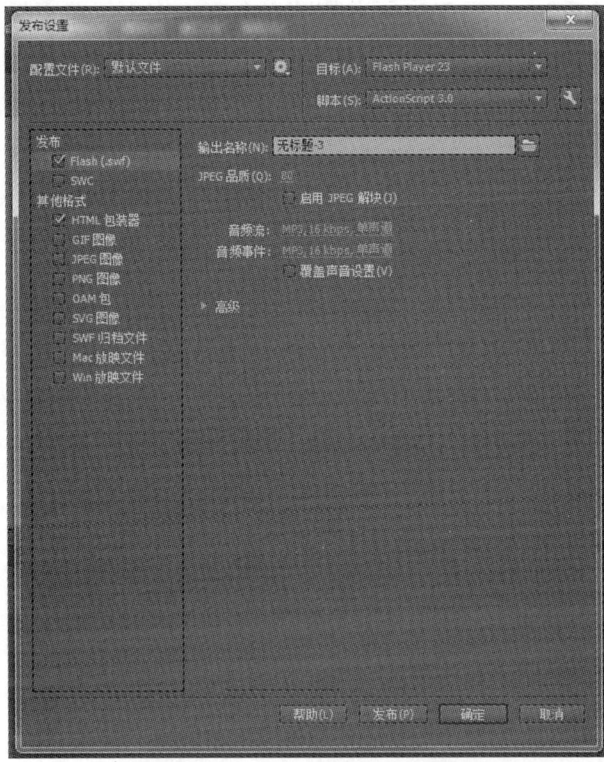

图 10-12　“发布设置”对话框

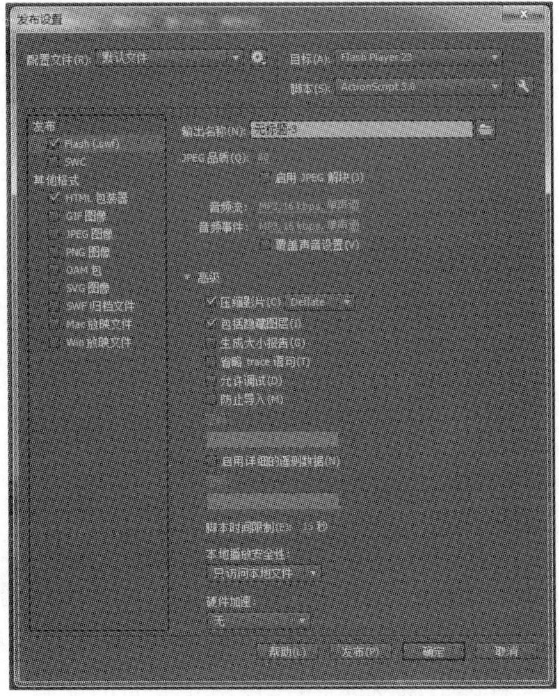

图 10-13　“高级”选项卡

①“脚本”。它用于设置 ActionScript 的版本。

②“JPEG 品质”。它用于将所有位图保存为 JPEG 压缩文件并设置压缩率。

③“音频流”。它用于设置输出流式音频的压缩格式和传输速率。

④“音频事件”。它用于设置输出音频事件的压缩格式和传输速率。

⑤“覆盖声音设置”。选中此复选框后,如果在属性检查器中的“声音”部分对个别声音进行了设置,那么该选项将忽略所有在属性检查器中对声音的设置。

⑥“压缩影片”。若选中该复选框,可以对生成的动画进行压缩,以减小文件体积的大小。

⑦“包括隐藏图层”。若选中该复选框,不可见图层也将导出。

⑧“生成大小报告”。若选中该复选框,在发布影片后会自动创建一个文本文件,其中包括影片中各帧的大小、字体以及导入的文件等信息。这个文件的文件名是“影片文件名 Report. txt”,被保存在影片所在的文件夹中。图 10-14 为“鹦鹉告官”的动画大小报告。

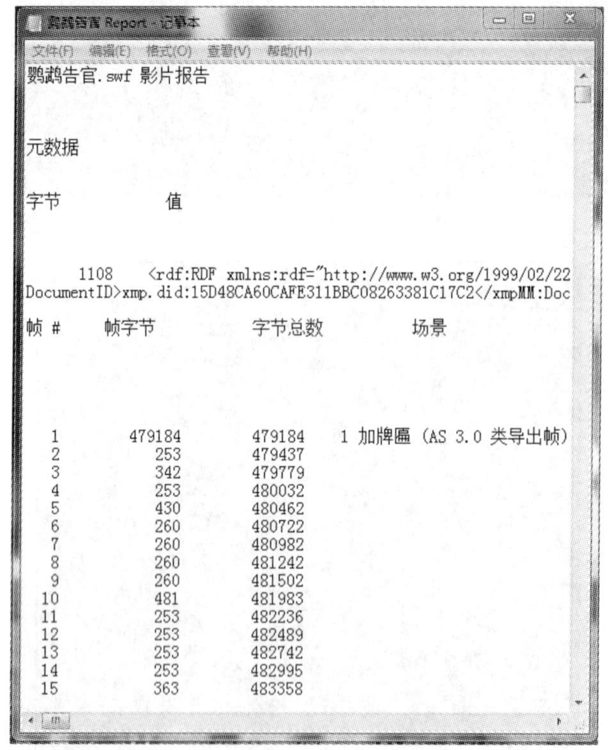

鹦鹉告官 Report - 记事本

文件(F) 编辑(E) 格式(O) 查看(V) 帮助(H)

鹦鹉告官. swf 影片报告

元数据

字节 值

1108 <rdf:RDF xmlns:rdf="http://www.w3.org/1999/02/22
DocumentID>xmp.did:15D48CA60CAFE311BBC08263381C17C2</xmpMM:Doc

帧 #	帧字节	字节总数	场景
1	479184	479184	1 加牌匾 (AS 3.0 类导出帧)
2	253	479437	
3	342	479779	
4	253	480032	
5	430	480462	
6	260	480722	
7	260	480982	
8	260	481242	
9	260	481502	
10	481	481983	
11	253	482236	
12	253	482489	
13	253	482742	
14	253	482995	
15	363	483358	

图 10-14 “鹦鹉告官”的动画大小报告

⑨“省略 trace 语句”。若选中该复选框,将防止别人偷窥用户的源代码。

⑩“允许调试”。若选中该复选框,将允许导出的动作被他人调试。

⑪“防止导入”。若选中该复选框,可以防止发布的动画文件被别人下载到 Flash 程序中进行编辑。

⑫“密码”。它用于设置密码保护。

⑬“脚本时间限制”。它用于控制脚本的时间长短。

⑭“本地播放安全性”。点击打开它有两种选择，一是只访问本地文件（例如，动画里加了一些外部链接，若选中该选项，则只会链接本地电脑的文件，不会链接网络）；二是只访问网络（若选中该选项，则只会链接网络，不访问本地文件）。

⑮“硬件加速”。此选项是为了在发布时，选择机器的发布方式（是直接运用本机 CPU 发布，还是运用 GPU，即图形处理器发布）。

2. HTML 选项卡参数设置

在 Web 浏览器中播放 Flash 时，需要一个能激活. swf文件并指定浏览器设置的 HTML 文档。单击“HTML”标签，可以打开如图 10-15 所示的“HTML”选项卡，进行 HTML 文件的参数设置。其中各选项作用如下：

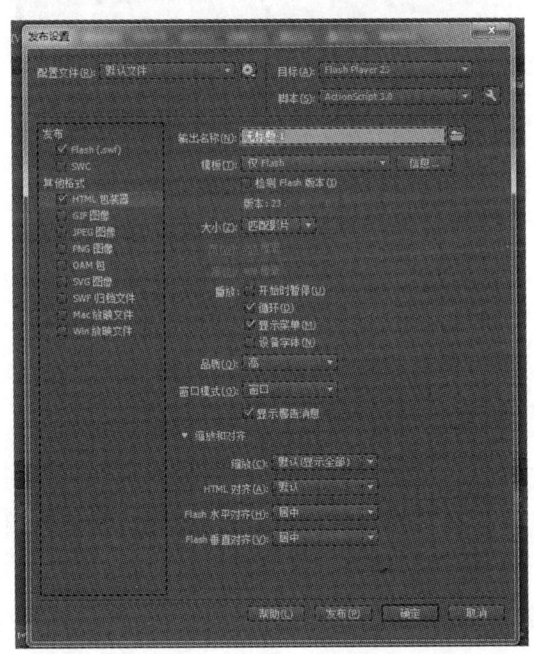

图 10-15　“HTML”选项卡参数设置

①“模板”。它用于从已安装的模板中选择要使用的模板。

②“信息”。单击该按钮，弹出“HTML 模板信息”对话框，显示对选定模板的说明，如图 10-16 所示。

③“检测 Flash 版本”。若选中该复选框，可以检测用户所用的 Flash Player 版本。

④“版本”。它用于显示 Flash 版本的检测结果。

⑤“大小”。它用于设置插入到 HTML 文件中的 Flash 动画的宽度和高度。

⑥“开始时暂停”。若选中该复选框，则在发布后暂停播放. swf文件。

⑦“循环”。若选中该复选框,则当 Flash 播放到最后一帧时再从头开始播放。

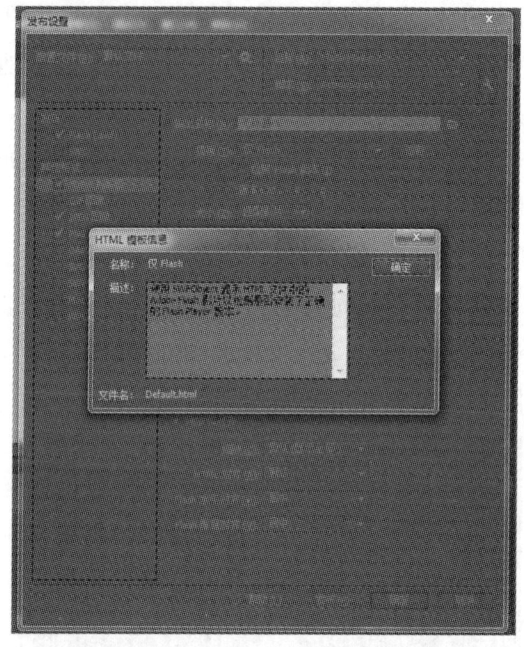

图 10-16　HTML 模板信息对话框

⑧“显示菜单”。若选中该复选框,则在用户用鼠标右键单击. swf文件时,会显示一个快捷菜单。

⑨“设备字体”。若选中该复选框,将用消除锯齿的系统字体替换用户系统尚未安装的字体。

⑩“品质”。它用于设置动画的播放质量。

⑪“窗口模式”。它用于设置显示动画的窗口模式,仅适用于带有 Flash 控件的网页浏览器。

⑫“显示警告消息”。若选中该复选框,可在标记设置发生冲突时显示错误消息。

⑬“缩放”。它用于设置动画的缩放方式。

⑭“HTML 对齐”。它用于设置动画在网页中的位置。

⑮“Flash 水平/垂直对齐”。它用于设置动画的对齐方式。

3. GIF 选项卡参数设置

GIF 是 Internet 上最流行的图形格式之一,该格式的动画体积小,使用方便。单击“GIF”标签,可以打开如图 10-17 所示的“GIF”选项卡,进行 GIF 文件的参数设置。

①“大小”。它用于设置 GIF 文件的宽度和高度。

②“匹配影片”。若选中该复选框,则文本框的尺寸不可选择。

③“播放”。它用于设置导出的 GIF 是静态的还是具有动画效果的。

④“平滑”。若选中该复选框，将对导出的 GIF 文件使用消除锯齿功能。

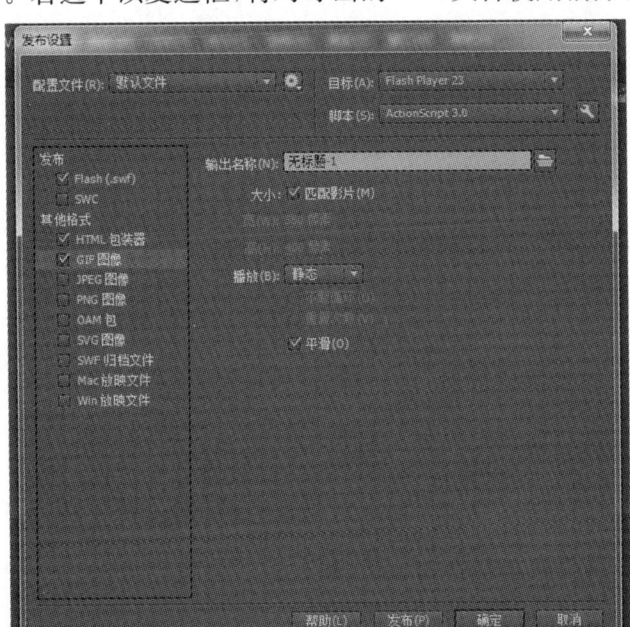

图 10-17　“GIF”选项卡

4. JPEG 选项卡参数设置

GIF 是用较少的颜色创建简单图像的最佳工具，但是，如果想导出一个既有清晰的渐变又不受调色板限制的图像，则需要选择 JPEG。单击“JPEG”标签，可以打开如图 10-18 所示的“JPEG”选项卡，进行 JPEG 文件的参数设置。

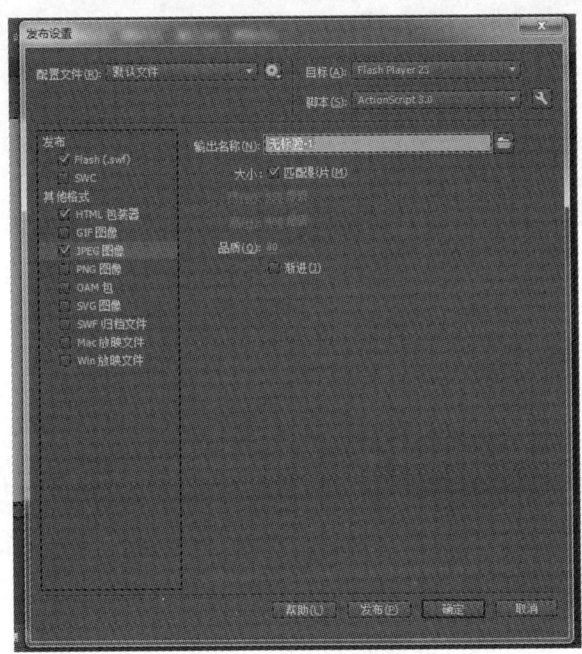

图 10-18　“JPEG”选项卡

①“大小”。它用于设置 JPEG 文件的宽度和高度。

②“匹配影片”。若选中该复选框,则文本框将不起作用。

③“品质”。它用于设置导出的 JPEG 文件的压缩量。

④“渐进”。若选中该复选框,则在下载 JPEG 文件时,可以逐渐清晰地显示 JPEG 图像。

5. PNG 选项卡参数设置

PNG 在压缩性能、颜色容量和透明度方面有着很大的优势。但是,PNG 还未获得广泛的支持,因此要慎用该格式。单击“PNG”标签,可以打开如图 10-19 所示的“PNG”选项卡,进行 PNG 文件的参数设置。

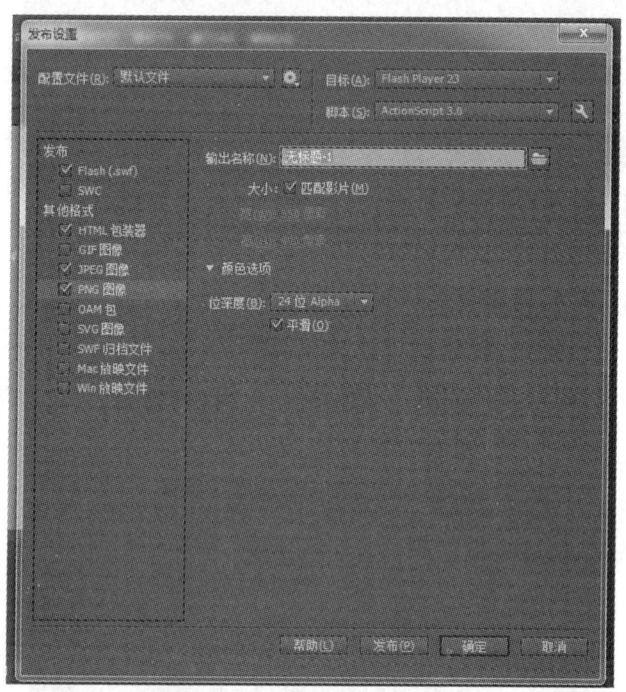

图 10-19 “PNG”选项卡

①“大小”。它用于设置 PNG 文件的宽度和高度。

②“匹配影片”。若选中该复选框,则文本框将不起作用。

③“位深度”。它用于设置导出图像中颜色的数量。

④“平滑”。若选中该复选框,则将对导出的 PNG 文件使用消除锯齿功能。

6. Win 放映文件

Win 放映文件,即发布为 Windows 操作系统中的放映文件,后缀为“. exe”,如图 10-20 所示。

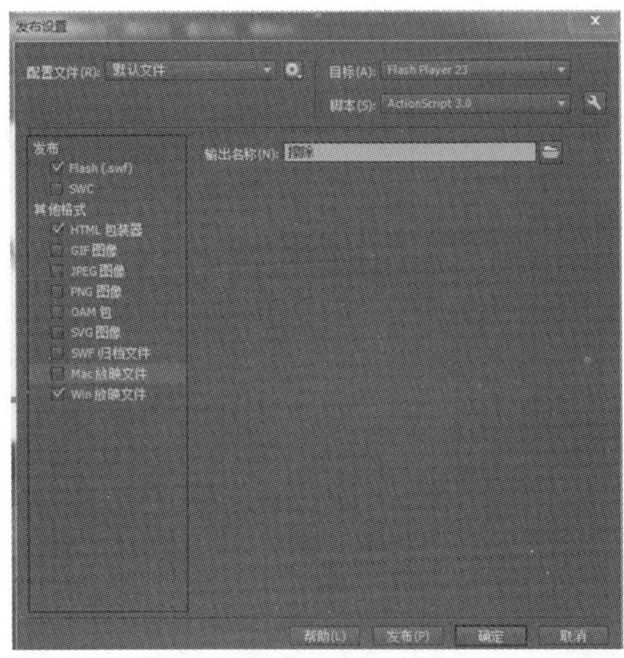

图 10-20　Win 放映文件选项

7. Mac 放映文件

Mac 放映文件，即发布为 Macintosh 操作系统中的放映文件，后缀为“. app”，如图 10-21 所示。

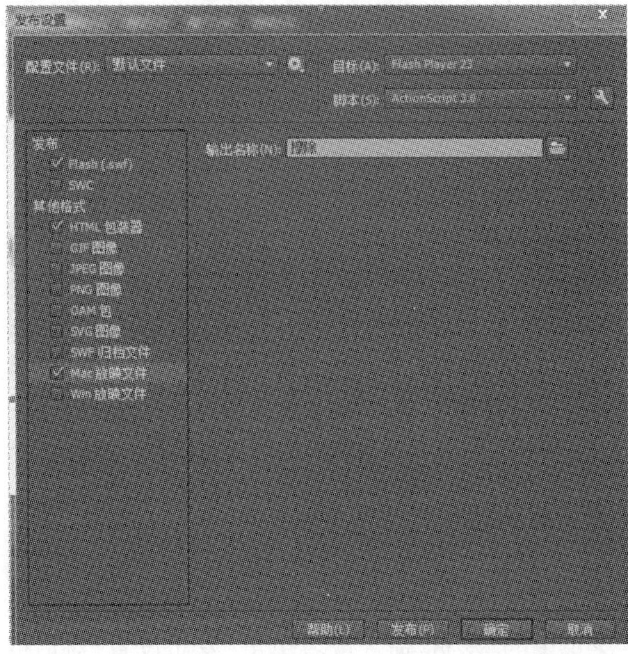

图 10-21　Mac 放映文件选项

10.3.2 发布

在“发布设置”对话框中，设置动画的发布格式后，可以对发布的动画效果进行预览或者直接发布。

1. 发布预览

具体操作步骤如下：

① 选择“文件”菜单中的“发布预览”命令，将弹出子菜单，如图 10-22 所示。

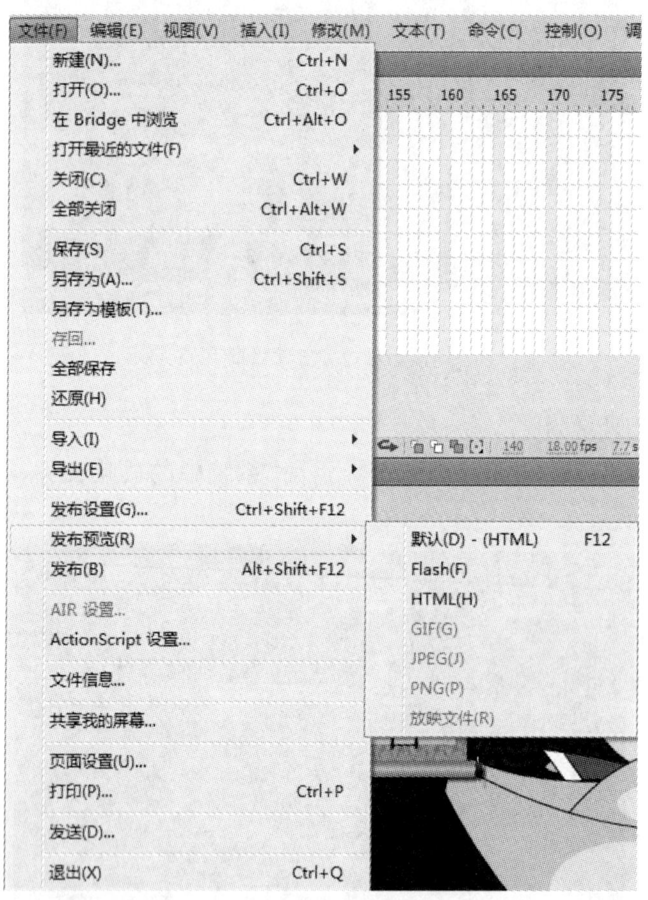

图 10-22 “发布预览”命令子菜单

② 在子菜单中选择一种要预览的文件格式，即可在动画预览界面中看到该动画发布后的效果。

2. 发布

具体操作步骤如下：

选择“文件”菜单中的“发布”命令或者单击“发布设置”对话框中的“发布”按钮即可进行发布，如图 10-23、10-24 所示。

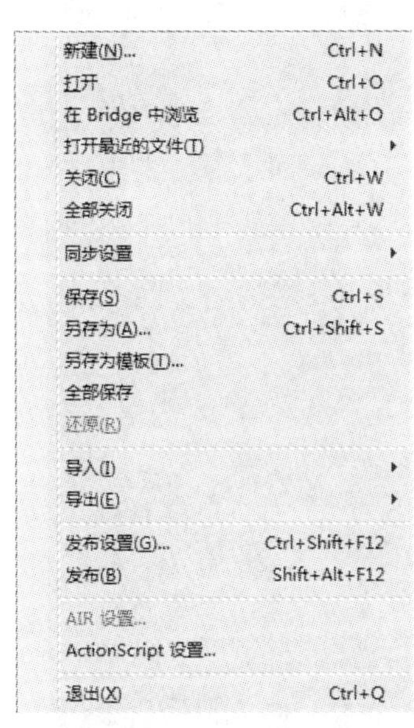

图 10-23　“发布”命令

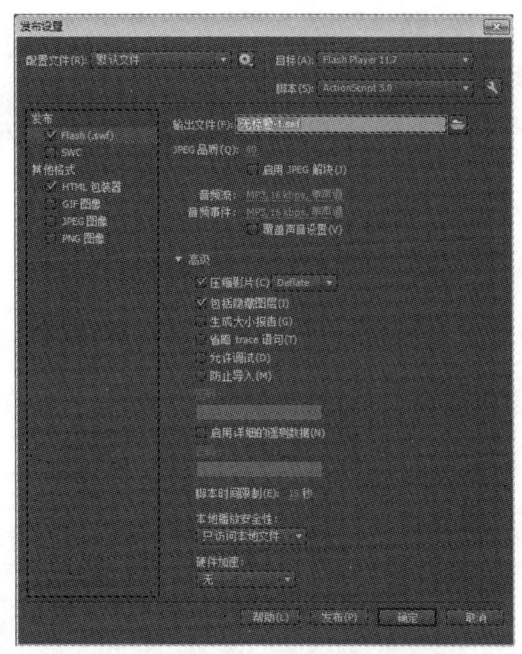

图 10-24　“发布设置”对话框

10.4　输出动画

将动画测试并优化后，就可以通过输出影片或图像命令将动画输出，以便在其他的应用程序中使用。Flash 动画的输出方法是：选择“文件”菜单中的“导出”命令，之后会弹出子菜单，从子菜单中选择“导出图像”或“导出影片”命令，弹出“导出图像”或“导出影片”对话框，如图 10-25、10-26 所示。

（a）“导出图像（旧版）”对话框

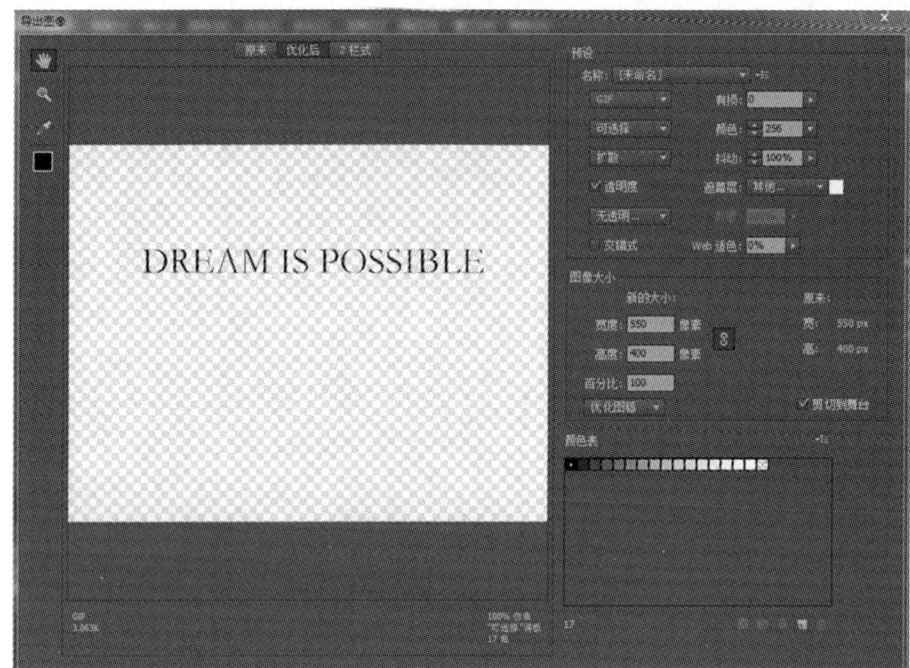

（b）新版 “导出图像” 对话框

图 10-25 “导出图像”对话框

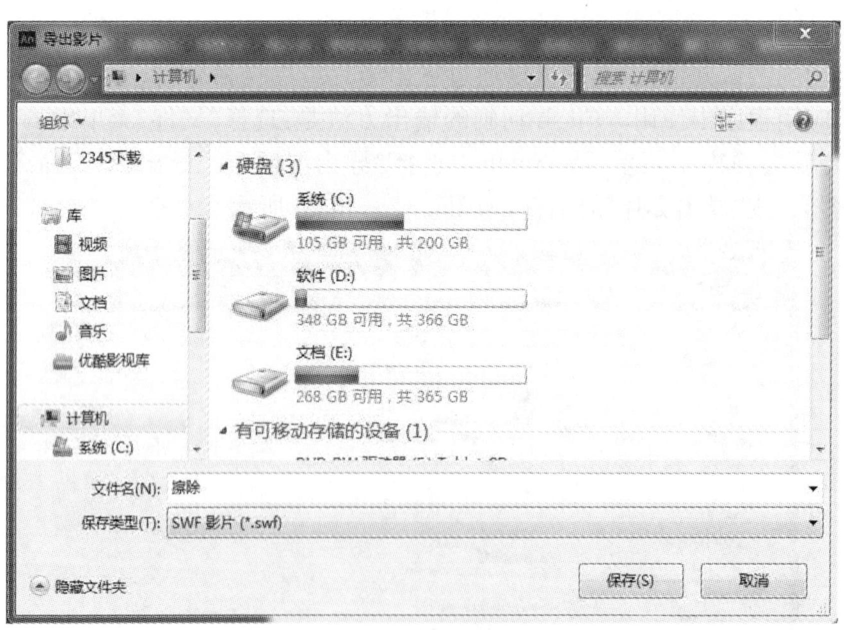

图 10-26 旧版“导出影片”对话框

在保存类型下拉列表中，可以选择要保存的动画文件的格式，默认的格式是“.swf”，但是还可以输出其他格式的文件，只要在“导出图像”或“导出影片”对话框中选择相应的文件格式即可。

本章小结

本章主要介绍了动画在输出和发布时要做的准备工作,以及最后的输出与发布。通过本章的学习,读者应该了解动画的测试、优化、发布、输出的作用和意义,初步掌握动画测试的操作过程,掌握优化、发布、输出的各类操作。

将动画作品进行过测试、优化、发布和输出之后,就能够上传到网络以及各种应用程序中(包括安卓和苹果在内的手机应用),可以让更多的人看见、欣赏并且了解作品。

课后练习

一、填空题

1. 优化动画主要包括:对____________、元素和____________的优化等。

2. 在编辑环境中进行测试动画包括 4 个方面,分别是________、________、________、________。

二、选择题

1. 导出 Flash 动画时,默认格式是(　　)。

   A. .swf　　B. .fla　　C. .doc　　D. 任意帧的图像

2. 导出 Flash 动画中的图像时,导出的图像是动画中的(　　)。

   A. 第一帧图像　　B. 最后一帧图像

   C. 指定帧的图像　　D. 任意帧的图像

3. 为了在网页中使用制作的 Flash 作品,制作 Flash 动画后必须采用(　　)方法输出 Flash 作品。

   A. 发布　　B. 存盘　　C. 打印　　D. 打包

三、判断题

1. 如果要在网页中播放 Flash 动画,那么,就必须创建一个 HTML 文档。(　　)

2. 发布 Flash 动画时,默认格式为 Flash. fla 和 HTML 格式。(　　)

3. 使用“文件”菜单中的“发布设置”命令,打开“发布设置”对话框,在该对话框中只能进行发布设置而不能进行发布操作。(　　)

4. 发布 Flash 动画时可以压缩 Flash 影片,从而减小文件的体积,缩短下载时间。(　　)

四、简答题

1. 简述优化动画时应当注意的事项。

2. 简述将动画发布成.swf 格式时各参数设置的含义。

综合案例

【学习目的】

本章通过 Flash 动画的实例制作，一方面，使读者熟悉 Flash 制作的整个流程，在制作动画的过程中做到心中有数；另一方面，使读者注意在制作过程中的一些细节问题，避免犯一些低级错误，从而提高制作效率。

【学习重点】

➢ Flash 制作流程。
➢ 实际案例操作。

11.1 Flash 动画创作的主要流程

Flash 动画创作的主要流程如下：

1. 前期策划阶段

在这个阶段中，主要完成动画创作过程的前期工作，包括动漫剧本的创作、文字分镜头、分镜头创作、角色的设定、场景的设定、道具的设定等工作。

2. 中期制作阶段

中期阶段是具体的制作和实现阶段，通过分镜头完成剧本设定的预期效果，包括角色的绘制、角色动作调整、角色配音、穿帮镜头的修改等工作。

3. 后期输出阶段

后期输出阶段主要包括镜头的合成、音效的合成、特效的添加等工作。

11.2 案例 1：制作传统补间动画

Flash 中的补间动画一般都是由影片剪辑、图形元件和按钮元件等制作的，如果使用文本创建补间动画，就必须将其转化为元件。

首先打开“小星走路. fla”的动画文档，调用该文档中的元件制作一个传统补间动画，具体操作步骤如下：

① 启动 Flash CS5，将“小星走路. fla”的动画文档打开。

② 按 F11 键打开“库”面板，选择“背景”图形元件，将其拖入到舞台中，移动“背景”位置，使其与舞台对齐，如图 11-1 所示。

图 11-1　添加背景

③ 在图层区中单击“新建”按钮，新建图层 2，双击“图层 2”，将名称改为“小星”。选择“小星”图层中的第一个关键帧，在“库”面板中将“小星”图形元件拖入到舞台上，如图 11-2 所示。

图 11-2　添加角色

④ 在“小星”元件上右击，选择“在当前位置编辑”（或直接双击元件），进入小星元件内部进行编辑。

⑤ 按“Ctrl＋A”全选元件，选择“修改”→“时间轴”→“直接分散到图层”，将组成小星的各个元件单独分散到每个图层，如图 11-3 所示。

图 11-3　分散到图层

⑥ 在第 28 帧添加关键帧。该实例中角色走路的制作采用的是“中割法”，所以，先将最后一帧确定下来，如图 11-4 所示。

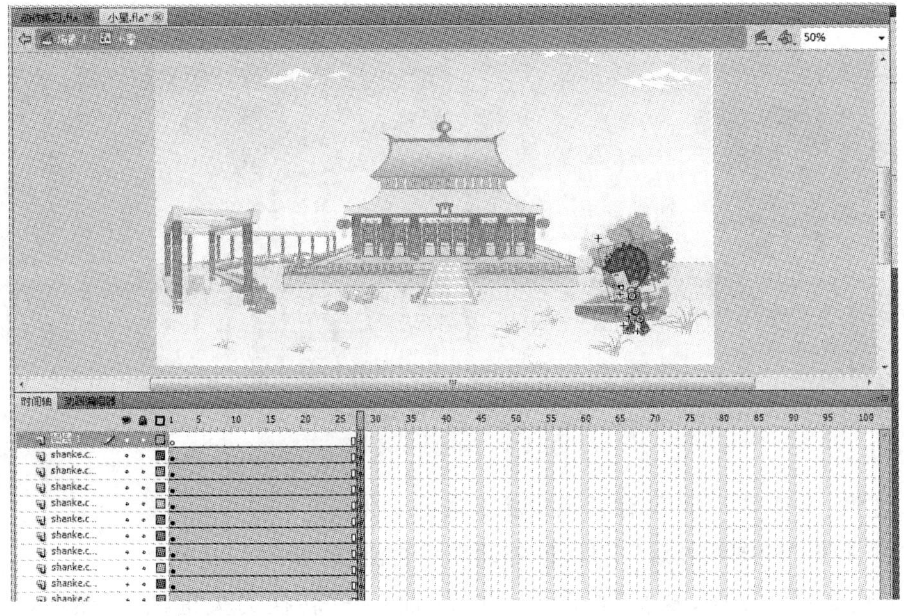

图 11-4　添加关键帧

⑦ 选择第 14 帧插入关键帧,并调整其动作,调整完成后,选择"编辑" →"创建传统补间",测试其动作是否有错误,如图 11-5 所示。

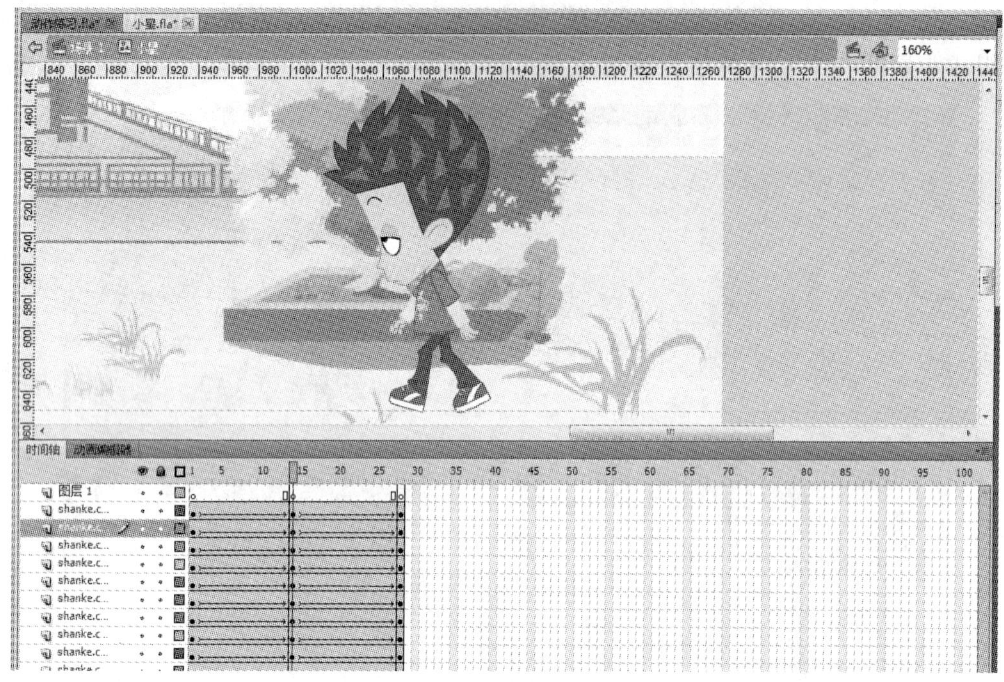

图 11-5　创建传统补间

注意:在调整动作时,要打开标尺工具,便于定位角色的动作。

⑧ 分别选择第 7 帧和第 21 帧,插入关键帧,并调整角色动作,如图 11-6 所示。

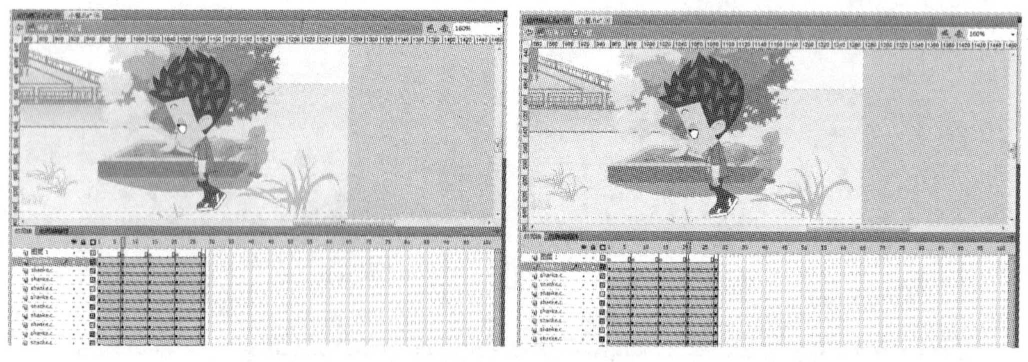

图 11-6　角色动作调整

注意:在调整动作时,注意调整其身高的变化。

⑨ 打开"绘图纸外观"工具,检查动作是否流畅,如图 11-7 所示。

⑩ 选择第 27 帧,执行"修改"→"时间轴" →"转换为关键帧"。然后,选择第 28帧,将其删除。

注意:因为最后一帧和第一帧是相同的。对于循环动作来说,最后一帧是多余的,必须删除。

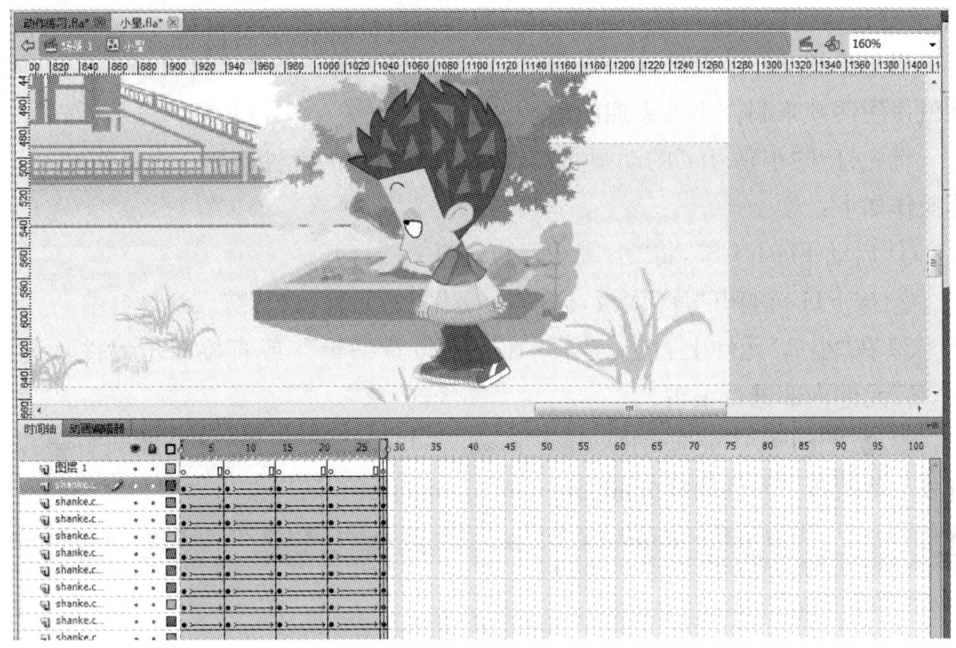

图 11-7　打开“绘图纸外观”

⑪ 回到场景中,在第 300 帧处插入关键帧。同时,调整角色在场景中的位置,在中间帧添加“传统动作补间”,如图 11-8 所示。

图 11-8　最终效果

⑫ 按“Ctrl+Enter”,测试影片效果。

11.3　案例 2:使用逐帧制作小鸟飞翔动画

当角色的动作涉及肢体的变形时,使用逐帧动画制作会比较流畅。下面的案例就使用逐帧来制作小鸟飞翔的动画。

首先打开“小鸟.fla”的动画文档,调用该文档中的元件制作一个补间动画,具体操作如下:

① 启动 Flash CS5,将“小鸟.fla”的动画文档打开。

② 按 F11 键打开“库”面板,选择“小鸟”图形元件,将其拖入到舞台中。

③ 在“小鸟”元件上右击,选择“在当前位置编辑”(或直接双击元件),进入“小鸟”元件内部进行编辑。

④ 按“Ctrl+A”全选元件,选择“修改”→“时间轴” →“直接分散到图层”,将组成小鸟的各个元件单独分散到每个图层,如图 11-9 所示。

图 11-9　分散到图层

⑤ 选择翅膀,执行“编辑” →“编辑所选项目”。在第 4 帧、第 7 帧和第 10 帧分别插入关键帧,并在关键帧上绘制翅膀,如图 11-10 所示。

图 11-10　绘制翅膀

⑥ 打开“绘图纸外观”工具，检查动作是否流畅，如图 11-11 所示。

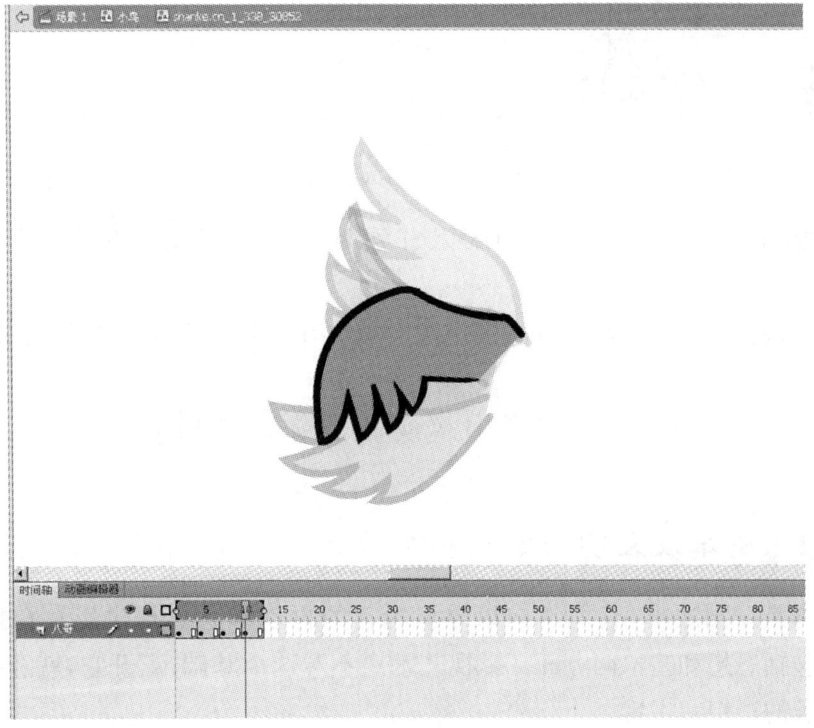

图 11-11　打开“绘图纸外观”

⑦ 点击“小鸟”元件,在第 4 帧、第 7 帧和第 10 帧分别插入关键帧,测试翅膀的挥动是否有错误,如图 11-12 所示。

图 11-12　角色动作调整

注意:在调整动作时,要打开标尺并添加辅助线,调整小鸟在空中位置的变化。

⑧ 回到场景中,在第 50 帧处插入帧。按“Ctrl＋Enter”,测试影片效果。

11.4　案例 3:《卖瓜郎》动画制作

11.4.1　剧本及文字剧本的创作

剧本是一剧之本,它能够向以导演为首的再创作者们提供影片拍摄的基础——包括思想和艺术两方面。影视艺术离不开这个基础,离开它,就意味着背离了原著的思想和主旨。

制作一部动画电影,首先就是从创作动画剧本开始的。当以运用影像的手段创作的动画剧本确定下来以后，创作者就可以画出分镜头画面——相当于未来影片的预览，它将成为后续每项设计与施工方案的重要依据，同时又是原画设计、背景绘制的指导蓝图。

日本著名电影导演黑泽明曾经说过："不好的剧本绝对拍不出好的影片来。剧本的弱点要在剧本完成阶段加以克服，否则，将给电影留下无法挽救的祸根，这是绝对的。总之，一部影片的命运几乎要由剧本来决定。"因此，动画剧本的质量是决定一部动画影片质量的关键因素。

动画片《卖瓜郎》的剧本及文字分镜头如下：

卖瓜郎

出现人物：善男：善良，老实

买瓜男：胖子，贪婪

路人若干

出现场景：街边小贩摊

故事梗概：

有一天，善男在街边小贩摊卖西瓜。由于生意不好，他就打出了"不甜不要钱"的招牌。闷热的夏天，善男自己连一块西瓜都不舍得吃，因为他要拼命赚钱给生病的母亲买药。过了许久，终于来了一个满头大汗的男子。这男子看到招牌就随手抓了个西瓜，右手拿着西瓜左手一拍，就往嘴里塞。可耻的男人吃完西瓜后竟说西瓜不甜。可怜的善男是一个善良的人，竟然真的没收他的钱。这个时候，路人看到这情景都围了过来。大家拿起了善男的西瓜就吃了起来。没过多久，善男的西瓜都给人吃光了，可是善男的药钱一分都没赚到。可怜的善男留着两行泪水拿着招牌回家了。

镜号	画面内容	人物配音	备注
1	淡入"西瓜太郎"标题	独：西瓜太郎	
2	清代建筑的街道场景	独：在很久以前有一个人，名字叫善男	远景
3	一个破旧的小屋外景（善男家） 善男在屋外为母亲煮药，屋内传出母亲咳嗽的声音 善男扶着床上的母亲喝药	独：善男还有一位卧病在床的老母亲，因为要为母亲买药治病，善男每天都要起早贪黑的挣钱，为母亲治病	中景淡入
4	太阳出山，树上知了叫个不停	独：这天，天气特别炎热，太阳刚出山知了就叫个不停	中景

续表

镜号	画面内容	人物配音	备注
5	母亲手指着要出门的善男	独:母亲看天气炎热心疼儿子,想让儿子休息一天	中景
	善男转身笑着对母亲说	善男:没事的,母亲,放心吧,我去去就回	
6	街道旁边的树上趴着一只知了	独:夏天的时候,善男每天都会去街上卖西瓜	中景推至特写
7	善男在街边卖西瓜		近景淡入
8	顾客伸出手递给善男两文钱		特写
9	顾客抱着一个西瓜走了		全景
10	善男将钱放到一个装钱的木盒子里		特写
11	太阳慢慢地快要落山了		远景
12	善男坐着发呆		中景
13	钱盒子里只有六文钱		特写
14	善男低头叹气,突然一个想法冒了出来,男子抬头笑了笑(头顶出现了一个小灯泡)	独:由于生意不好,他就打出了“不甜不要钱”的招牌	近景
15	善男在一个木牌子上用毛笔写字“不甜不要钱”		特写
16	第二天		黑屏转场
17	男子将牌子放到西瓜摊前		近景
18	太阳很大,街上冒着热气	独:闷热的夏天,善男自己连一块西瓜都不舍得吃	全景
19	知了在树上叫着		推镜头至特写
20	善男满头大汗,坐在西瓜摊后面扇着扇子		中景淡入
21	善男头顶出现想象气泡(老母亲生病躺在床上)——镜头推至老母亲	独:因为他要拼命赚钱给生病的母亲买药	中景推镜头
22	善男满头大汗		特写
23	太阳依然很大		淡入淡出
24	一个满头大汗的男子来到西瓜摊前		全景
25	男子看了看写着“不甜不要钱”的牌子		特写
26	男子坏笑,问	男子:你这西瓜不甜不要钱?	中景
27	善男高兴地回答	善男:是的,不甜不要钱。	近景

续表

镜号	画面内容	人物配音	备注
28	男子问	男子：真的不甜不要钱吗？	近景
29	善男回答	善男：恩！我的西瓜个个都保沙保甜！不甜不要钱。	近景
30	男子说	男子：好！那我就尝尝！	近景
31	男子伸手就拿住一个西瓜	独：善男刚说完，男子右手拿着西瓜左手一拍就往嘴里塞	特写
32	一手托西瓜，另一只手用力向西瓜拍去“啪”一声		特写
33	男子拿着西瓜开始狼吞虎咽，有三个路人凑过来看热闹		近景
34	西瓜皮被一块一块地扔到地上	独：可耻的男人吃完西瓜后竟然说	近景
35	男子皱着眉头说：“你这什么西瓜，怎么一点都不甜？”说完男子转身就走了	男子：你这什么西瓜，怎么一点都不甜？	近景
36	善男皱着眉头很纳闷	独：可怜的善男是一个善良的人，竟然真的没收他的钱	近景
37	这个时候，路人都凑到善男面前	独：这个时候，路人看到这情景都问善男	近景
38	路人问善男：你真的不甜不要钱呀？	路人：你真的不甜不要钱呀？	近景
39	善男回答说	善男：嗯！是！	近景
40	三个路人听后相视露出了笑容	独：大家拿起了善男的西瓜就吃了起来	中景
41	三人每人伸手拿一个西瓜		特写
42	一手拿瓜一手用力拍去“啪啪啪！”三声(画面重复)		特写
43	三个人开始吃西瓜		近景
44	西瓜摊上的西瓜慢慢地都没有了	独：没过多久，善男的西瓜都给人吃光了	中景
45	钱盒子里一文钱也没有	独：可是善男的药钱一文钱也没有挣到	特写
46	善男想起卧病的老母亲，泪流满面	独：可怜的善男想起卧病在床的老母亲，不禁流下了泪水，拿着招牌回家了	特写
47	善男拿着牌子消失在街道远方		全景

11.4.2 分镜头画面制作

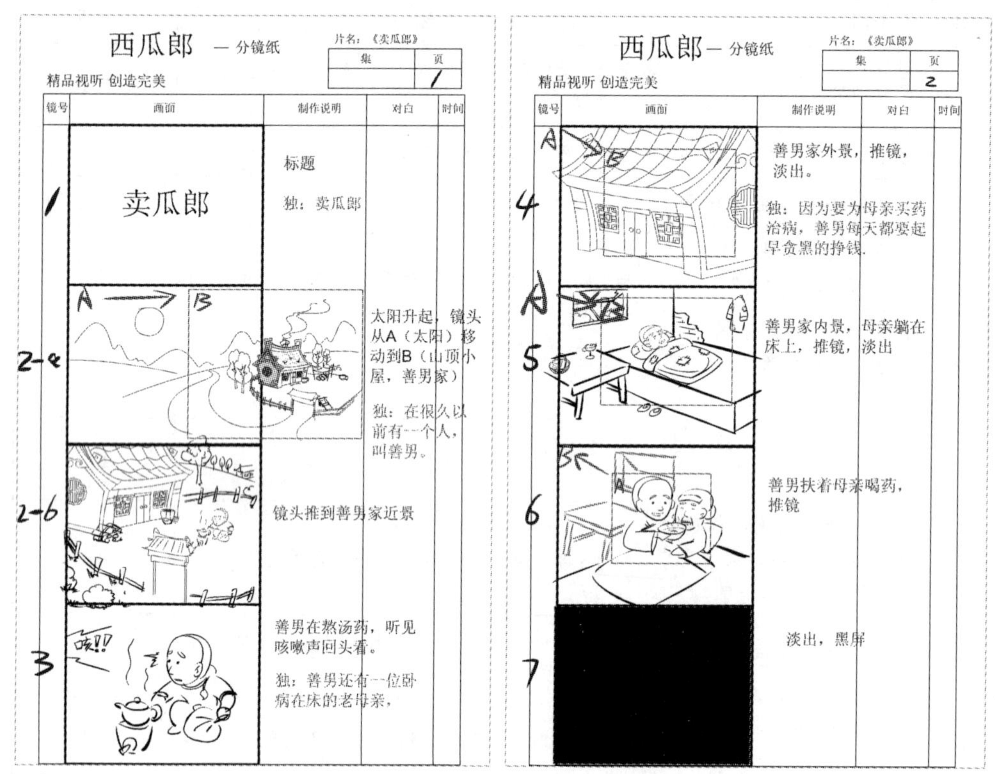

图 11-13　分镜头 1　　　　图 11-14　分镜头 2

11.4.3 角色的设定

在动画片剧本的创作中，角色的形象塑造占有极其重要的位置。电视动画片每集的故事较之一般电视剧来讲要短，情节也相对简单，因此，一部动画片要打动观众不能单单依靠情节，很重要的一方面需要塑造角色的形象，使之具有独特的行为、语言以及鲜明的个性，从而在观众的脑海里留下深刻的印象。这点在商业动画片中尤其重要。对整个动漫产业来讲，塑造出鲜活的卡通形象，是其中重要的环节，是品牌衍生的基础。

《卖瓜郎》中的角色设定，如图 11-15 所示。

图 11-15　角色设定

11.4.4　角色转面图的制作

在 Flash 中，无法像三维软件那样呈现角色的各个方面，所以，必须绘制转面图。

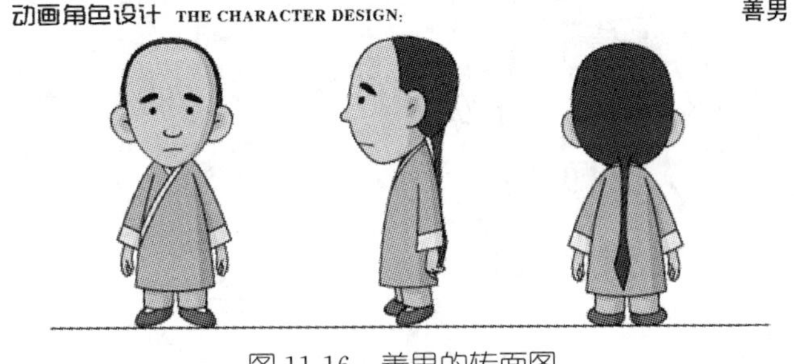

图 11-16　善男的转面图

图 11-17　买瓜男转面图

图 11-18　路人乙转面图

11.4.5 场景制作

1. 线稿图

图 11-19 线稿 1

图 11-20 线稿 2

2. 上色稿

图 11-21　上色稿 1

图 11-22　上色稿 2

图 11-23　上色稿 3

11.5　角色动作调整

角色动作调整具体操作步骤如下：

① 启动 Flash CS5，选择“文件”→“导入”→“导入到舞台”，设置舞台尺寸 720×576像素，帧频 25 帧/秒。调整分镜头画面大小，使它符合舞台的大小。

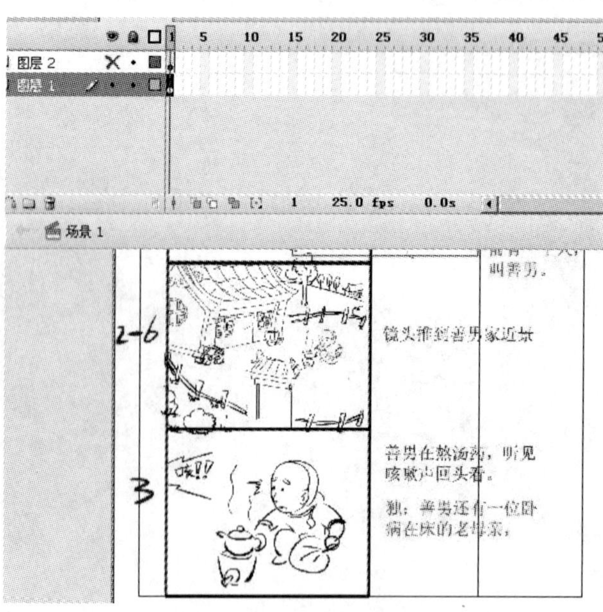

图 11-24　导入分镜头

② 按 F11 键打开“库”面板，选择“善男”图形元件，将其拖入到舞台中，移动“背景”位置，使其与舞台对齐，如图 11-25 所示。

图 11-25　添加背景

③ 在“善男”元件上右击，选择“在当前位置编辑”(或直接双击元件)，进入“善男”元件内部进行编辑。

④ 按“Ctrl＋A”全选元件，选择“修改”→“时间轴”→“直接分散到图层”，将组成“善男”的各个元件单独分散到每个图层，如图 11-26 所示。

图 11-26　分散到图层

⑤ 在第 7 帧和第 14 帧添加关键帧,并调整其动作,如图 11-27 所示。

图 11-27　调整动作

⑥ 选择中间帧,执行“编辑” →“创建传统补间”,创建补间动画,如图 11-28 所示。

图 11-28　创建传统补间

⑦ 打开“绘图纸外观”工具,检查动作是否流畅,如图 11-29 所示。

⑧ 选择第 13 帧,执行“修改”→“时间轴” →“转换为关键帧”。然后,选择第 14 帧,将其删除。

注意:因为最后一帧和第一帧是相同的,对于循环动作来说,最后一帧是多余的,必须删掉。

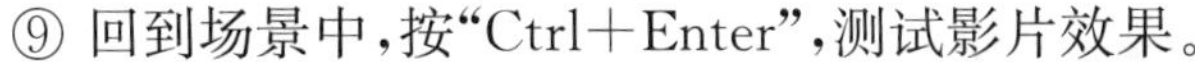
⑨ 回到场景中，按“Ctrl＋Enter”，测试影片效果。

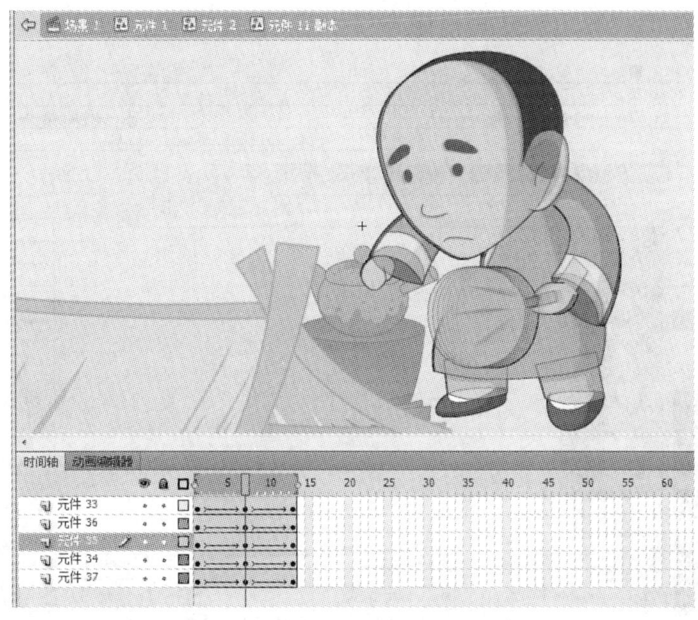

图 11-29　打开“绘图纸外观”工具

11.6　后期输出处理

1. 添加配音和音乐

选择“文件”→“导入”→“导入到舞台”，将配音和音乐导入到“库”中。新建图层，添加关键帧，选择关键帧后，将配音或音乐拖入到舞台上，如图 11-30 所示。

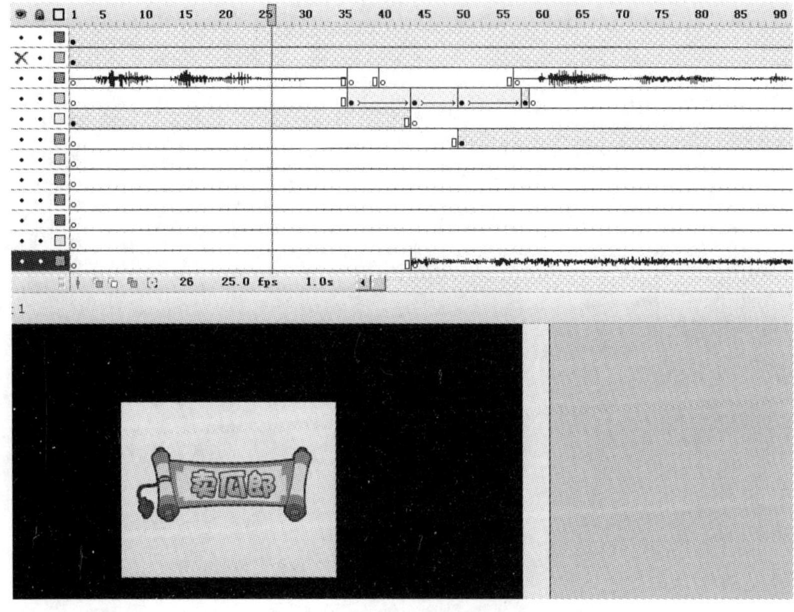

图 11-30　添加配音和音乐

2. 导出影片

选择“文件”→“导出”→“导出影片”,如图 11-31 所示。

图 11-31　导出影片

参考文献

[1] 肖友荣. Flash 8 实用教程[M]. 北京:中国铁道出版社,2008.

[2] 张基宏,耿壮. 计算机动画技术[M]. 北京:人民邮电出版社,2009.

[3] 李广振. 计算机二维动画制作[M]. 北京:中央广播电视大学出版社,2008.

[4] 余强. Flash 8 中文版实训教程[M]. 北京:电子工业出版社,2008.

[5] 李如超. Flash CC 中文版动画制作基础[M]. 北京:人民邮电出版社,2013.

[6] 刘杰. Flash CC 实例教程[M]. 北京:人民邮电出版社,2012.

[7] 张昊,吴玉红,张林. Flash 二维动画设计教程[M]. 合肥:安徽大学出版社,2014.